并行编程

张 杨 ◎ 编著

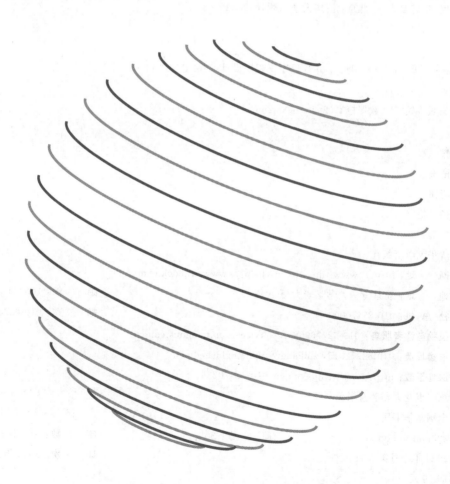

清华大学出版社
北 京

内 容 简 介

本书对并行编程过程中的相关基本概念、原理、技术、方法进行详细讲解，以时下流行的 Java 语言为基础，主要针对基于共享内存的并行编程方法，内容涉及并行编程基本概念、线程创建和管理、同步和异步编程、线程协作、自定义并发类等内容。本书在讲解相关原理和技术的同时，使用大量实例进行演示，力求做到知识点明白透彻。

本书内容先进、结构合理、讲解详尽、例题丰富，适合作为高等院校本科生和研究生的教材，是高等院校师生和 IT 领域在职人员学习并行编程技术的理想教材和工具书，也可作为高性能计算技术人员的自修参考用书。

本书封面贴有清华大学出版社防伪标签，无标签者不得销售。

版权所有，侵权必究。举报: 010-62782989, beiqinquan@tup.tsinghua.edu.cn。

图书在版编目(CIP)数据

并行编程/张杨编著. —北京: 清华大学出版社, 2023.5
ISBN 978-7-302-62785-2

Ⅰ.①并⋯　Ⅱ.①张⋯　Ⅲ.①并行程序－程序设计　Ⅳ.①TP311.11

中国国家版本馆 CIP 数据核字(2023)第 032664 号

责任编辑: 郭　赛
封面设计: 杨玉兰
责任校对: 胡伟民
责任印制: 杨　艳

出版发行: 清华大学出版社
网　　址: http://www.tup.com.cn, http://www.wqbook.com
地　　址: 北京清华大学学研大厦 A 座
邮　　编: 100084
社 总 机: 010-83470000
邮　　购: 010-62786544
投稿与读者服务: 010-62776969, c-service@tup.tsinghua.edu.cn
质量反馈: 010-62772015, zhiliang@tup.tsinghua.edu.cn
课件下载: http://www.tup.com.cn, 010-83470236

印 装 者: 三河市龙大印装有限公司
经　　销: 全国新华书店
开　　本: 203mm×260mm
印　　张: 20.5
字　　数: 610 千字
版　　次: 2023 年 5 月第 1 版
印　　次: 2023 年 5 月第 1 次印刷
定　　价: 79.00 元

产品编号: 099546-01

前言

并行编程(parallel programming)的概念早在20世纪中期就已经提出,并在20世纪中晚期开始流行,不过受硬件限制,只在拥有高性能计算机的实验室和工业界中使用,参与并行编程的人员都是经过专门培训的。近年来,多核处理器的普及和众核处理器的不断发展为并行编程的普及提供了硬件支撑平台,人们不再为昂贵的硬件平台所限,越来越多的人开始有机会接触并使用并行编程技术,并行编程也不再局限于从事计算机编程的专业人士,其他行业的人员也开始使用该技术提升程序的性能。

高性能是计算机系统追求的目标之一,处理器无疑是提高计算机系统性能的核心部件。然而,由于处理器芯片的设计和制造工艺已经达到了极限,而且考虑到功耗和散热等问题,处理器的运算能力已经很难再通过增加晶体管的数量提高。2005年前后,处理器制造商不得不采用新的方式提高计算机的运算能力,Intel、AMD和IBM等公司利用并行计算理论的相关知识设计了多核处理器,希望以此继续提高处理器的运算速度。

随着多核处理器的普及,学术界和工业界普遍认为并行程序设计将成为未来软件开发技术的主流。并行程序设计不仅继承了传统程序设计中的理论和方法,而且对传统程序设计提出了许多新的挑战,突出表现在并行算法设计、并行基础架构、并行计算思维等方面。很多程序设计人员对于传统的串行程序设计较为熟悉,但对并行程序设计的相关理论和方法还有待于深入学习。

并行编程相关课程在中国科学技术大学、北京理工大学、哈尔滨工业大学、河北科技大学、西北农林科技大学等高校已经开设多年,国内外产出了一批优秀的教材,如《并行计算》《并行程序设计导论》《并行计算导论》等,这些教材各有特色,但随着技术的不断更新,相关教材的建设仍须进一步完善,亟须将并行程序设计技术和目前流行的编程语言结合起来,深入开展相关的科研和教学工作。国外在并行程序设计方面也有一些优秀的教材,理论和实践知识深入,但其撰写方式、逻辑思路和语言风格不符合我国学生的阅读习惯,不适合作为我国高等院校的教材。

为了帮助更多的人了解和掌握并行编程的理论、方法和技术,作者编写了本书,主要在Java语言的框架下介绍并行编程知识。虽然本书介绍的相关知识只是Java语言生态系统中之冰山一角,但也覆盖了绝大多数并行编程的概念以及JDK并发库中大部分并发工具类的使用方法。需要特别说明的是,JDK并发库只提供了一个并发编程工具库,并行编程过程中最重要的是并行编程思维习惯的培养。作者希望在介绍并发编程相关知识的同时,可以培养读者并发编程的思想和思维习惯,引领读者进入并行程序设计的宇宙中,为高性能程序设计人才的培养抛砖引玉,贡献自己的微薄力量。

支持多线程是Java语言的重要特征之一,在学习本书之前,读者应学习Java编程的基础知识。本书重点对Java多线程编程的相关知识进行介绍,具体内容涉及线程定义、线程管理、锁和原子操作、异步模式、线程协作、线程池和Fork/Join框架等内容,大部分内容在讲解知识的同时都通过例题加以演示,并在JDK最新版本下调试运行通过,大部分例题的演示采用"提出问题—分析问题—代码实现—结果展示—结果分析—相关讨论"的思路,力求做到明白透彻。然而由于作者的学识和水平所限,有些程序的代码可能不是最优的,恳请各位读者对本书的相关内容提出改进意见和建议,以继续优化本书。

本书的姊妹版是《并行编程(Python 版)》,该书主要基于 Python 语言对并行程序设计方法进行介绍,主要内容涉及线程和进程编程、OpenMP 共享内存并行编程模型、消息传递编程模型和异步编程等内容。由于都是讲述并行编程知识,部分内容将与本书重合,但使用了不同的语言对相关知识点进行了编程实现。由于 JDK 中没有提供消息传递和 OpenMP 的支持,因此本书偏重于共享内存并行程序设计知识,但《并行编程(Python 版)》一书将从共享内存、消息传递等方面对并行程序设计方法进行介绍,是本书内容的有益补充,该书正在撰写中。两书将各有特色,各有千秋,形成互补,期望帮助读者根据自己熟悉的编程语言进行并行编程学习。

本书内容先进、结构合理、讲解详尽、例题丰富、深入浅出,是初学者学习并行编程概念、理论、方法和编程技巧的理想教材,适合普通高校、实践和工程类院校学生在学习高性能程序设计时使用,是高等院校学生和 IT 领域在职人员学习并行编程技术的理想教材和工具书,也可作为高性能计算技术人员的自修参考用书。本书不仅对 JDK 较早版本中的内容进行讲解,而且对 JDK 最新版本中发布的很多新的并发类和接口进行介绍。

全书共 13 章,第 1 章简要介绍并行程序设计的基础知识;第 2 章介绍 Java 线程创建;第 3 章介绍线程的管理;第 4~5 章讲解线程同步控制方法;第 6 章讲解异步编程模式;第 7~8 章介绍线程间协作和障栅的相关知识;第 9~10 章介绍线程池执行器和 Fork/Join 框架;第 11 章介绍如何使用线程安全的集合操作;第 12 章介绍如何定制适合特定需求的并发类;第 13 章通过大型实际应用程序例子对并行程序的开发进行介绍。

本书作为教材已经应用于河北科技大学信息科学与工程学院的本科生和研究生"并行程序设计"课程中,已经过两轮教学实践的检验,作者认为本书的内容安排能够适应教学进程,除了第 4 章内容可以选讲外,其他章节均安排合理,本书配套的教学内容在中国大学 MOOC 和超星学习通上配有视频讲解,欢迎广大读者在学习的同时对本书的视频内容批评指正。

在本书的写作过程中,很多计算机领域的学者和教师对本书的编写工作提出了很多建设性的意见和建议,国内外众多的经典教材、研究成果和相关网站也为本书提供了参考,在此一并表示衷心的感谢。感谢美国普渡大学计算机科学系张翔宇教授,在我做访问学者期间,张教授让我感受到了专业的学术精神和良好的科研氛围,也让我可以有时间对本书的内容进行思考,同时也给了我很多有益的建议,是难得的良师益友。此外,感谢我的家人,写作工作枯燥且耗时较长,但得到了他们的大力支持,他们承担了大部分繁杂的家务工作,让我可以集中精力,有更多的时间写作。特别感谢我的儿子,成长路上他学会了努力上进,学会了顽强拼搏,在生活中学会了关心他人,他常常在我写作几小时、腰酸背疼的时候给我捶背揉肩,使我可以享受这独一无二的待遇,父子情深,感恩遇见!

由于编者学识和水平有限,书中的错漏和不妥之处在所难免,恳请广大读者批评指正,以便今后不断完善、改进、优化本书。

张杨

2023 年 2 月

目录

第1章 绪论 …… 1
  1.1 概述 …… 1
  1.2 并发与并行 …… 2
    1.2.1 并发 …… 2
    1.2.2 并行 …… 3
  1.3 Flynn 分类 …… 4
  1.4 并行编程模型 …… 4
    1.4.1 多线程并行模型 …… 4
    1.4.2 共享内存并行模型 …… 5
    1.4.3 分布式并行模型 …… 6
    1.4.4 混合并行编程模型 …… 7
    1.4.5 数据并行模型 …… 7
  1.5 并行程序设计方法 …… 8
    1.5.1 分治 …… 8
    1.5.2 流水线 …… 9
    1.5.3 消息传递 …… 10
  1.6 加速比 …… 10
    1.6.1 阿姆达尔定律 …… 10
    1.6.2 高斯特凡定律 …… 11
  1.7 并行程序评判标准 …… 11
  1.8 Java 并行 …… 13
    1.8.1 并行特性 …… 13
    1.8.2 内存模型 …… 14
  1.9 程序运行说明 …… 15
  习题 …… 17

第2章 线程 …… 18
  2.1 基本概念 …… 18
    2.1.1 进程与线程 …… 18

	2.1.2 超线程	18
2.2	线程的创建	19
	2.2.1 不带返回值的线程——从 Thread 类继承	19
	2.2.2 不带返回值的线程——实现 Runnable 接口	22
	2.2.3 带返回值的线程——实现 Callable 接口	24
	2.2.4 简化线程创建代码	25
2.3	线程的属性	28
	2.3.1 线程标识符	28
	2.3.2 线程名	30
	2.3.3 线程状态	34
	2.3.4 优先级	37
习题		41

第 3 章 线程的管理   42

3.1	线程数目的确定	42
3.2	线程运行的控制	43
	3.2.1 等待线程执行完毕	43
	3.2.2 休眠	47
	3.2.3 中断	48
	3.2.4 让出 CPU 的使用权	50
3.3	守护线程	52
3.4	线程分组	55
3.5	线程本地化	58
3.6	线程开销问题	60
习题		62

第 4 章 锁   63

4.1	概述	63
4.2	基本概念	63
	4.2.1 数据竞争	63
	4.2.2 线程安全	64
	4.2.3 临界区	65
	4.2.4 监视器	65
4.3	为什么使用同步控制	66
4.4	同步锁	68
	4.4.1 同步方法	68
	4.4.2 同步块	70
4.5	可重入锁	72
4.6	读写锁	80

4.7 邮戳锁 ··· 87
4.8 锁的缺点 ··· 94
    4.8.1 锁竞争 ·· 94
    4.8.2 优先权反转 ··· 95
    4.8.3 死锁 ··· 95
    4.8.4 活锁 ··· 98
4.9 本章小结 ··· 100
习题 ··· 101

第 5 章 原子操作 ··· 102

5.1 原子性 ·· 102
5.2 基本类型的原子操作 ··· 103
5.3 引用类型的原子操作 ··· 106
5.4 ABA 问题 ·· 108
5.5 扩展的原子引用类型 ··· 111
    5.5.1 类 AtomicMarkableReference ·· 111
    5.5.2 类 AtomicStampedReference ··· 114
5.6 原子操作数组类 ··· 117
5.7 volatile 关键字 ··· 122
    5.7.1 可见性 ·· 122
    5.7.2 原子性 ·· 122
    5.7.3 指令重排 ··· 122
5.8 本章小结 ··· 123
习题 ··· 124

第 6 章 异步模式 ··· 125

6.1 基本概念 ··· 125
    6.1.1 同步和异步 ··· 125
    6.1.2 阻塞和非阻塞 ·· 125
    6.1.3 回调 ··· 126
    6.1.4 I/O 密集型任务和计算密集型任务 ·································· 126
6.2 接口 Future ··· 126
6.3 类 FutureTask ··· 127
6.4 类 CompletableFuture ·· 133
    6.4.1 类的定义 ··· 133
    6.4.2 创建对象 ··· 133
    6.4.3 获取返回值 ··· 134
    6.4.4 执行模型 ··· 135
    6.4.5 多个异步任务处理 ··· 144

    6.4.6 使用回调函数 ·· 147
    6.4.7 综合应用实例 ·· 152
  6.5 本章小结 ··· 155
  习题 ··· 156

第 7 章 线程协作 ·· 157

  7.1 通过共享变量进行协作 ··· 157
  7.2 等待集合 ··· 160
  7.3 等待与通知 ·· 160
  7.4 条件变量 ··· 168
  7.5 交换器 ··· 174
  习题 ··· 178

第 8 章 线程障栅 ·· 179

  8.1 概述 ··· 179
  8.2 循环障栅 ··· 179
  8.3 倒计时门闩 ·· 184
  8.4 信号量 ··· 188
  8.5 阶段 ··· 193
  习题 ··· 201

第 9 章 线程池管理 ··· 202

  9.1 线程池 ··· 202
    9.1.1 为什么使用线程池 ·· 202
    9.1.2 相关接口和类 ·· 202
    9.1.3 应用举例 ··· 207
  9.2 固定数目的线程池 ·· 209
  9.3 延迟执行、周期性执行的执行器 ······································· 214
  9.4 取消任务的执行 ··· 219
  9.5 任务装载和结果处理的分离 ·· 220
  9.6 管理被拒绝的任务 ·· 223
  习题 ··· 225

第 10 章 并行模式 Fork/Join ··· 226

  10.1 基本概念 ·· 226
    10.1.1 任务划分 ·· 226
    10.1.2 负载均衡 ·· 227
    10.1.3 工作窃取 ·· 227
  10.2 Fork/Join 框架的编程模式 ··· 228

10.3	线程池 ForkJoinPool	229
	10.3.1 创建 ForkJoinPool 对象	229
	10.3.2 使用 ForkJoinPool	230
10.4	任务 ForkJoinTask	231
	10.4.1 从类 RecursiveAction 继承创建任务	232
	10.4.2 从类 RecursiveTask 继承创建任务	238
	10.4.3 任务的运行方式	242
	10.4.4 任务的取消	245
10.5	本章小结	247
习题		248

第 11 章 线程安全的集合 249

11.1	线程安全的哈希表	249
	11.1.1 类 ConcurrentHashMap	249
	11.1.2 类 HashTable	252
	11.1.3 方法 Collections.synchronizedMap	253
11.2	线程安全的双端队列	253
11.3	线程安全的跳表	257
11.4	同步队列	259
11.5	随机数产生	262
11.6	并行流	264
	11.6.1 函数式接口 Predicate	264
	11.6.2 流的创建	265
	11.6.3 流的操作	266
习题		268

第 12 章 定制并行类 269

12.1	定制同步类	269
	12.1.1 定制锁	269
	12.1.2 定制原子操作	272
12.2	定制线程工厂	275
12.3	定制线程池	277
12.4	定制线程执行器	279
12.5	定制周期性任务	281
12.6	定制与 Fork/Join 框架相关的并发类	285
	12.6.1 类 ForkJoinWorkerThread	285
	12.6.2 接口 ForkJoinPool.ForkJoinWorkerThreadFactory	285
	12.6.3 自定义 Fork/Join 框架中的线程	285
	12.6.4 自定义任务	288

习题 ……………………………………………………………………………………… 291

第 13 章　并行程序设计实例 ……………………………………………………………… 292

13.1　桶排序及其并行化 ……………………………………………………………… 292
　　13.1.1　桶排序过程 …………………………………………………………… 292
　　13.1.2　并行化 ………………………………………………………………… 292
13.2　奇偶排序及其并行化 …………………………………………………………… 297
　　13.2.1　奇偶排序算法的过程 ………………………………………………… 297
　　13.2.2　并行化 ………………………………………………………………… 300
13.3　加密/解密算法及其并行化 …………………………………………………… 306
　　13.3.1　加密/解密过程及相关代码 ………………………………………… 306
　　13.3.2　并行化 ………………………………………………………………… 314

第 1 章 绪 论

并行编程将成为软件开发技术的主流，是软件技术的发展方向。本章将介绍并行编程的基本知识，并对 Java 并行编程的特性进行介绍。

1.1 概述

高性能是计算机系统追求的目标之一，处理器无疑是提高计算机系统性能的核心部件。20 世纪中晚期，Intel 公司的创始人之一 Gordon Moore 博士根据处理器的发展规律提出了计算机领域中非常著名的摩尔定律，该定律指出：处理器芯片上集成晶体管的数量将每 18 个月翻一番。按照这个定律，到目前为止，处理器上集成的晶体管数量将会达到几十万亿个，显然，达到这个数量将给处理器的制造商带来更多的困难，这主要是因为处理器芯片的设计和制造工艺已经达到极限，而且考虑到功耗和散热等问题，处理器的运算能力已经很难再通过增加晶体管的数量提高。因此，处理器制造商不得不采用新的方式提高计算机的运算能力，IBM 等大公司利用并行计算理论的相关知识设计出了多核处理器，希望以此继续提高处理器的运算速度。

多核处理器将两个或多个独立的处理核心集成到一个芯片上，每个内核都有自己的运算单元、控制单元、逻辑单元和中断处理器等。与单核处理器相比，多核处理器能够以相对较低的频率处理相对多的工作负载。多核处理器的出现，使得处理器处理能力的继续提升成为可能。

目前，工业界中已经出现众多多核处理器产品，有 AMD 公司的 Opteron 和 Phenom 系列、Intel 公司的 Core 和 Xeon 系列等。2011 年，在美国华盛顿州西雅图召开的 Supercomputing 大会上，Intel 公司展示了该公司旗下全新的 1Teraflop(每秒浮点运算性能万亿次)级别处理器芯片，该处理器芯片拥有多达 50 个核心。该款处理器的问世，让一颗小小的单芯片处理器匹敌了当时配备了 9680 颗 Intel 奔腾处理器的超级计算机。在多核处理器普及的同时，众核处理器也在不断发展，Intel 公司在新一届的 Supercomputing 大会上发布了 Knights Landing 产品，采用 14nm 的制造工艺，将处理核心数提升至 72 核，支持 288 个线程同时运行。此外，图形处理器(GPU)和视觉处理器(VPU)也已经走上商业化的道路，这些处理器可以辅助多核处理器进行相关专业领域的处理任务。

随着多核处理器的普及以及众核处理器的发展，越来越多的程序将运行在多核平台上。虽然人们对多核处理器寄予厚望，而且多核处理器也确实在一定程度上提升了程序的性能，但是提升的程度与人们当初的期望还相差甚远，导致这种情况的原因是多方面的，其中，最引人注意的无疑是多核处理器的硬件体系结构与其上运行的软件架构存在巨大的鸿沟，也就是说，软件的运行模型和编程模型与硬件体系结构缺乏有效的对应关系。正是由于这种鸿沟，使得目前在多核处理器架构上运行的软件还没有充分地发挥多核处理器的性能优势。

当处理器有多个处理核时，传统的串行程序设计在利用这些处理核的能力上就显得有些力不从心了。当缺乏并行辅助设施时，串行程序只能运行于多核处理器中的一个处理核上，或者在不同处理核上根据操作系统的调度策略进行切换，这样对多核处理器的利用能力十分有限。因此，为了充分利用多核处理器，需要改变传统的程序编写方式，采用并行程序设计方式。

并行程序设计在计算机诞生的早期主要集中出现在专门的实验室和大公司中，并且使用专门的设备运行，参与并行编程的人员都经过了专门的培训。多核处理器的出现将改变这一状况，它将使并行程序设计变得更加普及，普通的程序员在多核处理器上可以实现程序的并行执行，更多的普通用户也可以参与到并行程序设计的过程中。

为了提高程序在多核平台上的执行性能，人们提出了3种比较有代表性的解决方法。

（1）串行程序自动并行化。将原有的串行程序通过编译技术或重构技术自动转换为并行程序，这种方法需要对现有的编译器进行修改，并且需要开发新的重构工具。

（2）在串行程序设计语言的基础上增加并行库支持。通过开发相关的并行库对并行程序设计提供支撑。

（3）开发全新的并行编程语言。目前一些大公司已经设计出并行编程语言，具有代表性的主要有Oracle公司的Fortress、IBM公司的X10和Cray公司的Chapel等。

Java从诞生之初就在语言级别对线程提供支持，并且提供了管理多线程的类和方法，使开发并行程序变得简单、有效。随着Java Development Kit(JDK)版本[①]的不断更新，越来越多的并行工具类被加入其中，Java语言并行编程的能力将越来越强大，在Java语言中从事并行编程也将变得越来越方便。

1.2 并发与并行

在多核处理器已经普及的年代，虽然人们习惯使用并发或并行表示任务同时运行的含义，对二者不加区分，但是这两个概念还是有一定区别的，因此有必要对并发和并行进行详细说明。

并发和并行是两个既相似又有区别的概念，二者都是指程序的并行执行，但又有不同之处，首先在英文的表达上是不同的，并发的英文是concurrency，而并行的英文是parallelism；其次体现在微观含义上，下面分别说明。

1.2.1 并发

并发和操作系统有着密切的关系，并发是操作系统的重要特征之一。操作系统允许并发地执行任务，人们可以在听音乐的同时阅读最近发生的新闻，还可以发送邮件和撰写文档，这种并发是一种进程(process)级的并发，是一种程序间的并发执行方式。当然，这种并发也可以发生在程序的内部，即在内部形成多个执行流，称为线程(thread)级并发。

并发指在操作系统中，某一时间段内多个程序在一个CPU上运行，但在任意一个时间点上，只有一个程序在运行。从宏观上看，多个程序在同时运行，但从微观上看，多个程序之间是串行执行的，操作系统通过给每个程序分配一定的时间片保证这种并发执行。

图1-1给出了程序并发执行的图示，纵轴为线程，横轴为时间，图中共有4个线程，分别为线程1、

---

① 关于JDK版本的描述方法，本书统一使用JDK 5.0或JDK 7.0等描述形式，虽然有些技术文档也采用JDK 1.5或JDK 1.7的描述形式。

线程2、线程3和线程4。从图中可以看出,在t1时刻,线程1的时间片执行完成,线程2的时间片执行开始,以此类推,每个线程的时间片执行都占用一段时间,线程的执行是分段进行的,并没有重叠。

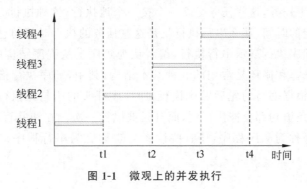

图 1-1　微观上的并发执行

1.2.2　并行

并行指两个或两个以上的任务同时运行,同时运行的任务互不抢占CPU资源,也就是说,在多核处理器中,每个任务单独占用一个处理核互不干扰地运行。无论从宏观上看还是从微观上看,任务都是同时运行的。

图1-2给出了4个线程并行执行的图示,纵轴为线程,横轴为时间。从图中可以看出,在t1时刻,线程1和线程3是同时执行的;在t3时刻,线程1、2、3和4也是同时执行的;在t4时刻,线程2和线程4是同时执行的。

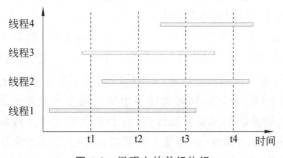

图 1-2　微观上的并行执行

在计算机系统中,可以同时启动多个任务,在任务运行的过程中,究竟是怎样由CPU执行的?如果该计算机只有一个CPU或CPU处理核,为了使每个任务都有机会运行,CPU将可以处理任务的时间分成若干片,在每一个时间片中调用一个任务使之运行。在某一段时间内,这种处理方式使得从宏观上看来,多个任务都得到了处理,但从微观上来看,在某一时间点,只有一个任务在运行。总体上多个任务依旧是串行执行的,只不过采用了渐进的方式,让所有的程序都有机会运行一段时间,这种并行方式是一种逻辑意义上的并行运行。只有当计算机有多个CPU或者一个CPU有多个处理核时,才可以在每个CPU或者每个处理核上运行一个独立的任务,这些任务不论在微观还是宏观上都是同时被处理的,是一种真正意义上的并行运行。

随着多核处理器设计技术的发展,计算机中已有多个处理核,可以同时处理多个任务,是一种可以并行执行的方式。由于多核处理器已经普及,拥有多个处理核进行并行编程,因此在本书中后面的描述中提到的都是并行,并没有刻意地区分并行和并发。

串行执行是相对于并行执行而言的,可以并行执行的程序称为并行程序,只能串行执行的程序称为串行程序。例如,有若干任务,这些任务必须一个接一个地执行,这种执行方式就是串行执行。如果完成每个任务都需要一定的时间,那么串行执行就是这些任务的执行时间的总和。

有的书中习惯使用顺序执行表示串行执行,编者认为顺序是从程序结构的角度说明的,在计算机程序设计语言中,顺序、选择和循环是常用的 3 种基本结构,其中,顺序执行指程序从头到尾的一次执行过程中,语句的执行将根据书写的先后顺序执行,即程序开头的语句先执行,结尾的语句后执行,在未发生异常的情况下,每条语句都会被执行到,而且只被执行一次。在和并行程序对比时,有些读者喜欢把没有并行执行的程序称为顺序程序,还有些读者喜欢称之为串行程序,为了统一表述,本书使用"串行程序"。

1.3 Flynn 分类

在并行计算领域中,Flynn 分类法通常作为高性能计算机体系结构的分类方法,根据同时管理的指令流数目和数据流数目对计算机系统进行分类,分成 4 种类型:

(1) 单指令流单数据流计算机(single instruction stream and single data stream,SISD)
(2) 单指令流多数据流计算机(single instruction stream and multiple data stream,SIMD)
(3) 多指令流单数据流计算机(multiple instruction stream and single data stream,MISD)
(4) 多指令流多数据流计算机(multiple instruction stream and multiple data stream,MIMD)

SISD 的每个指令部件每次仅执行一条指令,而且在执行时仅为操作部件提供一份数据。当指令和数据流水化处理时,SISD 也可以拥有并行计算的特点。

SIMD 系统是并行系统,通过对多个数据执行相同的指令而实现多个数据流并行处理。通过将数据分配给多个处理器,然后让各个处理器使用相同的指令操作数据子集实现并行化,这种并行称为数据并行。

MISD 实际上并不存在,除非特别地将流水线体系结构归于此类,或是把某些容错系统归为此类。

MIMD 系统是一种典型的并行系统,同时支持多个指令流在多个数据流上进行操作。该种计算机系统通常包括一组完全独立的处理单元或者处理核,每个处理单元或处理核都有自己的逻辑控制单元和算术运算单元。不同于 SIMD,MIMD 中的每个处理器都能够按自己的节奏运行。

共享内存模式和分布式内存模式的处理机都属于 MIMD。在共享内存系统中,多个处理器通过互连网络(interconnection network)或一个处理器的多个处理核通过片上网络(network on chip)与内存系统进行连接,每个处理器或处理核通过相关网络访问内存地址单元,通过访问共享数据实现隐式通信。在分布式内存系统中,每个处理器有自己私有的内存空间,处理器和内存之间通过互连网络相互通信,处理器之间通过发送消息访问其他处理器的内存,从而显式地进行通信。

1.4 并行编程模型

并行编程模型包括多线程并行模型、共享内存并行模型、分布式并行模型、混合式模型等。

1.4.1 多线程并行模型

一个程序内部可以拥有多个执行流,如果每个执行流用一个线程执行,则形成多线程并行模型。

通常,这种模型被用于共享内存体系结构之上,因为内存共享,当访问共享变量时,线程之间需要进行同步控制,只允许一个线程访问共享变量,线程访问共享变量之前要进行加锁,访问结束之后要进行解锁。

多线程之间可以通过共享变量进行通信,通过共享变量的状态决定采取的动作。线程之间也可以采用通信原语进行通信,通过控制线程的等待和唤醒状态协调线程之间的操作。

多线程并行模型中,可以由程序员控制线程的状态,控制线程的启动、休眠和终止,程序员可以获得较高的自主权,但这也意味着程序员的工作量加大。这种方式下,线程的复用性较差,一般创建一个线程后,执行完毕就会销毁线程,对于那些计算量较少的任务来说,这种频繁的创建和销毁操作可能会占用大量的处理时间,导致程序性能变差。如果线程的数量较多,并且都由程序员控制,则他们的任务将变得额外沉重,不能把主要精力集中在系统的业务逻辑上,造成效率低下。

为了把程序员从这种额外的线程管理工作中解脱出来,可以通过线程池管理线程,线程池负责线程的创建和销毁,任务可以提交到线程池,线程池将指定一个线程执行该任务,当该任务执行完毕但后面还有任务提交时,线程池并不销毁线程,而是将线程休眠,待下一个任务到来时再唤醒线程执行。这种方式减少了程序员对线程的控制,而且避免了重复的线程创建和销毁的开销,效率更高一些。

多线程之间还可以采用任务窃取的模式,以提高并行处理效率。当任务较少的线程先执行完时,可以从任务较多的线程的任务队列中取出一些以帮助尽快完成。

1.4.2 共享内存并行模型

共享内存并行模型在硬件层次上指多个处理器通过互连网络或一个处理器的多个处理核通过片上网络与内存系统进行连接,运行在这些处理器和处理核上的线程和进程可以同时访问同一块内存区域,并对该区域进行读写操作。

在代码层次中,内存区域被抽象为程序中的变量,通过变量赋值和读取对内存区域进行读写。程序中,变量可以是共享(shared)或者私有(private)的,共享变量可以被线程或者进程读写,私有变量只能被单个线程访问,线程或进程间的通信也是通过共享变量完成的,由于没有显式的线程间通信语句,所以这种通信称为是隐式通信。

共享内存并行模型采用动态分配资源和静态分配资源的方式。

在动态分配资源的情况下,通常会有一个主线程,当有任务到来时,会派生一个线程执行该任务,当任务完成后,会终止该派生线程的执行,然后将结果合并到主线程中,这种模式充分利用了系统的资源,资源只在线程实际运行时使用。

在静态分配资源的情况下,主线程在完成所需的设置后会派生出所有线程,这些线程会一直运行处理任务,当任务都处理完毕后,主线程统一做一些清理工作,例如释放内存、结束线程等,然后终止。在资源利用方面,这种分配显然不如动态分配的资源利用率高,且缺乏灵活性,但是这种方式相对简单,不需要处理何时派生线程等繁杂任务。

在 MIMD 中,如果线程或进程采用异步处理方式,多个线程或进程独立执行任务,则它们的处理速度和进程都不尽相同,继而造成程序的执行结果也不相同,这种不确定性会给共享内存系统带来很多麻烦。对于私有变量,这种不确定性的影响要小一些,对于共享变量,这种不确定性给并行软件带来的伤害是巨大的。

由于多线程对共享变量操作而引发的错误称为数据竞争(data race)问题,引起该问题的条件称为竞态条件(race condition),发生竞态条件的区域称为临界区(critical section)。临界区是操作系统中的一个基本概念,是指对多个共享变量进行操作的区域,一般情况下,一次只能被一个线程或进程访问,区域的范围可以根据所包含的代码的长度划分为细粒度(fine-grained)和粗粒度(coarse-grained)级别。

为了解决数据竞争问题,要保证对共享变量访问的排他性,也就是说,在某一时刻要尽量保证只有一个线程或进程对共享变量进行访问,以避免不确定性的发生。通常使用的方法是使用互斥排他锁(mutual exclusion lock)、互斥量(mutex)或者信号量(semaphore),这些都在硬件层次上有相应的支撑,例如锁定系统总线等。锁和互斥量的基本思想是当有一个线程或进程进入临界区时,首先要进行加锁,等处理完毕离开时要进行解锁。

为了保证共享数据访问的正确性,除了使用上面的同步机制外,还有很多技术在不断涌现,受关注较多的是事务内存(transactional memory)。按照事务内存的软硬件作用级别,可以分为软件事务性内存和硬件事务性内存。软件事务性内存可以让多个线程同时进入临界区,在临界区开始前设置一个回滚点(roll-back point),哪个线程先执行完毕就可以先提交,然后看后面的线程操作的数据和先提交的线程的操作是否有冲突,如果有,则后提交的线程的相关操作要从回滚点处重新执行。这种方式下,如果临界区的数据竞争不频繁发生,那么既可以保证多个线程同时执行,增大并发性,又可以保证CPU的处理效率;但如果数据竞争频繁发生,则很多线程将发生回滚操作,导致做了很多无用工作,开销较大,对系统资源也是一种浪费,而且软件事务性内存不适合那种具有输入/输出特性的操作,故在实用性方面存在一定的弊端。基于此,目前学术界和工业界对软件事务性内存的研究属于半放弃的状态,相比之下,由于硬件事务性内存可以明显减少开销,因此在学术界和工业界的相关研究处于较活跃的状态。

共享内存系统设计的一个重要原则就是要保证线程安全性(thread safety),不论线程怎样交替执行,仍要保证结果的正确性。

目前,共享内存并行模型主要是 OpenMP(https://www.openmp.org/),面向 Java 语言的 OpenMP 库是 JOMP。

1.4.3 分布式并行模型

分布式系统是指在多个地理位置上分布的计算机之间组成的一个计算系统,后来随着多处理器的发展,把物理上分布的多处理器也看作一个小的分布式系统。通常,物理上分布的多个处理器能够直接访问自己的私有内存,如果想要访问其他处理器的内存,则需要进行通信,目前广泛采用的是消息传递模型(message passing interface,MPI),可以通过网址 https://www.mpi.org 了解消息传递模型的规范。

在消息传递模型中,一般地理上分布的计算机之间或多个处理器之间通过消息进行交互,需要有消息的发送方和接收方,对应着消息传递函数和消息接收函数。进程之间的通信通过进程编号(rank)相互识别,编号一般从 0 开始,p 个进程的编号是从 0 到 p−1。

消息传递模型编写的程序通常采用 SIMD 形式,两个进程使用相同的可执行代码,但根据进程编号执行不同的操作。不同进程操作的数据是不同的,通过消息操作不同的内存块,程序员可以通过发送和接收操作的参数指定消息。

消息传递模型中提供了多种发送和接收消息的方式,包括单点传播、广播、散播等。单点传播是指一个进程将消息发送给另一个进程,可以是单向通信,也可以是双向通信;广播通信是指一个进程发送相同的数据给所有进程;散播通信是指单个进程将数据发送给组内的其他进程。

发送消息可以采用阻塞和非阻塞的方式。在阻塞的方式下,发送方会等待消息接收方开始接收数据,这也意味着发送函数不会返回,而是等到对应的接收函数启动为止。在非阻塞的方式下,发送方会在发出发送数据请求后不等待接收方,而是先做一些其他的处理工作,直到接收方准备好后再执行数据发送。

消息传递模型中的数据可以被进程复制到本地,也可以显式地分布在各个进程中,如果数据不在本地,则需要访问远程进程数据。

JDK本身并不提供消息传递库,消息传递功能是通过MPJ库实现的,有兴趣的读者可以参考网址 https://www.mpjexpress.org/。

1.4.4 混合并行编程模型

共享内存编程模型和消息传递模型各有优缺点,为了利用二者的优势并避免劣势,研究人员在这两个模型的基础上提出了混合并行编程模型。

在混合并行编程模型中,分布在不同地点的处理器之间采用消息传递方式,在某一个处理器中并行处理数据时采用共享内存的编程模型。

目前,很多工作以MPI和OpenMP模型为基础,建立适用于SMP(symmetric multi-processing)集群的混合并行编程模型,它贴近于SMP集群的体系结构且综合了消息传递和共享内存这两种编程模型的优势,能够得到更好的性能表现。

SMP是相对非对称多处理技术而言的,是一种应用十分广泛的并行技术,它是指在一台计算机的一组处理器之间共享内存子系统和总线结构。在这种技术的支持下,一个服务器系统可以同时运行多个处理器,并共享内存和其他资源,所有的处理器都可以平等地访问内存、I/O和外部中断。在SMP架构中,虽然同时使用多个处理器,但是从用户的角度来看就像一台计算机一样,SMP系统会将任务队列对称地分布于多个CPU之上,极大地提升了整个系统的数据处理能力。SMP架构的缺点是可扩展性较差,所有处理器都共享系统总线,当处理器的数目增多时,系统总线的竞争冲突会迅速加大,严重时会成为性能瓶颈。

划分全局地址空间(partitioned global address space,PGAS)提供了在分布式内存下共享内存的编程机制,私有内存在运行程序的处理核局部内存空间中分配,共享内存中的数据分配则由程序员控制。

1.4.5 数据并行模型

数据并行模型是一种典型的并行编程模型,主要用于执行任务相同但各个任务操作的数据不同的情况。一般情况下,如果各个任务之间没有关联,则并行执行的效果会很好。如果一个任务需要另一个任务的执行结果,则会造成等待,并行执行的效果会差一些。

多个任务通常由多个线程或进程执行,数据通过分解划分成若干等份,线程或进程可以将共享内存中的数据提前放入自己的本地内存进行操作,在这种方式下,数据需要通过复制命令复制一个副本并放入本地内存,等处理完毕再写回共享内存。线程或进程也可以通过指定线程或进程操作共享数据的不同部分进行,在这种方式下不进行数据复制,而是指定线程操作数据的起始和终止边界,需要将相应的数据起始地址和终止地址告诉相应的线程或进程。

如果不同线程操作的数据之间没有关联,则每个线程都可以独立运行,这时线程之间无须等待,可以获得较好的并行效果,称为易并行模式(embarassing parallelism)。例如,要对大量数据进行求和运算,可以将数据分成若干块,然后分别对每一块数据分别求和,等每一块的总和求得之后,再进行累加求和。对于这种求和问题,由于相互之间关联极小,因此可以非常容易地实现并行化。

如果不同线程操作的数据之间存在关联,后面数据的计算需要用到前面数据的处理结果,或者需要用到其他线程的数据处理结果,则这种并行的方式就会存在等待,等待必然会浪费 CPU 的处理能力,可以通过异步处理的方式减少等待,也可以通过任务窃取的方式提高任务的处理效率。这类问题的典型代表有斐波那契数列求解、傅里叶变换等。

1.5 并行程序设计方法

并行程序的设计方法有很多,本节主要介绍分治、流水线和消息传递。

1.5.1 分治

在处理一个复杂问题时,从整体上解决会很困难,为了简化问题,人们习惯于将一个复杂问题分解,划分为多个小问题,然后将这些小问题逐个解决,当这些小问题都解决了,复杂的大问题也随之解决。

所谓"分治",即分而治之,分治的特点是将一个复杂问题分解为若干小问题,然后分别将这些小问题解决。例如,在程序设计中常见的 Fork/Join 方法就是将问题不断地 Fork,以分为更小的问题,然后加以解决,得到结果后再通过 Join 方法将结果汇总。

在使用分治时,通常采用两种方法:任务分解和数据分解。任务分解是指将一个大的、复杂的任务分解为若干小任务,分解后的任务更利于并行处理,任务分解一般适用于任务不同而数据相同的并行处理情况。数据分解是指对任务要处理的数据进行划分,使每个任务处理一部分数据,数据分解一般适用于任务相同而数据不同的并行处理情况。

与任务分解和数据分解相对应的并行程序称为任务并行程序和数据并行程序。

- 任务并行是指将待解决的问题按照任务的复杂度进行划分,然后把任务分配给处理器的处理核进行任务并行处理。例如,任务并行处理包括多个函数,它们执行的任务不同,这些函数之间无关联性。
- 数据并行是指将待解决问题要处理的数据进行划分,使每个任务处理一部分数据,从而达到并行处理的效果。数据并行比较适合任务统一但数据不同的情况。

使用分治通常分为以下几步:

(1) 将复杂的任务划分为两个或者若干小的任务,如果划分后的任务仍然比较复杂,则可以继续划分,直到把任务划分到容易解决为止;

(2) 对划分后的任务进行求解;

(3) 如果每个任务都有返回结果,则需要对结果进行合并。

例如对数据求和,在数据量较小的情况下可以直接求解,如果数据量较大,则可以将数据分为若干段,然后分别求出每段的总和,代码描述如下:

```
//定义 sum 方法,参数是数组 arr
int sum(int[] arr){
    //如果小于或等于阈值 THRESHOLD,则直接求和
    if(arr.length <= THRESHOLD){
        //直接求和
        sum(arr);
```

```
    }else{
        //对 arr 进行划分,分解为数组 arr1 和 arr2
        Divide(arr, arr1, arr2);
        //对 arr1 求和
        sum_arr1 = sum(arr1);
        //对 arr2 求和
        sum_arr2 = sum(arr2);
        //返回结果
        return (sum_arr1 + sum_arr2);
    }
}
```

在程序设计中,常见的递归问题就是将问题不断地分为更小的问题,直到不能再分为止。分治可以用来解决合并排序、二分搜索和矩阵相乘等问题。

1.5.2 流水线

在流水线技术中,任务被分成若干子任务,这些子任务必须一个接一个地完成。在流水线操作中,每个任务由独立的进程或处理器处理。有时把一个流水线进程称为一个流水线阶段,每阶段只解决一个流水线任务,并将处理结果传给下一个阶段。

流水线并行执行的示意如图 1-3 所示,将一个任务分为 4 个子任务,分别用 1~4 表示,子任务 1 执行完成后,子任务 2 开始执行,之后是子任务 3 和子任务 4 的执行。在处理第一个任务的子任务 2 时,可以让第二个任务开始处理它的子任务 1;在第一个任务处理子任务 3 时,第二个任务可以处理它的子任务 2,第三个任务可以处理它的子任务 1,依次进行下去,从而实现流水线并行处理。

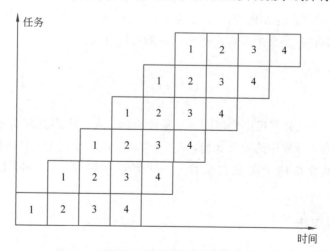

图 1-3 流水线并行执行

举例来说,阅卷就是一个典型的流水线过程,如果有多位阅卷教师,则这些教师可以按照流水线的形式分别对不同的题目进行评分。除此之外,邮寄信件的分发和投递过程、盖房子过程中的相关步骤也都体现了流水线并行技术的相关思想。

1.5.3 消息传递

在并行执行的实体之间,可以通过消息传递进行相互之间的通信,消息传递过程中,发出消息的一方称为发送方,接收消息的一方称为接收方,发送方和接收方传递的消息要遵从一定的格式,发送方发送前打包消息,接收方接收后对消息进行解析。

消息传递并行执行的示意如图 1-4 所示,线程 1 通过消息发送函数 send 将消息发送给线程 2,通过消息接收函数 recv 接收线程 2 的消息。多个线程之间通过发送和接收消息进行通信,从而实现多个线程之间的并行执行。

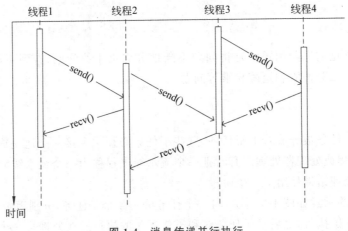

图 1-4 消息传递并行执行

MPI 定义了消息传递的编程规范,针对不同的编程语言,人们已经开发了相应的消息传递库,例如 C 语言的 MPICH 和 Java 语言的 MPJ 等。迄今为止,所有的并行计算机制造商都提供对 MPI 的支持。MPI 不仅支持点对点的通信,还支持多点广播和散播的通信模式。

1.6 加速比

加速比(speedup)是衡量并行程序性能的一个重要指标。在一个多处理机或者多核处理器上运行程序时,人们通常想知道并行程序的效果如何,很多人常常会问一个问题:并行程序的执行速度比串行程序要快多少倍?下面介绍两个著名的定律——阿姆达尔定律(Amdahl Law)和高斯特凡定律(Gaustafson Law)。

1.6.1 阿姆达尔定律

阿姆达尔定律是计算加速比的著名定律,于 1967 年由阿姆达尔提出,经过多年的研究,他总结出加速比的计算公式为

$$S = \frac{\text{使用单处理器执行程序所用时间} t_s}{\text{使用 } p \text{ 个处理器(处理核)执行所用的时间} t_b} \quad ①$$

公式①表明加速比是用单处理器的执行时间和使用 p 个处理器执行所用时间的比例计算得出的。例如,程序运行在一个单处理器上所用的时间为 16s,在一个 4 核处理器中并行处理所用的时间为 4s,

则加速比 $S=4$，这是比较理想的情况。

现实中的应用程序通常由串行执行部分和并行执行部分构成，也就是说，一个程序中或多或少都存在一些串行执行部分，例如数据的输入和输出、网络的连接等。令 t_s 为使用单处理器执行程序所需的时间，如果串行执行部分占整个程序的比例是 f，则并行部分占用的比例为 $1-f$，假设并行执行部分无任何其他开销，则用 p 个处理器执行程序所需的时间 t_b 为

$$t_b = f \times t_s + \frac{(1-f) \times t_s}{p} \quad ②$$

将公式②带入公式①，得

$$S = \frac{t_s}{f \times t_s + \frac{(1-f) \times t_s}{p}} = \frac{p}{1+(p-1) \times f} \quad ③$$

从公式③可以看出，当串行执行部分所占比例 f 为 0 时，$S=p$，即在并行部分没有任何其他开销的情况下，加速比与处理器的数目相同。

然而在实际应用中，串行执行部分总会占有一定的比例，并行执行部分也总会有一些开销，因此在 p 个处理器上执行程序获得的加速比总会小于 p。

偶尔会出现超线性加速比(superlinear speedup)，即 $S>p$，这通常是由于使用的是优化的并行算法或某一有利于并行程序运行的独特体系结构特性等原因造成的，超线性加速比的出现既有硬件方面的原因，也有软件方面的原因。

1.6.2 高斯特凡定律

高斯特凡定律是在阿姆达尔定律的基础上提出的计算加速比的定律。令 t_b 为使用 p 个处理器时执行程序所需的时间，其中串行执行部分占整个程序的比例为 f，并行部分占用的比例为 $1-f$，则串行部分的执行时间为 $t_b \times f$，并行部分的执行时间为 $t_b \times (1-f)$，因为有 p 个处理器处理的并行部分，转换为单处理器执行这部分的时间为 $t_b \times (1-f) \times p$，所以使用单处理器执行程序的总时间 t_s 为

$$t_s = t_b \times f + t_b \times (1-f) \times p \quad ④$$

将公式④带入公式①，得到加速比为

$$S = \frac{t_b \times f + t_b \times (1-f) \times p}{t_b} = f + (1-f) \times p = p - f \times (p-1) \quad ⑤$$

高斯特凡定律认为，在串行部分代码比例固定的前提下，加速比会随着处理器个数的增加而增加。

阿姆达尔定律着眼于在固定问题规模的情况下获得最高加速比，指明了系统加速的极限，因此存在一定的悲观情绪。高斯特凡定律则从另一个角度来看，主张问题的规模应该和可获得的计算资源相匹配，随着计算资源的增加，系统的加速比也会增加，因此高斯特凡定律显得更加正面一些。

1.7 并行程序评判标准

对于串行程序，可以以可用性、内聚、耦合和复用程度等标准衡量程序的好坏，有兴趣的读者可以参考面向对象设计质量模型(QMOOD)中的相关评价标准。并行程序也有一些衡量标准，由于并行程序的复杂性和特殊性，并行程序的评判标准也显得更为重要。

评判一个并行程序可使用正确性、安全性、性能、可伸缩性等指标进行衡量。

1) 正确性(correctness)

不论程序采用何种运行方式,开发一个可以正确运行的程序永远是程序员的第一守则。正确性要求程序能够满足用户提出的功能要求,输入合理的数据能够得到正确的输出。

正确性对于并行程序尤为重要,目前对于并行程序的调试技术仍是计算机领域的研究难点和热点。当多线程同时执行时,可能出现的运行次序组合是不确定的,而且会随着线程数的增加呈指数级增长。一个并行程序能够保证前十万次测试都是正确的,但难保第十万零一次测试不出错误。

2) 安全性(safety)

安全性是计算机领域目前的一个重要衡量标准,主要指软件是否会发生代码泄露、漏洞攻击、线程逃逸等安全性问题。

并行程序的安全性更侧重于线程安全性(thread-safe),当多个线程对同一个内存位置进行操作时,很容易引发线程安全问题。

一个对象是否线程安全取决于它是否被多个线程访问。当多线程同时访问某个类时,不管线程之间如何交替执行,总能得到正确的执行结果,则称这个类是线程安全的,否则称这个类不是线程安全的。

在线程安全的定义中,核心概念是正确性,正确性表现为虽然有多个线程在执行某一个类,但就像只有一个线程在执行一样。很多情况下,需要采用线程同步机制保证数据访问的正确性。

3) 性能(performance)

编写并行程序的初衷是充分利用计算机硬件提供的并行处理能力,使程序能够尽快、较少地占用资源即可完成,高性能是人们追求的目标。高性能表现在多个方面,例如减少执行时间、提高吞吐量、提高内存的利用率等。

如果一个程序并行执行的性能比其串行执行的性能还要差,那么程序并行化就是毫无意义的,只会增加程序本身的复杂度。

4) 可伸缩性(scalability)

可伸缩性指当线程运行的资源(处理核数、内存或 I/O 带宽)增多和减少时,程序的性能会随着资源的变化而变化。例如,一个程序在 4 核处理器上的加速比可以达到 3.5,如果把该程序移植到一个 16 核处理器上执行,加速比可能会达到 10 以上,则可以认为该程序的可伸缩性较好,但如果加速比仍然是 3.5 或者比 3.5 还要低,则说明该程序的可伸缩性不好。

一个并发程序在一种配置的多核处理器平台上能够获得较好的性能,如果运行平台的处理核数增多,程序是否还能够获得良好的性能呢?可伸缩性要求程序不管线程数或处理核数如何变化,都能够获得较好的性能。

一个程序的可伸缩性不是简单地由加速比衡量的,也不是单纯地看随着处理核数的增多性能会增加多少。有时,影响程序可伸缩性的因素很多,例如锁的使用就会影响程序的可伸缩性,由于锁具有互斥性,当一个线程持有锁时,其他线程只能等待,如果程序中的所有代码都由同步锁保护,则线程会一个接一个地执行,程序在多核处理器上的执行时间不会随着处理核数目的变化而变化。此外,I/O 瓶颈、内存瓶颈都会对可伸缩性造成一定的影响。

5) 可扩展性(flexibility)

软件需求通常不是一成不变的,并行程序的内部也在不断演化,这种演化不仅体现在程序功能的可扩展方面,也体现在性能的提升方面,并行程序自身的可扩展性和自适应性也是衡量程序好坏的一个重要标准。

6）复用性（reusability）

软件复用是提高软件生产率、减少重复劳动的有效方法。如何提高并发程序的复用程度也是衡量并发程序的一个重要指标。

除了上面列出的评判标准外，还有很多并发程序的评判标准，在此没有一一列举。通过并行程序设计提高程序的性能，一方面要高效利用现有资源，另一方面，当出现新的资源时，程序要能够做出变化并很好地利用。

1.8 Java 并行

随着多核处理器的普及，软件开发人员越来越关注并行编程领域，目前许多大公司已经提供了对并行程序设计语言的支持，如 Oracle 公司的 Fortress、IBM 公司的 X10 和 Cray 公司的 Chapel 等。在这种背景下，传统的主流程序设计语言 Java 也在不断完善，以适应多核时代给软件开发带来的挑战。

1.8.1 并行特性

Java 语言从诞生之初就支持线程的创建、休眠和终止等操作，并且提供了 synchronized 同步操作。从 JDK 5.0 版本开始，由 Doug Lea 领导开发的并发库成为标准库中的一部分，提供了高级的并发工具包 java.util.concurrent，随后的 JDK 6.0 版本增加了一些并行特性，如并行 Collection 框架。2011 年 7 月，Oracle 公司发布了 JDK 7.0，在动态语言类型、垃圾回收、输入/输出和并发支持方面都有较大的改进，并且引入了 Fork/Join 框架。2014 年 9 月，Oracle 公司发布了 JDK 8.0 版本，该版本在 Lambda 表达式、邮戳锁（StampedLock）和并发计数器等方面又增加了许多新的特性。截至本书定稿时，JDK 已经发展到了 JDK 19.0，且仍然在不断地发展更新。

java.util.concurrent 包中提供了并发开发所需的工具类，这个包包含几个标准的扩展框架，下面对其中的主要组件进行描述。

- 在 synchronized 同步锁的基础上引入可重入锁 ReentrantLock、读写锁 ReadWriteLock 和邮戳锁 StampedLock 等同步机制，并且提供了 AtomicInteger、AtomicLong 和 AtomicReference 等原子操作。
- 提供了线程池执行器框架，该框架包括接口 Executor 及其子接口 ExecutorService，以及实现了上面两个接口的类 ThreadPoolExecutor，该框架可以分离线程的创建和执行操作。执行器起到了维护和管理线程的作用，从而将程序员从繁重的线程管理任务中解放出来。
- 在 java.util.concurrent 包中引入了一个轻量级的 Fork/Join 框架以支持多核环境下的并行程序设计。Fork/Join 框架是并行编程领域中的一个经典框架模型，虽然不能解决所有问题，但在它的适用范围内能够轻松地利用 CPU 提供的计算资源协作完成一个复杂的计算任务。通过该框架，程序员可以顺利过渡到多核时代。
- 在线程障栅操作上提供了多种障栅操作，如类 CyclicBarrier 和 CountDownLatch 等，并且在 JDK 7.0 版本后实现了类 Phaser 类，它类似于 CyclicBarrier 和 CountDownLatch，但更灵活。
- 提供了多种线程安全的集合操作，如双端队列、哈希表、跳表等。
- 类 ThreadLocalRandom 提供了线程安全的伪随机数的生成。
- 提供自定义并发类的功能。
- 提供 Java 并行流的操作。

1.8.2 内存模型

本书讲述的并行编程知识都是基于 Java 语言的,如果想深入了解 Java 并行编程,需要先理解 Java 内存模型(Java memory model,JMM)。JMM 定义了 Java 虚拟机在计算机内存中的工作方式。

在并行编程领域有两个关键问题——线程之间的通信和同步。线程之间的通信是指线程之间如何交换信息;线程之间的同步是指用于控制多个线程对于共享数据的访问方式。

JMM 定义了多线程之间共享变量的可见性以及如何在需要时对共享变量进行同步。最初的 JMM 的效率并不是很理想,因此从 JDK 5.0 开始,Java 使用新的 JSR-133 内存模型。

Java 线程之间采用共享内存模型,JMM 决定一个线程对共享变量的写入何时对另一个线程可见。从抽象的角度来看,JMM 定义了线程和主内存之间的抽象关系:线程之间的共享变量存储在内存中,每个线程都有一个私有的本地内存(工作内存),本地内存中存储了该线程读/写共享变量的副本。本地内存是 JMM 的一个抽象概念,涵盖缓存、写缓冲区、寄存器以及其他硬件和编译器优化。

JMM 规定了所有的变量都存储在主内存中,每条线程还有自己的工作内存,线程的工作内存中保存了该线程使用的变量和主内存副本复制,线程对变量的所有操作(读/写)都必须在工作内存中进行,而不能直接读/写主内存中的变量。不同线程无法直接访问对方工作内存中的变量,线程间变量值的传递均需要在主内存中完成,如图 1-5 所示。

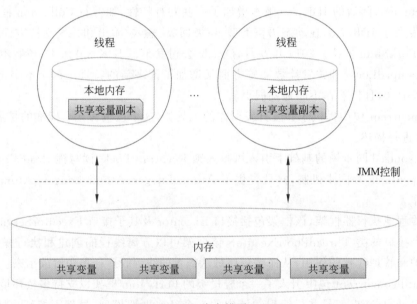

图 1-5 Java 内存模型(JMM)

JSR-133 提出了 happens-before 的概念,以此表明操作之间的内存可见性。如果一个操作的执行结果需要对另一个操作可见,那么这两个操作之间必须存在 happens-before 关系。这里提到的两个操作既可以在一个线程之内,也可以在不同线程之间。与程序密切相关的 happens-before 规则如下。

- 顺序规则:一个线程中的每个操作 happens-before 于该线程的任意后续操作。
- 锁规则:对一个锁的解锁,happens-before 于随后对这个监视器锁的加锁。
- 传递性:如果 A happens-before B 且 B happens-before C,那么 A happens-before C。

1.9 程序运行说明

共享内存的并行编程不需要特别的环境配置,在目前所有的多核处理器上都可以完成并行程序的编写,读者可以根据自己的喜好选择 Eclipse、IntelliJ IDEA 或者其他的编辑器编写并行程序。

本书所有的例子都可以在双核处理器上正常运行,之所以选择双核处理器,是为了使本书的程序可以为目前绝大多数的机器所运行。有些数据并行的程序被设计成可以随着处理核数目的变化而变化,这是为了增强程序在不同多核平台上运行的可伸缩性。

在不同配置的机器上执行时,多线程程序会受到处理器架构和操作系统的调度策略等因素的影响,在执行时间和执行结果等方面可能存在一定的差异,本书的某些程序的运行结果可能与读者的运行结果不一样,这可能是由于线程不同的执行次序造成的。

本书除了 Lambda 表达式以外的程序,在 JDK 较早的版本 JDK 8.0 中均可以正常运行,编者也在目前较新的 JDK 17.0.1 版本中进行了测试,所有程序也可以正常运行。此外,所有程序分别在 Eclipse 和 IntelliJ IDEA 中进行了测试运行,本书给出的运行结果截图都是在 IntelliJ IDEA 工具中得到的。

因读者使用的多核计算机配置不同,在某些配置较低的计算机上运行本书的某些程序(如数组开辟空间过大)可能会超出堆内存的限制,对于这些程序,可以通过调整堆内存的最大值解决。

以 Eclipse 编程环境为例,设置方法如下。

(1) 单击 Eclipse 工具栏上 ▶ 图标右侧的下拉箭头,在下拉对话框中选择 Run Configurations 选项,如图 1-6 所示。

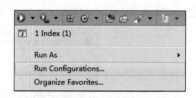

图 1-6 Run Configurations 选项

(2) 在弹出的 Run Configurations 对话框中,如图 1-7 所示,选择 Arguments 选项卡,在 VM arguments 栏中输入 -Xmx1024m,其中,1024m 是一个示例值,读者可以根据自己的情况进行设定,设定完成后单击 Run 按钮。

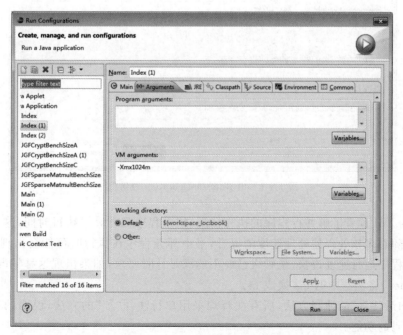

图 1-7 Run Configurations 对话框

以 IntelliJ IDEA 编程环境为例，设置方法如下。

（1）在运行控制台的窗口内单击 🔧 工具按钮，如图 1-8 所示，以修改程序的运行配置情况，鼠标指针放在上面会显示 Modify Run Configuration 的提示，单击该按钮后，会弹出 Edit Run Configuration 对话框。

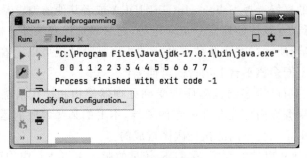

图 1-8　控制台窗口

（2）在弹出的 Edit Run Configuration 对话框内，如图 1-9 所示，找到环境变量 Environment variables 选项，输入 Xmx=1024m。

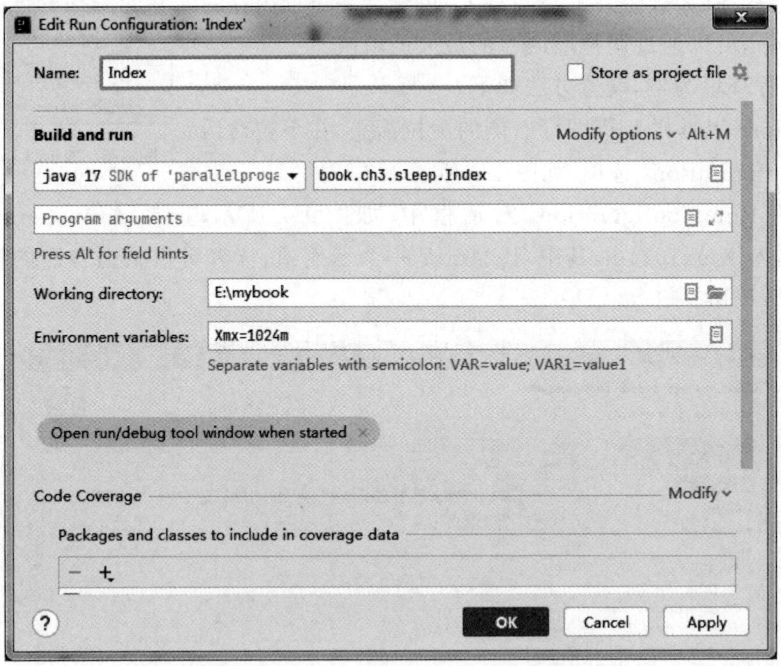

图 1-9　Edit Run Configuration 对话框

在本书中，为了让读者了解并行程序的执行情况，很多程序都计算了执行时间，这些执行时间多以 ms 作为单位，但随着多核处理器处理速度的提升，书中部分程序在执行时可能会出现 0ms 的情况，这主要是因为这些程序运行速度过快，毫秒级已经不能满足计时要求，如果出现这种情况，可以使用方法 System.nanoTime() 将例题中的 ms 换成 ns。

本书采用"向后注释"的注释方法，所有注释均采用单行注释"//"的方法，说明的都是符号"//"后面一行或几行代码的功能。

习题

1. 并发和并行有什么不同之处？
2. 并行编程模型有哪几种？各自的特点是什么？
3. 一个程序在 4 核处理器上并行执行的时间为 4.2s，在单核处理器上的执行时间为 13.6s，请问加速比为多少？
4. Flynn 分类可以分为哪几类？简要说明它们的区别。

第 2 章 线 程

Java 提供了支持多线程开发所需的类、接口和相关方法，支持多线程是 Java 语言的重要特征之一。本章主要讲解 Java 多线程的机制及其应用。

2.1 基本概念

2.1.1 进程与线程

在操作系统中，进程（process）和线程（thread）是两个基本的执行单元。自 20 世纪 60 年代提出进程的概念后，操作系统一直以进程作为独立运行的基本单位，进程是程序动态执行一次的过程，对应从代码加载、执行到结束的过程。在操作系统中，每个应用程序都对应一个进程，进程之间可以并发执行，因此可以同时运行多个应用程序，例如用户在写文档的同时，既可以播放音乐，也可以使用浏览器搜索资料。

20 世纪 80 年代提出了比进程更小的、能独立运行的基本单位——线程，如果说进程的提出主要是为了提高程序间的并行执行程度，那么线程的提出主要是为了提高程序内部并行执行的程度。

多线程是指多个执行单元同时按照不同的执行方式共同工作。一般来说，使用多线程的主要目的是使程序获得更高的性能。

与进程相比，线程的特点有：

- 线程必须在一个程序内部启动运行；
- 线程是程序内部的控制流，在执行过程中，一个进程为了同时完成多个操作，可以利用多个线程；
- 每个线程都有属于自己的堆栈、程序计数器和局部变量；
- 每个进程都有一段专用的内存区域，而同一个进程的各个线程之间可以共享相同的内存空间（包括代码空间和数据空间），并且利用这些共享内存实现数据交换、通信以及必要的同步工作。

多任务和多线程是有区别的，前者是对于操作系统而言的，表示操作系统可以同时运行多个应用程序；后者是对于一个程序而言的，表示一个程序的内部可以同时执行多个线程。

线程是程序内部的一个执行流，该执行流是由 CPU 运行程序代码并操纵程序的数据形成的。Java 语言中的线程模型是一个 CPU、程序代码和数据的封装体。

2.1.2 超线程

从字面上看，超线程与线程十分类似，但二者有本质的不同。超线程（hyper-threading，HT）是 Intel 公司于 2002 年研发的一种应用于 CPU 上的技术。

尽管通过提高 CPU 的时钟频率和缓存容量可以改善 CPU 的性能，但这样的 CPU 性能提升在技术上存在较大的难度。在实际应用中，很多时候 CPU 的执行单元并没有被充分利用，造成 CPU 的性能没有得到充分的发挥。

HT 技术利用特殊的硬件指令把两个逻辑内核模拟成两个物理芯片，让单个处理器能使用线程级并行计算，进而兼容多线程操作系统和软件，减少了 CPU 的闲置时间，提高了 CPU 的运行速度。

当在一颗 CPU 中同时执行多个程序时，多个程序共享一颗 CPU 内的资源，理论上像两颗 CPU 在同一时间执行两个线程。虽然采用 HT 技术能同时执行两个线程，但它并不像两颗独立的 CPU 那样具有独立的资源。当两个线程同时需要某一共享资源时，其中一个线程要暂停并让出资源，直到这些资源闲置后才能继续，因此 HT 技术的性能并不等于两颗 CPU 的性能。

HT 技术最初只应用于 Xeon 处理器中，之后陆续应用在 Pentium 4 处理器中，并将技术主流化，HT 是一个硬件意义上的概念。

2.2 线程的创建

Java 提供了多种创建线程的方法，主要分为两类，一类是不带返回值的线程创建，另一类是带返回值的线程创建。

在创建线程时，主要有下面 3 种方式，前两种一般用于不带返回值的线程创建，最后一种用于带返回值的线程创建。

(1) 继承类 Thread。定义一个类，作为类 Thread 的子类，在该子类中重写方法 run()。

(2) 实现 Runnable 接口。定义一个类，实现接口 Runnable，在该类中重写方法 run()，并将该类的实例对象作为类 Thread 的构造方法的参数。

(3) 实现 Callable 接口。定义一个类，实现接口 Callable，在该类中重写方法 call()。

2.2.1 不带返回值的线程——从 Thread 类继承

线程在 Java 中是由 java.lang.Thread 类定义和描述的，Java 程序中的线程都是类 Thread 的实例。Thread 类的定义形式如下：

```
public class Thread extends Object implements Runnable
```

从该类的定义可以看出，该类从类 Object 继承，实现了 Runnable 接口。

当从该类创建对象时，需要用到该类的构造方法，该类有多个构造方法，下面给出几种比较常用的构造方法。

```
//不含任何参数的构造方法
• Thread()
//通过一个 Runnable 对象 target 创建线程
• Thread(Runnable target)
//通过一个 Runnable 对象 target 创建线程，并设定该线程的名字为 name
• Thread(Runnable target, String name)
//创建一个线程，名字为 name
• Thread(String name)
```

当创建一个线程时,需要创建类 Thread 的子类,并在该子类中重写方法 run(),该方法中包含线程将要执行的动作。

```
//从类 Thread 继承,创建线程子类 Worker
public class Worker extends Thread{
    //重写 run 方法
    @Override
    public void run(){
        … //线程执行的动作
    }
}
```

上面的代码创建的类 Worker 是一个线程类,该类对方法 run() 进行了重写,该方法使用标记@Override 进行修饰,表示该方法是一个被重写的方法。

注意:当一个类继承 Thread 类时,必须重写 Thread 类的方法 run(),这个方法是线程的入口;标记@Override 不是必须添加的内容,可以去掉。

方法 run() 是线程在运行时刻要执行的动作,但是在执行线程的过程中,并不是直接调用该方法,而是在由该类创建实例对象后通过方法 start() 启动线程。例如:

```
Worker worker = new Worker();
worker.start();
```

调用 start() 方法后,线程准备好后会执行 run() 方法。

可以将上面代码中的第一个 Worker 替换为 Thread,形式如下:

```
Thread worker = new Worker();
```

【例 2-1】 通过继承类 Thread 创建线程,令线程输出 10 以内的整数,生成两个线程对象,查看线程的运行情况。

【解题分析】

通过继承类 Thread 创建线程,需要重写方法 run(),在该方法中完成输出任务,在方法 main() 中创建两个线程对象,分别通过方法 start() 启动。

【程序代码】

```
//声明 Worker 类在 book.ch2.creator 包中
package book.ch2.creator;
//通过继承类 Thread 创建类 Worker
public class Worker extends Thread {
    //定义属性 id,代表线程的标号
    private int id;
    //在构造方法中对属性 id 进行赋值
    public Worker(int id) {
        this.id = id;
    }
```

```java
        @Override
        //重写方法 run()
        public void run() {
            //使用循环输出 10 以内的整数,并指明数据由哪个线程 id 输出
            for (int i = 1; i <= 10; i++) {
                System.out.println("线程-" + id + " 正在打印 " + i);
            }
        }
}
//指明类 Index 所在的包
package book.ch2.creator;
//定义类 Index
public class Index {
    //程序入口 main 方法
    public static void main(String[] args) {
        //生成 Worker 类的对象 worker1
        Worker worker1 = new Worker(1);
        //生成 Worker 类的对象 worker2
        Worker worker2 = new Worker(2);
        //启动线程 worker1
        worker1.start();
        //启动线程 worker2
        worker2.start();
    }
}
```

【程序分析】

在方法 main() 中,生成了两个线程类的实例 worker1 和 worker2,类 Worker 是类 Thread 的子类,也可以采用父类对象,如:

```java
Thread worker1 = new Worker(1);
Thread worker2 = new Worker(2);
```

【运行结果】

程序运行结果如图 2-1 所示。

【相关讨论】

从该例可以看出,线程的执行入口是线程类的方法 run(),但在线程启动时并不是直接调用方法 run(),而是使用方法 start()。从运行结果可以看出,线程 1 和线程 2 交替地执行。

细心的读者可能会发现,上面的程序在自己的机器上得到的运行结果和书中的运行结果可能并不完全相同,是不是出错了呢?这是正常的,因为线程的运行及其调度时机是不确定的,所以每次运行得到的结果都可能会有所差别。

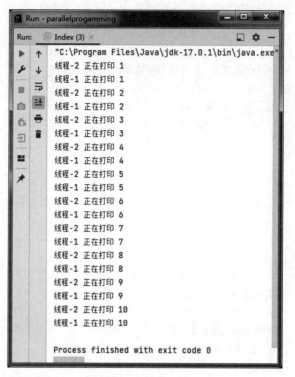

图 2-1　运行结果

2.2.2　不带返回值的线程——实现 Runnable 接口

可以通过实现 Runnable 接口的方法创建线程，该接口的定义如下：

```
public void Runnable{
    //抽象方法
    public abstract void run();
}
```

接口 Runnable 只有一个抽象方法 run()，在实现该接口的类中需要重写该方法。

在线程运行时，实现了接口 Runnable 的对象需要由类 Thread 封装为线程实例，类 Thread 的构造方法可以接收接口 Runnable 的实例，构造方法的形式为：

```
Thread(Runnable runnable)
```

例如，对接口对象进行封装，代码如下：

```
Runnable runnable = new MyClass();
Thread t1 = new Thread(runnable);
```

其中，MyClass 是实现接口 Runnable 的类，使用线程的构造方法封装 runnable，封装后的线程实例 t1 可以使用方法 start() 启动。

【例 2-2】 通过实现 Runnable 接口创建线程,令线程输出 10 以内的整数,生成两个线程对象,查看线程的运行情况。

【解题分析】

题干明确地给出线程要完成的任务、如何创建线程对象以及如何输出。可以通过实现 Runnable 接口的方式重写 run()方法,在该方法中输出 10 以内的整数。

【程序代码】

```java
//文件 Worker.java 在 book.ch2.creator2 包中
package book.ch2.creator2;
//通过实现 Runnable 接口创建线程类 Worker
public class Worker implements Runnable {
    //属性 id,表示线程的标号
    private int id;
    //对 id 进行赋值
    public Worker(int id) {
        this.id = id;
    }
    @Override
    //重写 run()方法作为线程的执行入口
    public void run() {
        //循环 10 次
        for (int i = 1; i <= 10; i++) {
            //对输出进行标识,指明哪个线程正在输出
            System.out.println("线程-" + id + " 正在打印 " + i);
        }
    }
}
//Index.java
package book.ch2.creator2;
//定义类 Index
public class Index {
    //定义 main 方法
    public static void main(String[] args) {
        //定义 Worker 类对象 worker1
        Worker worker1 = new Worker(1);
        //定义 Worker 类对象 worker2
        Worker worker2 = new Worker(2);
        //通过类 Thread 对 worker1 进行封装
        Thread t1 = new Thread(worker1);
        //通过类 Thread 对 worker2 进行封装
        Thread t2 = new Thread(worker2);
        //启动线程 t1
        t1.start();
        //启动线程 t2
```

```
        t2.start();
    }
}
```

【运行结果】

该程序的运行结果如图 2-2 所示。

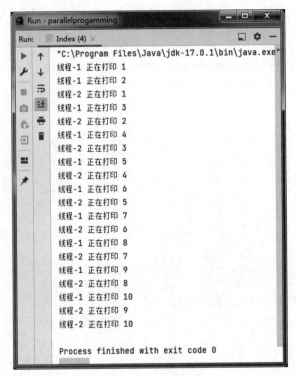

图 2-2　运行结果

【相关讨论】

从运行结果可以看出,两个线程在并行执行,交替地输出数据。

通过比较这两个例题,可以看到不同之处在于:

- 一种源于继承,另一种源于接口的实现;
- 创建线程对象实例时,实现 Runnable 接口的方式仍然需要通过类 Thread 封装。

两种创建线程的方法各有利弊。使用继承类 Thread 的方法相对简单,比较直观,且易于理解,但由于 Java 语言是单继承机制,使得一个类继承了类 Thread 之后不能再继承其他类。通过实现 Runnable 接口的方法创建线程时,虽然在生成线程实例时需要对 Runnable 实例进行封装,但定义时该类可以再继承其他类。因此,具体使用哪种方法创建线程,读者可以根据自己的需要进行选择。

2.2.3　带返回值的线程——实现 Callable 接口

无论从类 Thread 继承还是实现 Runnable 接口创建线程,方法 run()都是没有返回值的。线程可不可以有一个返回值?答案是肯定的。带返回值的线程可以通过接口 Callable 定义,在未来某个时间获得线程的返回值。

接口 Callable 的一般定义形式如下：

```
public interface Callable<V>{
    V call() throws Exception;
}
```

其中，参数 V 指明了线程返回值的类型，方法 call() 抛出异常 Exception。例如，Callable<Integer>将返回一个 Integer 型的值。

需要注意的是，如果需要返回一个 int 类型的值，则不能使用 int 作为参数类型，V 不支持使用基本类型。

使用接口 Callable 创建的线程必须重写 call() 方法，call() 方法的返回值类型也是由 V 指定的。例如，定义一个返回 Integer 类型的类 Worker，代码如下：

```
import java.util.concurrent.Callable;
public class Worker implements Callable<Integer> {
    public Integer call(){
        //…
    }
}
```

可以看出，Callable 接口在 java.util.concurrent 包中，在类定义和方法定义时，一般都会使用相同的类型 Integer。上面这段代码只是定义了线程将会有返回值，线程可能会在未来某个时间后计算得到执行结果，这时需要把结果返回，需要一种机制把结果带回，可以通过接口 Future 获得。关于 Future 接口的内容，本书将在第 6 章介绍。

总的来说，Callable 与 Runnable 有几点不同之处，主要表现在：
- Callable 是有返回值的，而 Runnable 没有返回值；
- Callable 的执行入口方法是 call() 方法，Runnable 的执行入口方法是 run() 方法；
- call() 方法可以抛出异常，run() 方法不可以抛出异常；
- 运行 Callable 相当于启动了一个异步计算，将来再通过 Future 得到计算结果，而且可以使用 Future 中的 cancel() 方法取消方法的执行；Runnable 由于没有返回值，故不需要封装结果。

2.2.4 简化线程创建代码

可以使用 Lambda 表达式简化线程创建的代码书写，首先简要介绍 Lambda 表达式。

Lambda 一词来源于学术界中用于计算的一个词汇——Lambda 算子，Java 语言提供了匿名类，Lambda 表达式可以看作匿名类的更精确、更简洁的表示。Lambda 表达式在定义上有如下特点：
- Lambda 表达式没有显式的方法名；
- Lambda 表达式类似于函数，具有参数列表、函数体、返回类型、异常；
- Lambda 表达式可以作为方法的参数，也可以作为变量存储；
- 代码简洁并且精确。

Lambda 表达式由 3 部分构成：
- 参数列表；

- 箭头（->）；
- Lambda体，可以是一个表达式，也可以是一个语句块。

Lambda表达式的语法规则如下：

```
(参数列表) -> 表达式
```

或

```
(参数列表) -> {语句;}
```

其中，参数列表的定义与方法的形式参数的定义类似，需要放在一对小括号中。

注意：在表达式中不能加入return语句，这主要是因为表达式中隐含包含了return语句。

Lambda表达式的使用示例如下：

```
//没有参数,返回值为10
() ->10
//没有参数,返回值为空
()->{}
//没有参数,返回值为字符串Hello_world
()->"Hello_world"
//没有参数,返回值为字符串Hello_world
()->{return "Hello_world";}
//参数为a、b,返回值为a*b
(int a, int b) -> a*b
//参数为字符串str,返回值为字符串str的长度
(String str) -> str.length();
//参数为str,返回值为布尔型
(String str) -> str.length()>8;
//参数为list,返回值为布尔型
(List<String> list)->list.isEmpty();
//没有参数,返回值为BufferString对象
()->new BufferString("abc")
```

下面这些都是不合法的Lambda表达式：

```
//不能使用return
(Integer i)-> return "Hello_world";
//没有使用return
(String str)->{"Hello_world";}
```

例如，当需要比较两个对象的值时，传统的代码书写如下：

```
Comparator<Worker> bySalary = new Comparator<Worker>(){
    public int compare(Worker w1, Worker w2){
        return w1.getSalary().compareTo(w2.getSalary())
```

        }
    }

使用 Lambda 表达式对上面的代码进行重构,结果如下:

```
Comparator<Worker> bySalary = (Worker w1, Worker w2)->
                        w1.getSalary().compareTo(w2.getSalary());
```

Lambda 表达式也可以应用在事件处理上,例如:

```
JButton okBtn =  new JButton("确定");
okBtn.addActionListener(new ActionListener() {
    @Override
    public void actionPerformed(ActionEvent e) {
        System.out.println("Event handling ");
    }
});
```

使用 Lambda 表达式对上面的代码进行重构,结果如下:

```
JButton okBtn =  new JButton("确定");
okBtn.addActionListener((e) -> {System.out.println("Event handling "); });
```

在创建线程时,可以定义 Runnable 对象:

```
Runnable r = new Runnable(){
    public void run(){
        System.out.println("Hello, Thread");
    }
};
```

使用 Lambda 表达式对上面的代码进行重构,结果如下:

```
Runnable r = ()->System.out.println("Hello, Thread");
```

在创建 Callable 对象时,可以使用:

```
public class Worker implements Callable<Integer> {
    public Integer call(){
        return 1;
    }
}
```

使用 Lambda 表达式对上面的代码进行重构,结果如下:

```
Callable r = ()->{return 1;};
```

可以看出，Lambda 表达式为线程定义提供了更简单的方式，当然，这种方式并不算区别于以上线程创建新的方式，而是一种简写。

2.3 线程的属性

线程有一些特有的属性，例如线程标识符、线程名以及线程间的优先级属性等，通过这些属性可以识别一个线程、了解线程的状态、控制线程的优先权等。

2.3.1 线程标识符

该属性为每个线程存储了一个唯一的标识符，通过线程标识符可以对不同线程进行区分。

线程的标识符可以通过方法 getId() 获得，该方法的定义为：

```
public long getId(){}
```

从该方法的定义可以看出，获取线程标识符的方法返回值的类型是一个长整型。

【例 2-3】 创建两个线程，分别输出每个线程的标识符。

【解题分析】

当从类 Thread 继承时，线程的标识符可以使用方法 getId() 获得。

【程序代码】

```
//文件 Worker.java 在 book.ch2.ThreadId2 包中
package book.ch2.ThreadId2;
//继承类 Thread,创建线程类 Worker
public class Worker extends Thread {
    //重写 run()方法
    @Override
    public void run() {
        //通过 getId()方法获取标识符
        System.out.println("线程" + this.getId() + "正在运行...");
    }
}
//文件 Index.java 在 book.ch2.ThreadId2 包中
package book.ch2.ThreadId2;
public class Index{
    public static void main(String[] args) {
        //创建两个线程对象
        Thread t1 = new Worker();
        Thread t2 = new Worker();
        //启动线程
        t1.start();
        t2.start();
    }
}
```

【运行结果】

该程序的运行结果如图 2-3 所示。

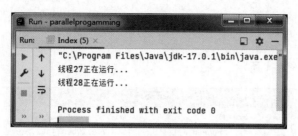

图 2-3　运行结果

【相关讨论】

从运行结果可以看出，线程的标识符是一个数字，而且这个数字不是从 0 或 1 开始的，而是从 27 和 28 开始的，造成这种现象的原因可能是因为编号较小的标识符被系统占用了，用户定义的线程标识符被顺延了。

本例通过继承 Thread 类的方法创建了线程，因此线程标识符可以直接使用方法 getId() 获得，如果改为实现 Runnable 接口的方法创建线程，则不能直接使用，请看下面的例子。

【例 2-4】　实现 Runnable 接口创建两个线程，分别输出每个线程的标识符。

【程序代码】

```java
//Worker.java
package book.ch2.ThreadId;
//通过实现接口 Runnable 创建了线程类 Worker
public class Worker implements Runnable {
    //重写 run()方法作为线程的执行入口
    @Override
    public void run() {
        //通过 Thread.currentThread().getId()方法获得线程的标识符
        //由于不是从类 Thread 继承，所以不能直接使用方法 getId()
        System.out.println("线程"+Thread.currentThread().getId()+"正在运行...");
    }
}
//Index.java
package book.ch2.ThreadId;
public class Index {
    public static void main(String[] args) {
        //首先生成两个接口 Runnable 对象实例 worker1 和 worker2
        //然后通过 Thread 类对这两个对象实例进行封装，并通过 start()方法启动线程
        Worker worker1 = new Worker();
        Thread t1 = new Thread(worker1);
        Worker worker2 = new Worker();
        Thread t2 = new Thread(worker2);
        t1.start();
```

```
        t2.start();
    }
}
```

【运行结果】

该程序的运行结果如图 2-4 所示。

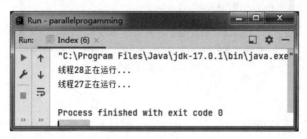

图 2-4　运行结果

【相关讨论】

在使用接口 Runnable 对象创建线程实例后,要通过 Thread 类对这两个对象实例进行封装,最后通过 start()方法启动线程,并需要通过方法 Thread.currentThread().getId()获得当前线程标识符。

2.3.2　线程名

每个线程默认有一个名字,默认的名字采用 Thread-0、Thread-1、Thread-2 等形式,可以通过类 Thread 的方法 getName()获得线程名,同时 Java 允许用户为线程指定一个名字,线程名可以在创建线程对象时通过构造方法 Thread(Runnable r, String name)中的字符串参数 name 指明,也可以在线程运行过程中通过类 Thread 提供的方法 setName()设置。

【例 2-5】　分别由两个线程输出 0~10 的数,并显示数字是由哪个线程输出的。

【解题分析】

定义线程类,输出 0~10 的同时指明线程的名字,然后创建两个线程对象并启动执行。

【程序代码】

```
//文件 Worker.java 在 book.ch2.ThreadName 包中
package book.ch2.ThreadName;
public class Worker implements Runnable {
    @Override
    public void run() {
        for(int i=0; i<=10; i++)
            //输出当前线程的名字
            System.out.println(Thread.currentThread().getName()+" prints " + i);
    }
}
//Index.java
package book.ch2.ThreadName;
```

```java
public class Index {
    public static void main(String[] args){
        //通过 Thread 类对两个 Runnable 对象实例进行封装,通过 start()方法启动线程
        Thread t1 = new Thread(new Worker());
        Thread t2 = new Thread(new Worker());
        t1.start();
        t2.start();
    }
}
```

【运行结果】

该程序的运行结果如图 2-5 所示。

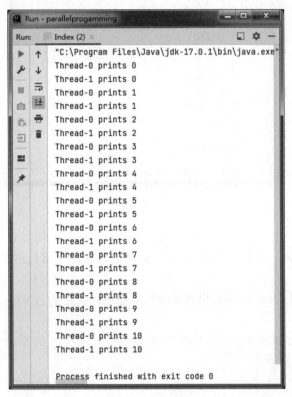

图 2-5　运行结果

【相关讨论】

当通过实现接口 Runnable 方式创建线程时,需要通过方法 Thread.currentThread().getName() 获得线程名。如果通过继承类 Thread 创建线程,则可以直接在线程类中使用 getName()方法。

可以在定义线程对象的同时指明线程的名字,例如,将上面程序中创建线程对象的语句替换为:

```
Thread t1 = new Thread(new Worker(), "t1");
Thread t2 = new Thread(new Worker(), "t2");
```

输出结果如图 2-6 所示，线程名变成了 t1 和 t2。

图 2-6　运行结果

应该把线程名和线程对象名区分开，线程名是线程的一个标识，而线程对象名是线程类的一个对象实例的名字。线程对象名一般不随便更改，但线程名可以在程序运行过程中动态更改，这种更改将立即生效，下面举例说明。

【例 2-6】　令线程输出 0～100，当输出到 50 时，动态更改线程的名字。

【解题分析】

在线程运行过程中输出线程名，当输出到 50 时，通过类 Thread 的方法 setName() 设置新的线程名字，线程名更改将立即生效。

【程序代码】

```java
//文件 Worker.java 在 book.ch2.ThreadNameChanged 包中
package book.ch2.ThreadNameChanged;
//通过继承类 Thread 创建线程类 Worker
public class Worker extends Thread{
    //定义类的属性 name
    String name;
    //在构造方法中对 name 进行赋值
    public Worker(String name){
        this.name = name;
    }
```

```java
@Override
public void run() {
    for(int i=0; i<100; i++){
        //当 i 的值为 50 时,更改线程名为用户指定的名字
        if(i==50)
            //通过 setName 设置线程名,通过方法 getName()获得线程名
            this.setName(name);
        System.out.println(this.getName()+" prints " + i);
    }
}
}
//Index.java
package book.ch2.ThreadNameChanged;
public class Index {
    public static void main(String[] args){
        //创建线程的同时指明线程的名字
        Thread t1 = new Worker("Normal worker");
        Thread t2 = new Worker("Skilled worker");
        //启动线程
        t1.start();
        t2.start();
    }
}
```

【运行结果】

程序运行结果的部分截图如图 2-7 所示。

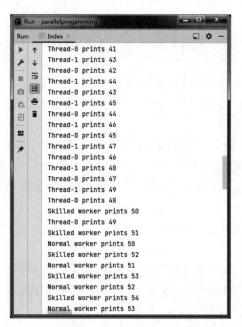

图 2-7　程序运行结果(部分)

【结果分析】

从运行结果可以看出,当输出 50 时,线程名由原来的 Thread-0 和 Thread-1 更改为设定的线程名,在后面执行时将使用新的线程名。

【相关讨论】

在实际应用中,大多数情况是在定义线程时指明线程的名字,很少在运行过程中更改线程名。本例是为了演示线程名的动态更改,可以看到,更改后的线程名立即生效。

2.3.3 线程状态

一个线程从新建到终止称为一个生命周期,线程在其生命周期中要经历新建、就绪、运行、阻塞和终止 5 种状态,这五种状态的转换如图 2-8 所示。

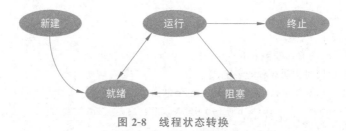

图 2-8 线程状态转换

1) 新建(new)

当一个 Thread 类或其子类使用 new 关键字声明一个对象实例时,此时线程处于新建状态,处于新建状态的线程有自己的内存空间,但是处于该状态的线程还没有运行,即没有获得 CPU 的调度。

2) 就绪(runnable)

处于新建状态的线程通过调用方法 start()启动后,线程将做一系列的准备工作,当线程已经做好了运行的准备,将进入就绪状态,也就是说,这时的线程已经拥有了运行所需的所有条件,将进入线程队列排队,等待 CPU 的调度。

需要说明的是,这里的 runnable 状态和线程定义时使用的接口 Runnable 没有任何关系。

3) 运行(running)

当处于就绪状态的线程被调度并获得 CPU 资源时,将进入运行状态。处于运行状态的线程将执行方法 run()中定义的操作,直到该方法的调用结束便进入终止状态,或者在运行时刻由于缺乏运行必备的资源而进入阻塞状态。

处于运行状态的线程(即使没有发生阻塞)不是一直占用 CPU 的,这与操作系统的调度策略是有关系的。操作系统一般会为线程分配大小适当的时间片,如果在 CPU 分配的时间片内线程没有完成其操作,则操作系统将剥夺其运行的权利,使其切换到就绪队列,等待下一个 CPU 时间片的分配,这也为其他线程的运行提供了机会。

操作系统在调度的过程中会考虑线程优先级等因素,高优先级的线程获得 CPU 调度的机会比低优先级的线程获得的机会大。

在多核处理器上,如果线程数小于或等于处理核数,则多个线程可以同时运行,时间片的切换不会造成太大影响;如果线程数大于处理核数,则某些线程将等待被调用。

线程在运行过程中有可能出现在不同的处理核上运行的情况。需要特别说明的是,在并行程序设计中,为了保持运算的局域性,有时会将线程绑定到某一处理核上运行,以使该线程不会迁移到其他处理核上运行。此外,也可以由 JVM 调度线程在处理核上运行。

4)阻塞(blocked)

在某些情况下,一个正在运行的线程会让出正在使用的 CPU 资源,进入阻塞状态,这些情况包括:

- 某些共享资源(如打印机或文件资源等)被占用;
- 等待 I/O 操作;
- 调用了 wait()、sleep()或 suspend()等方法;
- 尝试获得锁,而该锁正在被其他线程持有。

为了提高 CPU 的利用率,当一个线程被阻塞时,另一个线程就获得了运行的机会。当引起阻塞的原因被消除后,线程将进入就绪状态,等待继续执行。

5)终止(terminated)

线程到达终止状态可能有以下原因:

- 线程的方法 run()执行结束;
- 线程通过某些方法(如 Destroy())被提前终止;
- 在 run()方法的执行期间发生了异常;
- 程序的终止操作(如调用方法 System.exit())。

线程在其生命周期中不断地在状态之间进行转换。了解线程的状态对于理解线程的执行过程是有帮助的。

可以通过类 Thread 的方法 getState()获取线程的状态,也可以通过类 Thread 的方法 isAlive()和 isInterrupted()判断线程是否处于某一状态。

类 Thread 的 getState()方法的定义为:

```
public Thread.State getState(){
    //…
}
```

该方法返回的是一个 State 类型的值。类 Thread.State 提供了一些状态信息,通过该类的方法 values()可以获得状态的取值情况,具体值如表 2-1 所示。

表 2-1 类 Thread.State 的状态值及含义

类 Thread.State 的状态值	含义
NEW	新创建的线程
RUNNABLE	正在运行的线程
BLOCKED	阻塞状态
WAITING	等待状态
TIMED_WAITING	特定时间等待状态,线程正在某一时间范围内等待,例如线程调用了 sleep()、wait()、join()方法等
TERMINATED	终止状态

通过上面的表格可以判断线程是否处于某一个状态,例如判断线程对象 t 是否处于终止状态,可以写成如下形式:

```java
if(t.getState()==State.TERMINATED){
    //...
}
```

【例 2-7】 对线程的等待和活动状态进行监控。
【解题分析】
对线程的状态进行监控时,在程序中需要判断线程是否处于某一状态。
【程序代码】

```java
//文件 Worker.java 在 book.ch2.ThreadState 包中
package book.ch2.ThreadState;
public class Worker extends Thread {
    public Worker(String name) {
        this.setName(name);
    }
    @Override
    public void run() {
        while (true) {
            //循环 1000 次,循环体为空,主要用于模拟线程做了某些工作
            for(int i=0;i<1000; i++);
            //休眠 1s
            try {
                sleep(1000);
            } catch (InterruptedException e) {
                e.printStackTrace();
            }
        }
    }
}
//文件 Index.java 在 book.ch2.ThreadState 包中
package book.ch2.ThreadState;
import java.lang.Thread.State;
public class Index {
    public static void main(String[] args){
        Thread t1 = new Worker("普通工人");
        Thread t2 = new Worker("技术工人");
        t1.start();
        t2.start();
        //通过一个无限循环监控线程的状态
        while(true){
            if(t1.isAlive()){
                System.out.println(t1.getName()+"(线程)正在运行~~~");
            }
            if(t1.getState()==State.TIMED_WAITING){
```

```
            System.out.println(t1.getName()+"(线程)正在等待...");
        }
        if(t2.isAlive()){
            System.out.println(t2.getName()+"(线程)正在运行~~~");
        }
        if(t2.getState()==State.TIMED_WAITING){
            System.out.println(t2.getName()+"(线程)正在等待...");
        }
    }
}
```

【运行结果】

程序运行结果的部分截图如图 2-9 所示。

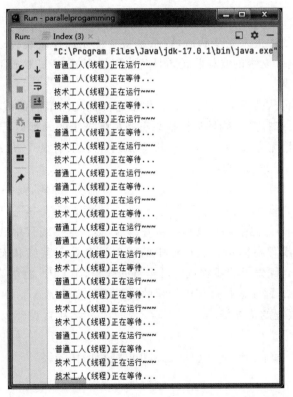

图 2-9　程序运行结果(部分)

【相关讨论】

从运行结果可以看出,线程在不断转换着状态,有时在运行,有时在等待。

类 Index 的方法 main()也是一个线程,故在线程 t1 和 t2 运行时,方法 main()可以运行以进行监控。

2.3.4　优先级

在 Java 语言中,每个线程都有一个优先级,不同线程被赋予了不同的优先级。线程优先级共分为

10个等级，最低为1(可用常量 Thread.MIN_PRIORITY 表示)，最高为10(可用常量 Thread.MAX_PRIORITY 表示)，默认优先级为5(可用常量 Thread.NORM_PRIORITY 表示)。

对于新创建的一个线程，如果没有指定优先级，则它的优先级将和启动该线程的线程优先级相同。

子线程如果没有特别指明优先级，则将和父线程的优先级相同。

可以通过方法 getPriority() 获得线程的优先级，也可以通过方法 setPriority() 设定线程的优先级。getPriority() 和 setPriority() 方法的定义形式如下：

```java
public final int getPriority() {…}
public final void setPriority(int newPriority){…}
```

在处于就绪状态的线程中，高优先级的线程将会优先获得运行机会，这与线程的调度策略有关。

当一个处于就绪队列中的线程被分配到CPU资源，能够进入运行状态时，称为线程的调度。线程的调度不仅仅取决于Java虚拟机，也取决于操作系统。通常可以采用以下两种策略对处于就绪状态的线程进行调度。

1) 抢占式调度策略

如果一个高优先级的线程进入就绪状态，则系统将会优先选择该线程运行，此时如果有其他低优先级的线程等待执行，则高优先级的线程将抢占低优先级线程的CPU执行时间。

2) 时间片轮转调度策略

时间片轮转调度策略将从处于就绪状态的线程中选择优先级最高的线程，并分配一定的CPU时间运行，该时间片结束后再选择其他线程运行。只有当高优先级的线程运行结束、放弃CPU或由于某种原因进入阻塞状态时，低优先级的线程才有机会执行。如果有两个优先级相同的线程都在等待CPU，则调度程序以轮转的方式选择运行的线程。

在Java语言中，线程的调度采用基于优先级的"先到先服务"原则，是一种基于优先级的抢占式调度。Java虚拟机中按优先级设置了多个线程等待池，每个线程等待池中先到达的线程将会被优先分配CPU时间片。当多个线程等待池中都有线程准备好以后，会从这些线程中选择一个高优先级的线程运行。等高优先级线程池空或者高优先级线程池中的线程没有处于就绪状态时，才考虑低优先级的线程。如果线程运行中有更高优先级的线程成为可运行的线程，则CPU将被高优先级的线程抢占。

下面通过例题演示Java程序运行过程中线程的优先级调度情况。

【例2-8】 设定两个线程的优先级为10，两个线程的优先级为1，观察线程的执行情况。

【解题分析】

通过方法 setPriority() 和 getPriority() 设定和获取线程的优先级。

【程序代码】

```java
//Worker.java
package book.ch2.Priority;
public class Worker extends Thread {
    //线程名
    private String name;
    //构造方法,设定线程名和线程优先级
    public Worker(String name, int priority) {
        this.name = name;
```

```java
        //当优先级设定为 0-10 以外的数字时,给出错误提示,并设定为普通优先级
        if (priority > 10 || priority <= 0) {
            System.out.println("警告:优先级的取值应该在 1-10");
            this.setPriority(Thread.NORM_PRIORITY);
        } else {
            //在正常值范围内时,设定为给定优先级
            this.setPriority(priority);
        }
    }
    //输出优先级,并打印线程的输出
    @Override
    public void run() {
        System.out.println(name + "的优先级为"+ this.getPriority());
        for (int i = 0; i < 10; i++) {
            System.out.println( name + "正在打印" + i);
        }
    }
}
//Index.java
package book.ch2.Priority;
public class Index {
    public static void main(String[] args) {
        //定义两个线程,设定为最小优先级
        Thread one = new Worker("线程 1", Thread.MIN_PRIORITY);
        Thread two = new Worker("线程 2", Thread.MIN_PRIORITY);
        //定义两个线程,设定为最大优先级
        Thread three = new Worker("线程 3", Thread.MAX_PRIORITY);
        Thread four = new Worker("线程 4", Thread.MAX_PRIORITY);
        //启动线程
        one.start();
        two.start();
        three.start();
        four.start();
    }
}
```

【程序分析】

从程序代码可以看出,设定了 4 个线程,两个线程具有最低优先级,两个线程具有最高优先级,然后观察程序的运行情况。

【运行结果】

程序运行结果的部分截图如图 2-10 所示。

【相关讨论】

需要注意的是,由于 Java 线程采用的是基于优先级的抢占式调度,当高优先级的线程被阻塞后,即使某些线程的优先级低,这些低优先级的线程也可以获得运行的机会。

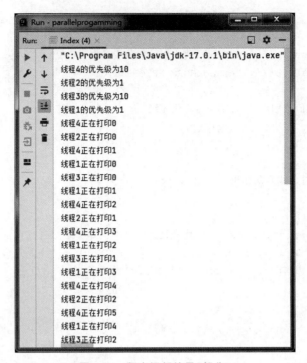

图 2-10 程序运行结果(部分)

在上面的程序中,将类 Worker 的方法 run()修改为下面的形式。

```
public void run() {
    System.out.println(name + "的优先级为"+ this.getPriority());
    for (int i = 0; i < 10; i++) {
        try {
            sleep(1000);
        } catch (InterruptedException e) {
            e.printStackTrace();
        }
        System.out.println(name + "正在打印" + i);
    }
}
```

按照上面的代码进行替换后,程序的运行结果如图 2-11 所示。

从运行结果可以看出,4 个线程在交替地打印,即使线程 3 和 4 的优先级很高,也没有保证这两个线程一直运行。

运行结果表明,通过优先级不能很好地控制线程的执行次序,因为这与线程本身和系统的调度策略有关。线程的优先级仅仅是线程调度的一个参考因素,并行程序应尽量避免设计为依赖于线程的优先级。

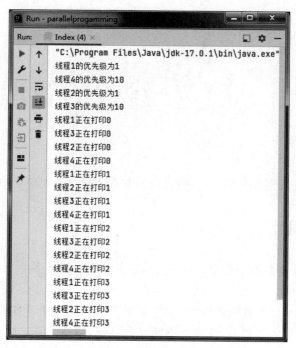

图 2-11 运行结果(部分)

习题

1. 创建线程有哪几种方法？分别尝试使用不同的方法创建线程。
2. 有 5 个学生参加考试，请使用线程模拟学生考试，要求输出每个考生的学号和考试是否结束的信息。
3. 请简要说明线程的调度机制。

第3章 线程的管理

线程启动之后,通常需要对线程的运行进行管理,本章主要介绍线程管理的方法。

3.1 线程数目的确定

在并行编程过程中,很多情况下会有这样的问题:在程序中创建多少个线程最合适?创建多少个线程才能使程序性能最佳?

线程数目的多少对多核处理器性能的发挥有一定的影响。如果创建线程的数目较少,则会导致多核处理器的多个处理核处于闲置状态,性能得不到完全发挥,浪费了系统的资源。如果创建线程的数目过多,则由于多核处理器的处理能力是一定的,多余的线程不能马上得到执行,浪费了软件资源,这也会在一定程度上影响程序的性能。可见,在并行程序中创建线程的数目过多或过少都不好。

在解决一个大的问题时,通常希望创建足够多的线程数,以满足计算的需求,然而在很多情况下,在程序中设定线程数为多核处理器可以同时处理的最大线程数,Java 中提供了相关的方法,可用于获取处理器可以同时处理的最大线程数,该方法如下:

```
int nthreads = Runtime.getRuntime().availableProcessors();
```

其中,availableProcessors()方法得到的是 Java 虚拟机可以使用的逻辑意义上的处理核数 N,显然 N 是一个整型值。例如,如果一个多核处理器有 4 个处理核,并且该处理器不支持超线程,则通过调用方法 availableProcessors() 得到的值为 4;如果该多核处理器支持超线程,则通过调用方法 availableProcessors()得到的值为 8。

通过查看 Windows 操作系统的任务管理器可以查看处理器的逻辑核数。图 3-1 展示了两颗 Intel Xeon CPU E5-2650 多核处理器的 CPU 处理核的使用情况,每颗 CPU 有 8 个处理核,每个核均支持超线程,从图 3-1 可以看出,该处理器可以支持 32 个线程同时运行。

在选择线程数时,可以根据具体情况决定。如果程序中所有任务都是计算密集型任务,则设定线程数为多核处理器可以同时处理的最大线程数。计算密集型指程序的大部分时间用于计算,而非等待或阻塞。如果阻塞的时间占很大的比例,则不属于计算密集型。

如果程序中的大部分任务是 I/O 密集型任务,则应创建尽可能多的线程,这是因为当一个线程执行的任务遇到 I/O 操作时,该线程将阻塞,这时处理器将进行环境切换,继而转为其他线程执行,这样可以让处理核一直处于忙碌状态,以提高处理器的利用率。

线程数的选取和程序阻塞时间也有一定的关系,设定任务的阻塞时间占任务完成总时间的比例为 f,显然,$0 \leqslant f < 1$。计算线程总数 t 的公式可以表示如下:

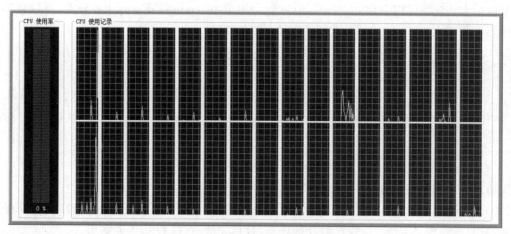

图 3-1 16 核 CPU 支持 32 线程性能情况

$$t = \frac{处理器的逻辑处理核数\ N}{1-f}$$

如果一个程序中的所有任务都会有 $f=50\%$ 的阻塞时间,则此时设定的线程数应为多核处理器逻辑核数的两倍。当 $f=0$ 时,表示每个任务都处于一直计算的忙碌状态,没有任何等待,则可以设定线程数 t 为多核处理器的逻辑处理核数;当 f 接近 1 时,表示很多任务都有相当多的阻塞时间,应尽可能多地设定线程数。

3.2 线程运行的控制

线程启动以后可以管理线程,使线程休眠、等待或中断执行等。

3.2.1 等待线程执行完毕

在某些情况下,需要让某一个线程等待另一个线程执行结束后再开始执行该线程。例如,线程 1 和线程 2 共同完成一个计算并输出结果的任务,线程 1 完成相关的计算,线程 2 用于输出结果,显然,线程 2 需要等待线程 1 计算出结果后再输出。

可以使用线程类的方法 join() 实现上述功能,当调用某个线程类对象实例的 join() 方法后,将会等待该线程类对象执行结束。

方法 join() 的定义形式如下:

```
//没有参数的方法
• public final void join() throws InterruptedException

//参数 millis 为等待的毫秒数
• public final synchronized void join(long millis) throws InterruptedException

//参数 millis 为等待的毫秒数,nanos 为等待的纳秒数
• public final synchronized void join(long millis, int nanos) throws InterruptedException
```

从上面的方法定义可以看出，方法 join() 可能会抛出 InterruptedException 异常，所以使用 join() 方法的代码需要包含在 try…catch…代码语句中，形式如下：

```
Thread t = new Thread();
try{
    t.join();
}catch(InterruptedException e){
    //…
}
```

下面通过一个例题演示方法 join() 的使用。

【例 3-1】 定义 3 个线程，线程 A 用于产生若干随机数，线程 B 用于计算这些数的和，线程 C 用于输出结果，只有当线程 A 完成后，线程 B 才能计算，计算完成后，线程 C 才能输出。

【解题分析】

题意明确规定了线程之间的先后关系，可以通过方法 join() 控制。需要注意的是，在线程 B 执行前，线程 A 需要执行完毕，所以在线程 B 的 run() 方法中加入线程 A 的 join() 方法。

【程序代码】

```java
//Producer.java
package book.ch3.join;
//定义类 Producer,实现了 Runnable 接口,代表题目中的线程 A
public class Producer implements Runnable{
    //定义数组 arr
    int[] arr;
    //构造方法定义
    public Producer(int[] arr){
        //对类属性赋值
        this.arr = arr;
    }
    //run()方法定义
    public void run(){
        //对数组元素进行初始化赋值
        for(int i=0; i<arr.length; i++){
            arr[i] = (int)(Math.random() * 100);
        }
    }
}
//Worker.java
package book.ch3.join;
//定义类 Worker,该类实现了 Runnable 接口,代表题目中的线程 B
public class Worker implements Runnable {
    //定义数组 arr
    int[] arr;
    //定义线程对象 thread
```

```java
    Thread thread;
    //构造方法定义
    public Worker(int[] arr, Thread thread){
        this.arr = arr;
        this.thread = thread;
    }
    //run()方法定义
    public void run(){
        //使用 join()方法,等待 thread 线程执行完毕
        try {
            thread.join();
        } catch (InterruptedException e) {
            e.printStackTrace();
        }
        //数组中各元素求和
        int sum = 0;
        for(int i=0; i<arr.length; i++){
            sum += arr[i];
        }
        //将求和结果 sum 赋给全局静态变量 sum
        Index.sum = sum;
    }
}
//PrintTask.java
package book.ch3.join;
//定义类 PrintTask,该类实现了 Runnable 接口,代表题目中的线程 B
public class PrintTask implements Runnable{
    //定义线程对象 thread
    Thread thread;
    //构造方法定义,对类属性 thread 赋值
    PrintTask(Thread thread){
        this.thread = thread;
    }
    //run()方法定义
    public void run(){
        //通过 join()方法,让 thread 线程等待
        try {
            thread.join();
        } catch (InterruptedException e) {
            e.printStackTrace();
        }
        //输出结果
        System.out.println("sum="+Index.sum);
    }
}
```

```java
//Index.java
package book.ch3.join;
public class Index {
    //静态全局变量 sum,初始值为 0
    static int sum = 0;
    public static void main(String[] args) {
        //定义数组 arr,大小为 100000
        int[] arr = new int[100000];
        //创建线程 p 并启动
        Thread p = new Thread(new Producer(arr));
        p.start();
        //创建线程 w 并启动
        Thread w = new Thread(new Worker(arr, p));
        w.start();
        //创建线程 o 并启动
        Thread o = new Thread(new PrintTask(w));
        o.start();
        //等待线程结束
        try {
            o.join();
        } catch (InterruptedException e) {
            e.printStackTrace();
        }
        //校验结果
        int t = 0;
        for (int i = 0; i < arr.length; i++) {
            t += arr[i];
        }
        if (t == sum) {
            System.out.println("验证通过!");
        } else {
            System.out.println("验证失败. t=" + t + ", sum=" + sum);
        }
    }
}
```

【运行结果】

程序运行结果如图 3-2 所示。由于数据随机产生,因此 sum 的计算结果每次都不同。

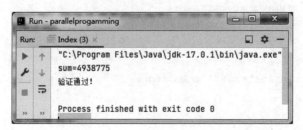

图 3-2　运行结果

【相关讨论】

该例让一个线程等待另一个线程执行完毕,也可以让一个线程等待若干线程执行完毕,读者可以自行练习。

3.2.2 休眠

方法 sleep() 用于使一个线程暂停运行一段固定的时间,暂停时间的具体长短由 sleep() 方法的参数给出。方法 sleep() 的定义形式如下:

```
//参数 millis 指明了休眠的毫秒数
• public static native void sleep(long millis) throws InterruptedException

//参数 millis 指明了休眠的毫秒数,nanos 指明了休眠的纳秒数
• public static void sleep(long millis, int nanos) throws InterruptedException
```

方法 sleep() 可能会抛出 InterruptedException 异常,因此需要将该方法放入 try…catch…语句中。在线程暂停执行的这段时间中,CPU 的时间片会让给其他线程,从而使其他线程可以交由 CPU 执行。

线程的调度是按照线程的优先级顺序进行的。当高优先级的线程存在时,低优先级的线程获得 CPU 的机会很小。有时,高优先级的线程需要与低优先级的线程同步,此时高优先级的线程将会让出 CPU,使低优先级的线程有机会运行。高优先级的线程可以通过在它的 run() 方法中调用 sleep() 方法使自己退出 CPU 休眠一段时间,休眠结束后,如果条件具备,线程即可进入运行状态。

【例 3-2】 输出 0~10,每输出一个数字后线程休眠 1s。

【解题分析】

在输出一个数字后,调用线程的方法 sleep(),sleep 的参数 millis 为毫秒数,故应使用 1000ms。

【程序代码】

```java
//Worker.java
package book.ch3.sleep;
public class Worker extends Thread {
    public void run() {
        //循环 11 次,每次间隔半秒输出 i 的值
        for (int i = 0; i <= 10; i++) {
            System.out.print(" " + i);
            //线程休眠 1000ms
            try{
                sleep(1000);
            }catch(InterruptedException e){ }
        }
    }
}
//Index.java
package book.ch3.sleep;
public class Index {
```

```java
    public static void main(String[] args) {
        //创建两个线程对象worker1和worker2
        Thread worker1 = new Worker();
        Thread worker2 = new Worker();
        worker1.start();
        worker2.start();
    }
}
```

【运行结果】

程序运行结果如图3-3所示。

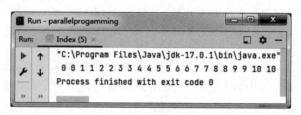

图 3-3　运行结果

【相关讨论】

如果在同步语句中使用sleep()方法,则线程在睡眠期间不会丢掉对于任何监视器的持有权。

3.2.3　中断

一个线程除了正常执行结束外,也可以人为地中断线程的执行,线程的中断可以使用interrupt()方法。

除非是一个线程正在尝试中断它本身,否则中断的请求一般都会被接受。如果一个线程由于调用wait()方法或join()方法正处于阻塞队列中,则中断请求不会被响应,并会抛出InterruptedException异常。

在早期的Thread类方法中,还可以使用stop()方法终止一个线程的执行,但stop()方法现在已不推荐使用。

在程序中调用线程的方法interrupt()后,通常需要在线程的run()方法中使用类Thread的方法isInterrupted()进行判断,并根据判断结果执行相应的操作。

需要注意的是,interrupt()和isInterrupted()是两个非常类似的方法。interrupt()方法是线程的一个静态方法,调用该方法会清除线程的中断状态;isInterrupted()是一个实例方法,主要用于检查是否被中断,调用该方法不会清除线程的中断状态。

【例3-3】　在线程中从2000年开始输出所有闰年,直到线程被中断。

【解题分析】

闰年的判断方法:如果某一年份能够被4整除,并且不能被100整除,则该年份是闰年;如果某一年份能够被400整除,则该年份也是闰年。

线程中需要通过无限循环不断地输出闰年,在主线程中等待一段时间后,向线程发出中断请求,线程中通过方法isInterrupted()判断是否处于中断状态。

【程序代码】

```java
//LeapYearPrinter.java
package book.ch3.interrupt;
public class LeapYearPrinter extends Thread{
    public void run(){
        //从 2000 年开始
        int year = 2000;
        System.out.println("闰年包括:");
        while(true){
            //闰年判断
            if(year%4==0&&year%100!=0 || year%400==0){
                System.out.println("闰年:"+year);
            }
            //判断线程是否被中断,如果是,则输出信息并返回
            if(isInterrupted()){
                System.out.println("线程类 LeapYearPrinter 已经被中断.");
                return;
            }
            year++;
        }
    }
}
//Index.java
package book.ch3.interrupt;
public class Index {
    public static void main(String[] args) {
        //创建线程对象
        Thread newThread = new LeapYearPrinter();
        //启动线程
        newThread.start();
        try {
            Thread.sleep(1);
        } catch (InterruptedException e) {
            e.printStackTrace();
        }
        //通过 interrupt 方法中断线程
        newThread.interrupt();
    }
}
```

【程序分析】

线程不断输出闰年,并让线程在休眠 1ms 后中断线程。这里选择休眠 1ms 是为了使输出在可控的范围内,避免输出过多,读者可以自行调节。

【运行结果】

程序运行结果如图 3-4 所示。

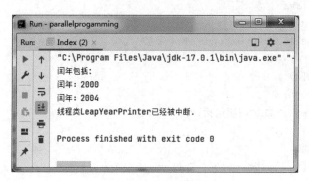

图 3-4　运行结果

JDK 1.0 提供了线程的方法 stop() 和 suspend()，这两个方法通常用于控制线程的停止和挂起，其中，方法 stop() 用来直接终止线程，方法 suspend() 会一直阻塞当前线程，直到调用该线程的 resume() 方法。由于缺乏安全性和容易导致死锁等原因，这两个方法从 JDK 2.0 版本开始不再推荐使用。

3.2.4　让出 CPU 的使用权

为了防止某个线程独占 CPU 资源，可以让当前执行的线程让出 CPU 的使用权，yield() 方法可以实现该功能。

方法 yield() 用于使当前线程让出 CPU 的使用权，但是这并不能保证 CPU 接下来调用的不是该线程。

该方法常用于线程的调试和测试环境，用于发现由于竞争条件而引起的错误，也可以用于一些并行的数据结构设计中。

【例 3-4】　令线程从 1 开始输出到 5，当输出到 3 时，令线程让出 CPU 的使用权。

【解题分析】

使用循环输出 1～5，当值为 3 时，使用 yield() 方法阻塞线程。

【程序代码】

```java
//Worker.java
package book.ch3.yield;
//扩展 Thread 创建类 Worker
public class Worker extends Thread {
    public void run() {
        System.out.println(this.getName() + "开始执行");
        for (int i = 1; i <= 5; i++) {
            //当输出到 3 时,调用线程 yield 方法
            if (i == 3) {
                Thread.yield();
                System.out.println(this.getName() + "让出了 CPU 的使用权");
            }
            System.out.println(this.getName() + "正在输出" + i);
```

```java
        }
        System.out.println(this.getName() + "结束");
    }
}
//Index.java
package book.ch3.yield;
public class Index {
    public static void main(String[] args) {
        //创建两个线程并启动
        Thread t1 = new Worker();
        Thread t2 = new Worker();
        t1.start();
        t2.start();
    }
}
```

【运行结果】

程序运行结果如图 3-5 所示。

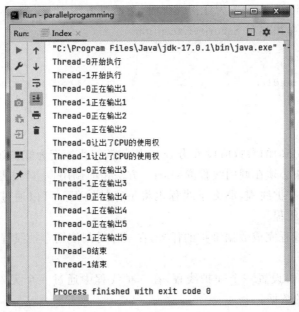

图 3-5 运行结果

【相关讨论】

从运行结果可以看出,在输出 2 以后,线程 1 和线程 2 分别让出了 CPU 的使用权,但在下次执行时又获取了 CPU 的使用权,然后继续执行。

3.3 守护线程

前面使用的线程一般称为用户线程（user thread），Java 中还有一类特殊的线程，称为守护线程（daemon thread）。在 Java 虚拟机中，守护线程的典型例子是垃圾收集器（garbage collector，GC）。

守护线程与其他线程没有太大的不同，它的唯一作用是为用户线程提供服务。当只剩下守护线程时，虚拟机会退出，这主要是因为没有可服务的线程，守护线程的运行就没有必要了。

在守护线程中，通常设定了一个无限的循环，用于等待服务的请求或完成某个任务，守护线程一般不会承担重要的任务，这主要是因为一方面守护线程具有较低的优先级，不确定守护线程在什么时候可以获得 CPU 的时间片，另一方面不确定守护线程在什么时候结束运行。

可以将一个线程变为守护线程，方法是设置线程的属性方法 setDaemon()，该方法定义的形式如下：

```
public final void setDaemon(boolean on)
```

在将线程设置为守护线程时，可能会抛出异常 IllegalThreadStateException 和 SecurityException，如果当前线程是活动的（alive），也就是说，该线程已经通过方法 start() 等途径启动，则抛出异常 IllegalThreadStateException。在设置为守护线程时，会通过方法 checkAccess() 判断当前线程是否可以被修改，如果不可以，则抛出异常 SecurityException。

例如：

```
Thread thrd = new Thread();
thrd.setDaemon(true);
thrd.start();
```

如果将方法 setDaemon() 的参数值设置为 true，则将该线程标记为守护线程，否则为用户线程。

需要注意的是，该方法必须在调用线程的 start() 方法之前调用，一旦线程启动，将无法修改线程的守护状态。如果父线程是守护线程，那么子线程也将是守护线程。可以通过线程的 isDaemon() 方法判断某个线程是否为守护线程。

【例 3-5】 使用守护线程完成数据维护的任务，在某一时刻使用守护线程删除队尾的数据。

【解题分析】

通过方法 setDaemon() 设置一个守护线程，在守护线程中通过一个无限循环监控队列的数据变化，在某一时刻删除队尾的数据。

【程序代码】

```
//Worker.java
package book.ch3.daemon;
//引入类 LinkedList
import java.util.LinkedList;
public class Worker extends Thread {
    //域属性 list
    private LinkedList<Integer> list;
```

```java
        //构造方法定义
        public Worker(LinkedList<Integer> list) {
            this.list = list;
        }
        //重写 run()方法
        @Override
        public void run() {
            //循环 10 次
            for (int i = 0; i < 10; i++) {
                //生成随机数据
                int newData = (int) (Math.random() * 1000);
                //向列表中添加数据
                list.addFirst(newData);
                System.out.println("新的数据" + newData
                        + "被插入列表, Size=" + list.size());
                //休眠 1s
                try {
                    sleep(1000);
                } catch (InterruptedException e) {
                    e.printStackTrace();
                }
            }
        }
    }
    //Cleaner.java
    package book.ch3.daemon;
    import java.util.LinkedList;
    public class Cleaner extends Thread {
        //域属性 list
        private LinkedList<Integer> list;
        //构造方法定义
        public Cleaner(LinkedList<Integer> list) {
            //对域属性 list 赋值
            this.list = list;
            //设置为守护线程
            this.setDaemon(true);
        }
        //重写 run()方法
        @Override
        public void run() {
            while (true) {
                //5s 后开始移除数据
                try {
```

```java
                    sleep(5000);
                } catch (InterruptedException e) {
                    e.printStackTrace();
                }
                while (true) {
                    if (!list.isEmpty()) {
                        list.removeLast();
                        System.out.println("一个数据已经被移除。");
                    }
                }
            }
        }
    }
}
//Index.java
package book.ch3.daemon;
import java.util.LinkedList;
public class Index {
    public static void main(String[] args) {
        LinkedList<Integer> list = new LinkedList<Integer>();
        Thread worker = new Worker(list);
        Thread cleaner = new Cleaner(list);
        worker.start();
        cleaner.start();
        Runtime.getRuntime().addShutdownHook(new Thread(){
            @Override
            public void run(){
                System.out.println("Java 虚拟机退出");
            }
        });
    }
}
```

【程序分析】

本例包含两个线程类定义,一个为用户线程 Worker,另一个为守护线程 Cleaner。在构造方法中,通过方法 setDaemon() 指明该线程为守护线程,在 run() 方法中设置一个无限循环,用于不断对队列的大小进行监控,当队列非空时,移除队尾的数据。

【运行结果】

程序运行结果如图 3-6 所示。从图中可以看出,5s 后守护线程开始执行。

【相关讨论】

由上例可见,守护线程可以帮助用户线程完成一些额外的处理工作,由于它的优先级较低,因此一般在 Worker 休眠时执行。

上面的程序只使用了一个用户线程,也可以使用两个及两个以上的线程,但因为共享链表,如果读者将线程设置为多个,则应使用同步机制保护共享数据。

图 3-6　运行结果

3.4　线程分组

如果有若干正在做同一工作的线程,为了方便对这些线程进行管理,可以对这些线程进行分组,从而把分到同一组的若干线程作为一个整体进行操作。

在线程类 Thread 的构造方法中,可以指明线程属于哪一个分组,形式如下:

public Thread(ThreadGroup group, Runnable target)

其中,参数 group 可以指明该线程属于哪一个线程组。

线程组代表线程的集合,使用类 ThreadGroup 创建。类 ThreadGroup 从 JDK 1.0 开始就已经发布,在包 java.lang 下,而不在包 java.util.concurrent 下。

类 ThreadGroup 常用的构造方法主要有如下两个:

//创建一个线程组,通过参数 name 指明线程组的名字,该 name 的值应该是唯一的,可以和其他线程组区分
- public ThreadGroup(String name)

//创建一个线程组,参数 parent 指明了该线程组的父线程组,参数 name 指明了线程组的名字
- public ThreadGroup(ThreadGroup parent, String name)

一个线程组可以包含其他线程组,线程组之间形成了一种树状结构,除了初始创建的线程组外,其他线程组都有一个父线程组。一个线程允许访问所属线程组的相关信息,不允许访问父线程组的信息。类 ThreadGroup 的常用方法如表 3-1 所示。

表 3-1 类 ThreadGroup 的常用方法

方法	含义
public final String getName()	获取当前线程组的名字
public final ThreadGroup getParent()	获取当前线程组的父线程组
public final int getMaxPriority()	获取当前线程组的最大优先权,属于该线程组的所有线程的优先权不能大于该值
public final boolean isDaemon()	返回当前线程组是否为一个守护线程组
public final void setDaemon(boolean daemon)	将当前线程组设置为一个守护线程组
public int activeCount()	获取当前线程组及其子线程组中活动的线程数
public int enumerate(Thread list[])	将此线程组及其子线程组中的所有活动线程复制到指定数组中
public final void stop()	停止线程组中线程的执行

下面通过例题演示类 ThreadGroup 的用法。

【例 3-6】 使用线程组操作 10 个线程,需要分别创建子线程组和父线程组,并向其中添加 5 个线程,通过 stop()方法停止整个线程组的运行。

【解题分析】

如果想使用线程组操作线程,则需要把线程加入线程组,线程组之间可以形成树状结构,为了指明父线程组和子线程组,需要在线程组创建时通过参数指明父线程组。

【程序代码】

```java
//Worker.java
package book.ch3.ThreadGroup;
public class Worker implements Runnable {
    //域属性 counter,用于计数
    int counter = 0;
    @Override
    public void run() {
        //循环若干次,Integer.MAX_VALUE 为整数的最大值
        for(int i=0; i<Integer.MAX_VALUE; i++){
            counter++;
        }
        System.out.println(Thread.currentThread().getName()+"已经停止执行");
    }
}
//Index.java
package book.ch3.ThreadGroup;
public class Index {
    public static void main(String[] args) {
        //线程数
        int threadNum = 5;
        //线程组 parentGroup
```

```java
        ThreadGroup parentGroup = new ThreadGroup("父线程组");
        //线程组 parentGroup 的子线程组
        ThreadGroup childGroup = new ThreadGroup(parentGroup,"子线程组");
        Worker worker = new Worker();
        //向父线程组中加入线程
        Thread[] threads = new Thread[threadNum * 2];
        for (int i = 0; i < threadNum; i++) {
            threads[i] = new Thread(childGroup, worker);
            threads[i].start();
        }
        //向子线程组中加入线程
        System.out.println(threadNum+"个线程被加入到子线程组 ");
        for (int i = 0; i < threadNum; i++) {
            threads[threadNum + i] = new Thread(parentGroup, worker);
            threads[threadNum + i].start();
        }
        System.out.println(threadNum+"个线程被加入到父线程组 ");
        //输出活动线程数
        System.out.println("在" + parentGroup.getName()
                + "中活动线程数为: " + parentGroup.activeCount());
        //调用 stop()方法停止子线程组线程的执行
        childGroup.stop();
        System.out.println("子线程组已经被停止");
        //调用 stop()方法停止父线程组线程的执行
        parentGroup.stop();
        System.out.println("父线程组已经被停止");
    }
}
```

【程序分析】

程序中创建了父线程组和子线程组,为了区分父线程组和子线程组,通过继承关系表明父线程组,然后在创建线程时通过参数指明哪个线程放入了哪个线程组。

【运行结果】

程序运行结果如图 3-7 所示。

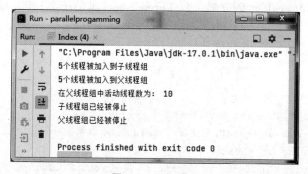

图 3-7　运行结果

【相关讨论】

当有多个线程时,将线程分别加入不同的线程组有利于线程的管理。

3.5 线程本地化

类 ThreadLocal 是一个非常有用的类,Java 通过类 ThreadLocal 实现线程本地对象,使用类 ThreadLocal 将会使变量在每个线程的私有区域内有一个拷贝(或称副本),每个线程都可以相对独立地改变自己的副本,而不会影响其他线程的副本。值得说明的是,ThreadLocal 并不表示一个线程,而是表示线程的一个局部变量。

在类 ThreadLocal 的内部实现机制上,它使用一个哈希表(Hashmap)维护线程的局部变量,哈希表中的键(key)为线程对象,值(value)对应线程的变量副本。类 ThreadLocal 使用原子整型变量 AtomicInteger 作为哈希表的哈希码(Hash code),原子类型保证了在多线程环境下不会导致哈希码的混乱。

类 ThreadLocal 的构造方法如下:

```
//用于创建一个线程本地变量
• ThreadLocal()
```

类 ThreadLocal 提供了方法 set()和 get(),用于设置和读取线程的本地值。一个线程首次获取一个线程本地对象值时将调用方法 initialValue(),该方法用于对每个线程对象进行初始化。

表 3-2 类 **ThreadLocal** 的常用方法

方　　法	说　　明
T get()	该方法返回线程本地变量的值
protected T initialValue()	用于设置当前线程本地变量的初始值
void remove()	移除本地变量
void set(T value)	设置本地变量的值

【例 3-7】 定义一个类,用于给每个线程分配一个唯一的 ID。

【解题分析】

ID 是一个线程的标识,可以区分线程,可以使用类 ThreadLocal 给每个线程分配一个唯一的 ID。这里不直接使用类 ThreadLocal,而是定义一个 ThreadLocal 类的子类,并重写方法 initialValue()。

【程序代码】

```
package book.ch3.local;
public class ThreadID {
    //定义私有的静态整型变量 nextID
    private static volatile int nextID = 0;
    //定义一个内部类 ThreadLocalID,它从类 ThreadLocal 继承,ThreadLocal 的尖括号内为 Integer。
在该内部类内,重写了方法 initialValue()
    private static class ThreadLocalID extends ThreadLocal<Integer> {
```

```
        protected synchronized Integer initialValue() {
            return nextID++;
        }
    }
    private static ThreadLocalID threadID = new ThreadLocalID();
    public static int get() {
        return threadID.get();
    }
    public static void set(int index) {
        threadID.set(index);
    }
}
```

【例 3-8】 使用类 ThreadLocal 为每个线程增加时间戳。

【解题分析】

可以为每个线程的启动记录时间情况,为此定义一个 ThreadLocal 实例,并重写它的 initialValue() 方法。

【程序代码】

```
//Worker.java
package book.ch3.threadlocal;
import java.util.Date;
public class Worker extends Thread {
    //定义时间戳,用于记录线程的创建时间
    ThreadLocal<Date> timeStamp = new ThreadLocal<Date>(){
        protected Date initialValue(){
            return new Date();
        }
    };
    @Override
    public void run(){
        System.out.println(getName()+"线程启动于"+timeStamp.get());
    }
}
//Index.java
package book.ch3.threadlocal;
public class Index {
    public static void main(String[] args){
        Thread t1 = new Worker();
        Thread t2 = new Worker();
        t1.start();
        t2.start();
    }
}
```

【运行结果】

程序运行结果如图 3-8 所示。

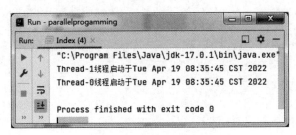

图 3-8 运行结果

【相关讨论】

线程本地化可以让线程拥有属于自己的资源，在 Wloka 等的论文 *Refactoring for reentrancy*[①]中，通过线程本地化操作可以实现程序的可重入性重构，在他们的方法中，有时甚至不需要使用同步控制，有兴趣的读者可以自行阅读。

3.6 线程开销问题

使用多线程编写的程序可以最大程度地发挥多核处理器的处理能力，提高硬件资源的利用率。引入多线程在提升程序性能的同时，也会引入一些额外的性能开销，例如线程的创建和销毁、线程之间的同步控制、线程之间的切换和调度策略都是增加这一开销的来源。有时，如果使用线程不当，不仅不会带来性能提升，反而会使性能下降。下面通过一个例子说明这个问题。

【例 3-9】 频繁创建多个线程，在创建后只做少量的工作就立即结束，观察程序的执行时间情况。

【解题分析】

创建线程，让线程做很少的工作，例如只输出一条信息，这样在创建线程之后，线程将立刻结束。创建多个这样的线程实例，观察程序的运行时间，并与串行执行的时间进行对比。

【程序代码】

```java
//Printer.java
package book.ch3.badperformance;
//定义类 Printer
public class Printer extends Thread {
    @Override
    public void run(){
        //输出线程正在运行的信息
        System.out.println(this.getName()+"正在运行");
    }
}
```

---

① Wloka J, Sridharan M, Tip F. Refactoring for reentrancy. Proceedings of the European Software Engineering Conference and the ACM Sigsoft International Symposium on Foundations of Software Engineering(ESEC/FSE), 2009, Amsterdam, the Netherlands, August. 173-182.

```java
//Index.java
package book.ch3.badperformance;
public class Index {
    public static void main(String[] args) {
        //定义线程数
        int threadNum = 100;
        //开始时间
        long start1 = System.nanoTime();
        //为了便于对线程操作,定义线程数组,并生成每一个线程对象
        Thread[] threads = new Thread[threadNum];
        for(int i=0; i<threadNum; i++){
            threads[i] = new Printer();
            threads[i].start();
        }
        //等待这些线程执行结束
        for(int i=0;i<threadNum; i++){
            try {
                threads[i].join();
            } catch (InterruptedException e) {
                e.printStackTrace();
            }
        }
        //多个线程处理的结束时间
        long end1 = System.nanoTime();
        System.out.println("使用线程的执行时间为"+(end1-start1)+"纳秒");
        //串行执行的开始时间
        long start2 = System.nanoTime();
        for(int i=0;i<threadNum; i++){
            System.out.println("正在输出:"+i);
        }
        //串行执行的结束时间
        long end2 = System.nanoTime();
        System.out.println("串行的执行时间为"+(end2-start2)+"纳秒");
    }
}
```

【程序分析】

通过在程序中创建大量线程让线程执行,比较串行和并行处理的时间。

【运行结果】

程序运行结果的部分截图如图3-9所示。

【结果分析】

从程序的执行结果可以看出,使用线程的执行时间比串行的执行时间要多,这是因为在并行程序和串行程序执行同样工作的情况下,线程的创建和启动需要耗费更多的时间,此外,线程的上下文切换、同步、线程阻塞操作等也都会带来开销。

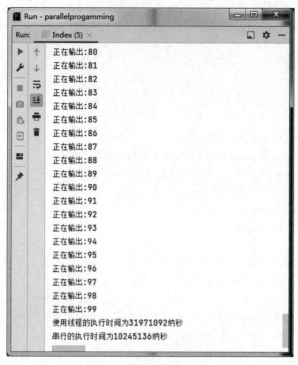

图 3-9 运行结果(部分)

习题

1. 输出 1000000 以内的所有素数,要求根据 CPU 可以同时处理的线程数对数据进行分解,并行寻找并输出结果。

2. 有 3 个工人要协作完成零件的加工任务,首先由工人 A 完成零件的切割,然后由工人 B 完成零件的打磨,最后由工人 C 完成零件的电镀,试使用线程模拟工人的工作。

Chapter 4 第4章 锁

为了在多线程环境下保证数据访问的正确性,通常需要使用同步机制。锁是一种典型的同步控制机制,本章主要对 Java 语言中的锁机制进行介绍。

4.1 概述

日常生活中经常会用到门锁、车锁、箱包锁等不同类型的锁,锁主要用于保障个人财产安全,只能由上锁的人解开。例如在生活中,同学们在离开宿舍时通常要锁上门,这样做主要是为了防止本宿舍以外的人进入,保证宿舍中财物的安全。

程序设计语言中的锁和生活中的锁的作用类似,它提供了排他访问操作,是一种数据安全访问的方式。

锁一般分为加锁和解锁两个操作,对共享数据操作之前,要先进行加锁,操作完毕后,再进行解锁。加锁以后的临界区只能被持有锁的线程独占,其他线程不能进入这段临界区,只能等待持有锁的线程释放锁。

Java 语言从诞生之初就开始提供同步锁,在 JDK 5.0 版本提供可重入锁和读写锁,从 JDK 8.0 版本开始提供邮戳锁,这些锁极大地方便了程序设计人员对程序进行不同的同步控制。

4.2 基本概念

本节主要介绍数据竞争、临界区和监视器等与锁有关的概念。

4.2.1 数据竞争

数据竞争是指两个以上的线程同时访问某一个内存位置且至少有一个线程执行写操作。当只有一个线程访问数据时,数据竞争基本不会发生,只有多个线程同时访问数据时才会发生数据竞争。

举例来说,有 A、B 两个线程同时对变量 t 进行操作,如图 4-1 所示。如果按照图 4-1(a)执行,则线程 A 先执行,读取 t,并将 t 加 10 后返回 t,得到 20,然后线程 B 再读取 t,增加 20,写回 t 后得到 40,两个线程互不干扰地执行,可以得到正确的结果。

如果按照图 4-1(b)执行,线程 A 和 B 同时读取了变量 t 的值,线程 A 将变量 t 的值增加 10,写回变量 t,线程 B 将变量 t 的值增加 20,写回变量 t,显然,后写回的线程会把先写回的线程的写入值覆盖,从而产生错误的结果,这就是数据竞争问题。

为了避免数据竞争,通常需要在程序中加入同步机制,以保证数据访问的正确性。锁就是这样一种同步机制,它可以保证数据在某一时间内只有一个线程访问,从而保证数据安全。

线程A	线程B	t值
读取 t=10		10
t=t+10，写入		20
	读取 t=20	20
	t=t+20，写入	40

(a) 互不干扰地执行，得到正确的结果

线程A	线程B	t值
读取 t=10		10
	读取 t=10	10
t=t+10，写入		20
	t=t+20，写入	30

(b) 交错地执行，得到错误的结果

图 4-1 两个线程同时对变量 t 进行操作

避免数据竞争的方法有：
- 使用同步机制；
- 将全局共享数据变为线程私有数据；
- 改变变量的可视范围。

4.2.2 线程安全

在传统的串行执行的程序中，程序往往有一个固定的执行次序，对于数据的访问操作也是有顺序的，例如数据的插入、删除和修改等，数据访问涉及的主要问题是防止非法访问。

在多线程程序中，除了要防止非法访问外，还必须保证数据被多个线程操作是安全的。数据被多个线程同时操作可能会导致数据异常。例如，一个线程负责插入若干数据，等数据处理完毕后，另一个线程负责删除数据，显然需要在数据插入之后再删除，如果数据插入之前负责删除数据的线程获得执行机会，就很有可能导致出错。

一个对象是否是线程安全的，取决于它是否被多个线程访问。当多线程同时操作某个类时，不管线程之间如何交替执行，总能够得到正确的执行结果，称这个类是线程安全的，否则称这个类不是线程安全的。

在线程安全的定义中，核心的概念就是正确性，表现为虽然有多个线程在执行某一个类，但就像只有一个线程在执行一样。

要编写线程安全的程序，需要特别注意那些共享的(shared)和可变的(mutable)数据或状态的操作。共享意味着变量可以被多个线程访问，可变意味着变量的值在其生命周期内会发生变化。

线程安全的代码需要采用同步机制控制对于共享的或可变的变量的访问，特别是在多个线程中至少存在一个写操作的情况下。从这里的描述来看，线程安全与数据竞争的概念很像，但二者是有区别的，数据竞争主要从数据的角度考虑安全问题，线程安全则不仅仅考虑数据访问的安全问题，还考虑代码层次上线程操作带来的安全问题。

Java 工具集合中提供的类有些是线程安全的(如类 HashTable),有些则不是(如类 HashMap),一般在线程安全的类中都已经封装了必要的同步控制机制,因此不必进一步采取同步控制措施,这些必要的措施包括:
- 将线程间的共享变量变为线程私有的变量,不在线程间共享;
- 将可变的状态变量转换为不可变的变量;
- 使用锁机制。

在并行编程时,应尽量考虑程序运行的环境,进而设计线程安全的类,这对于增强程序在多核平台上的可移植性是有帮助的。

4.2.3 临界区

对于某一段被多个线程共享的区域,如果线程必须对它进行互斥访问,则访问共享数据的那段代码称为临界区(critical section)。线程进入临界区需要遵循一定的原则:
- 多个线程可以同时请求进入临界区,但同一时刻只允许一个线程进入;
- 当临界区被一个线程拥有时,其他线程需要等待,不允许进入该临界区;
- 临界区中的操作应在有限的时间内完成,以便给其他线程的运行提供机会;
- 一个线程执行完临界区后,操作系统随机选取一个线程进入,其他未被选取的线程继续等待。

为了帮助程序员实现临界区,Java 提供了同步机制。当一个线程试图访问临界区时,同步机制会判断当前是否有其他线程正在使用临界区,如果没有,则该线程可以进入临界区,否则该线程将被挂起,直到临界区被释放为止。

4.2.4 监视器

监视器(monitor)的概念最早由 Per Brinch Hansen 和 Tony Hoare 在 20 世纪 70 年代提出。在 Java 语言中,监视器具有如下特性:
- 一个监视器是只有一个私有属性的类;
- 每个监视器类的对象实例都有一个相关联的锁,使用这个锁可以对对象实例的所有方法进行同步控制。

Java 中的每个对象都有一个隐式的锁,称为对象监视器(object monitor)。对象监视器是对象的内置锁,可以使用该内置锁进行加锁和解锁操作。对象监视器是在 HotSpot 底层用 C++ 语言编写的,基本结构如下:

```
ObjectMonitor::ObjectMonitor() {
    _header = NULL;
    _count = 0;
    _waiters = 0,                    //等待获取该监视器对象的线程个数
    _recursions = 0;                 //线程的重入次数
    _object = NULL;
    _owner = NULL;                   //持有锁的线程
    _WaitSet = NULL;                 //对象上的等待集合
    _WaitSetLock = 0;
    _Responsible = NULL;
```

```
    _succ = NULL;
    _cxq = NULL;                        //多线程竞争锁进入时的单向链表
    FreeNext = NULL;
    _EntryList = NULL;                  //期待获取该监视器对象的线程列表
    _SpinFreq = 0;                      //自旋的次数
    _SpinClock = 0;
    OwnerIsThread = 0;
}
```

4.3 为什么使用同步控制

当多个线程同时对某一个内存位置进行操作时，如果不施加任何措施，则很可能造成数据操作混乱。例如，电影院有 3 个售票窗口同时售票，如果每个窗口都有 100 张票可以出售，那么 3 个窗口可以互不干扰地进行售票。然而，假如 3 个售票窗口同时卖 300 张票，这时有两个人要看同一时间同一场次的电影，且同时来到售票口买票，如果不施加任何控制措施，那么两个窗口很有可能卖出同一场次同一座位的票，而这在实际应用中是不允许发生的，因此必须采用措施防止这种情况的发生。

下面通过一个例子演示并行程序没有使用同步控制时程序的执行情况。

【例 4-1】 两个线程同时对一个对象实例的两个属性进行增 1 操作，在主线程中测试这两个属性的值是否相等。

【解题分析】

定义一个类，设置两个属性，将该类的对象实例作为线程的操作对象，让两个线程同时对这两个属性进行增 1 操作，在主线程中通过无限循环不断对对象属性的值进行监控，并每间隔 1s 输出一次这两个属性的值是否相等的信息。

【程序代码】

```java
//Data.java
package book.ch4.motivation;
public class Data {
    //定义域属性 a 和 b,初始值为 0
    int a = 0;
    int b = 0;
    //在该方法中同时让 a 和 b 的值增加
    public void increase() {
        a++;
        b++;
    }
    //用于判断 a 和 b 的值是否相等
    public void isEqual() {
        System.out.println("a=" + a + "\tb=" + b + "\t" + (a == b));
    }
}
```

```java
//Worker.java
package book.ch4.motivation;
public class Worker implements Runnable {
    private Data data;
    Worker(Data data){
        this.data = data;
    }
    public void run() {
        while(true){
            data.increase();
        }
    }
}
//Index.java
package book.ch4.motivation;
public class Index {
    public static void main(String[] args){
        //定义 Data 类的对象 data
        Data data = new Data();
        //定义 Worker 类的对象 worker1 和 worker2
        Worker worker1 = new Worker(data);
        Worker worker2 = new Worker(data);
        //使用线程类分别对 worker1 和 worker2 进行封装,生成线程对象
        Thread t1 = new Thread(worker1);
        Thread t2 = new Thread(worker2);
        //启动线程 t1 和 t2
        t1.start();
        t2.start();
        //通过一个无限循环调用 isEqual()方法,每次调用后休眠 1s
        while(true){
            data.isEqual();
            try{
                Thread.sleep(1000);
            }catch(InterruptedException e){
                e.printStackTrace();
            }
        }
    }
}
```

【程序分析】

在该例中,定义了两个线程对象,它们同时对 data 对象进行操作,不断增加 a 和 b 的值,主线程中不断判断 a 和 b 的值是否相等。

【运行结果】

程序运行结果的部分截图如图 4-2 所示。

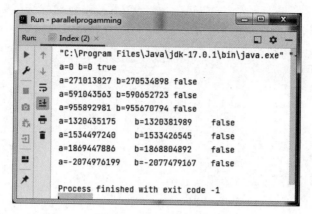

图 4-2 运行结果（部分）

【结果分析】

从运行结果可以发现,a 和 b 的结果并不总是相等的。原因在于两个线程同时操作同一个对象,而该对象没有任何保护。当两个线程操作同一对象时,有可能会发生这样的情形:一个线程执行了 a++ 语句后尚未执行 b++ 时时间片用完被系统放回就绪队列,系统调度到另一个线程执行 a++ 和 b++,这时 a 多加了一次。由于线程调度是不可预料的,所以出现了 a 和 b 不相等的情况。

【相关讨论】

从上例可以看到,由于未对线程操作施加任何措施,因此当多个线程操作同一个对象时,容易产生混乱。为了保证多线程环境下数据访问的正确性,通常需要进行同步控制,同步控制保证了在同一时刻只有一个线程对数据进行操作。

4.4 同步锁

在 Java 语言中,从 JDK 1.0 开始就支持同步锁的使用,可以采用两种形式:同步方法和同步块。不论是同步方法还是同步块,都需要使用 synchronized 关键字,但二者在表现形式上是不同的,其中,同步方法采用 synchronized 关键字作为方法的修饰符,将方法的整体限定在同步控制区域内,而同步块使用 synchronized 语句的形式。

4.4.1 同步方法

同步方法是指用 synchronized 关键字修饰的方法,该关键字以方法修饰符的形式出现在方法的定义中,用于确保该方法在同一时刻只有一个线程在访问,例如:

```
public synchronized int getId(){ … }
```

同步方法没有显式的加锁和解锁操作,在进入方法时,JVM 执行加锁操作,方法体执行完毕后解锁,如果在方法体执行过程中抛出异常,最终 JVM 会确保能够解锁。

使用修饰符 synchronized 修饰的方法都处于锁保护状态中,同一时刻只能有一个线程对其进行访问,进入 synchronized 控制范围内的线程称为持有锁的线程,其他想要访问该方法的线程只能等待,当持有锁的线程执行完毕且释放锁后,其他线程又开始竞争获得该锁。

如果 synchronized 关键字修饰的是实例方法,则监视器对象为当前类实例对象 this;如果使用 synchronized 修饰的方法为静态方法,则监视器对象为类对象,即类名.class。

使用 synchronized 关键字修饰方法时,不能将其用在构造方法上,否则将导致语法错误。

同步锁是可重入的,可重入性表示一个线程在获取某个锁后还可以再次获得该锁,例如:

```
public synchronized int fac(int n) {
    if(n==0 || n==1)
        return 1;
    else
        return n * fac(n-1);
}
```

在递归调用中,方法 fac(n)还没有释放同步锁,又开始调用方法 fac(n-1),此时方法 fac(n-1)会再次获取该同步锁,发生了重入。

例如,对例 4-1 进行修改,将方法 increase()和 isEqual()使用 synchronized 关键字进行修饰,使其变为同步方法,代码如下:

```
public class Data {
    int a = 0;
    int b = 0;
    //加入 synchronized 关键字
    public synchronized void increase() {
        a++;
        b++;
    }
    //加入 synchronized 关键字
    public synchronized void isEqual() {
        System.out.println("a=" + a + "\t b=" + b + "\t" + (a == b));
    }
}
```

其他类的定义与例 4-1 相同,运行修改后的程序,结果如图 4-3 所示。

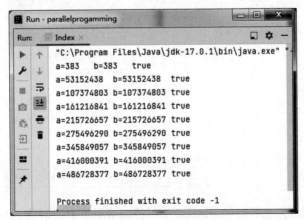

图 4-3 增加 synchronized 修饰符后的程序运行结果

从运行结果可以看出，修改后的程序中 a 和 b 的值一直相等，这是因为 a 和 b 总是被一个线程访问，以保证 a 和 b 同时增 1。

4.4.2 同步块

同步块是使用 synchronized 关键字修饰的一块代码，它不像同步方法那样使整个方法都被同步控制，而是针对某一块代码进行同步控制。

同步块需要明确地指出监视器对象，通常加在 synchronized 后的小括号内，形式如下：

```
synchronized(监视器对象) {
    //…
}
```

需要特别说明的是，同步锁没有显式的加锁和解锁操作，在遇到 synchronized 关键字时 JVM 会加锁，执行完毕临界区后会自动解锁。如果对同步锁的 Java 字节码进行解析，读者会发现加锁和解锁分别对应 monitorenter 和 monitorexit 操作。

在非静态方法中使用 synchronized 关键字修饰的监视器对象时，可以作为监视器对象的类型多种多样，比较多的情况是使用当前对象 this 作为监视器对象，具体使用如表 4-1 所示。

表 4-1 非静态方法中同步块的内置监视器使用分类

使用内置监视器类型	举 例
使用默认的当前对象 this	synchronized(this) {…}

使用当前类的域属性	public class Test{
	　private Object obj;
	　public void test(){
	　　synchronized(obj){…}
	　}
	}

使用局部变量	public class Test{
	　public void test(Object obj){
	　　synchronized(obj){…}
	　}
	}

使用其他类的域属性	public class Sync
	{ public Object obj;}
	public class Test{
	　private Sync sync;
	　public void test(){
	　　synchronized(sync.obj){…}
	　}
	}

使用反射对象	synchronized(getClass()){…}

如果在静态方法中使用监视器对象，则需要使用静态变量或者类对象，例如：

```
public class Ta{
  public static void test(){
    synchronized(Ta.class) {...}
  }
}
```

如果方法 test() 是一个静态方法,则应该使用类名.class 的形式作为监视器对象。

同步锁可以嵌套使用,可以在一个同步锁的临界区内部再使用另一个同步锁,例如:

```
String a,b = ...;
synchronized(a){
    synchronized(b){
        //...
    }
}
```

【例 4-2】 对例 4-1 使用同步块进行同步控制,确保输出的正确性。

【解题分析】
由于只有类 Data 的两个方法需要同步控制,故采用当前对象 this 作为监视器对象。

【程序代码】
代码部分只给出了类 Data 的代码,其余代码与例 4-1 相同。

```
public class Data {
    int a = 0;
    int b = 0;
    public void increase() {
        synchronized(this){
            a++;
            b++;
        }
    }
    public void isEqual() {
        synchronized(this){
            System.out.println("a=" + a + "\tb=" + b + "\t" + (a == b));
        }
    }
}
```

【运行结果】
程序运行结果如图 4-4 所示。

【结果分析】
从运行结果可以看出,同步块和同步方法在同步控制效果上是一样的。

【相关讨论】
从上面的例子中可以看出,同步方法是在定义类的方法时在方法的修饰符中加入 synchronized 关

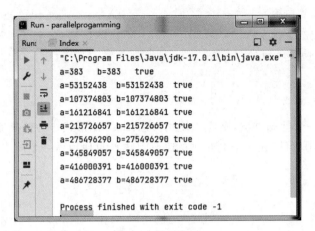

图 4-4 运行结果

键字，方法的修饰符加上该关键字后，整个方法都被锁保护；同步块使用 synchronized 语句对某一代码块进行控制，该块代码可以是一条或几条语句，也可以是整个方法的所有语句，被 synchronized 语句包围的语句可以实现锁保护。

同步块可以实现更细粒度的同步控制，但同步方法的使用更加简便，不用考虑同步对象等因素，而且同步方法在代码显示上更加简洁。但是有时整个方法加上 synchronized 块后程序性能并不好，这是因为在函数内部可能需要同步的只是小部分共享数据，其他数据可以自由访问，这时可以用 synchronized(监视器对象){//语句}实施更加精确的控制。因此，在实际应用中选择使用同步方法还是同步块要视具体情况而定。

4.5 可重入锁

可重入锁是一种无阻塞的同步机制，它在 java.util.concurrent.locks 包下，定义形式如下：

```
public class ReentrantLock extends Object implements Lock, Serializable
```

该类从 Object 继承，实现了接口 Lock 和 Serializable。可重入性体现在持有该锁的线程可以再次获得该锁。

可重入锁有两个构造方法，一个是不加任何参数的构造方法，另一个是带 fair 参数的构造方法，如下所示：

```
//创建一个可重入锁,不加任何参数,采用默认的公平策略
• ReentrantLock()

//创建一个带有公平策略的可重入锁,fair 默认取值为 false,是一种非公平模式
• ReentrantLock(boolean fair)
```

参数 fair 指明了一个公平锁策略，公平锁策略会保证那些等待了很长时间的线程能够获得锁，不同的公平策略可能会影响程序的性能。当 fair 参数设置为 true 时，该锁处于公平锁策略模式下，当几个线程等待该锁时，将选择一个等待时间最长的线程进入临界区。

当可重入锁没有被任何线程持有时,如果某个线程请求该锁,则可以成功获得该锁。一个最近成功执行了加锁(lock)操作但还没有执行解锁(unlock)操作的线程将持有可重入锁,同时该锁定的保持计数为1。

可重入锁是互斥锁,它和同步锁具有基本相同的行为和语义,但比同步锁更强大,增加了许多功能,如获取锁时公平性设置、测试锁(trylock)、测试锁是否正在被持有、锁的获取顺序等。该类的常用方法如表4-2所示。

表 4-2 类 ReentrantLock 的常用方法

方 法	含 义
void lock()	请求加锁
void unlock()	尝试释放该锁
boolean trylock()	尝试获得锁,仅当在调用时刻没有其他线程持有该锁的情况下获取该锁
boolean tryLock(long timeout,TimeUnit unit)	在给定的时间范围内尝试获得该锁
int getHoldCount()	由当前线程持有该锁
protected Thread getOwner()	获得该锁的持有者,当没有任何持有者时返回 null
protected Collection<Thread> getQueuedThreads()	返回一个当前正在试图获得该锁的线程集合
int getQueueLength()	得到当前正在试图获得该锁的线程集合的大小
protected Collection<Thread> getWaitingThreads(Condition condition)	和当前锁相关联的条件上的线程集合
int getWaitQueueLength(Condition condition)	返回当前锁相关联的条件上的线程集合的大小
boolean isFair()	如果锁的 fair 参数设置为 true,则返回 true
boolean isHeldByCurrentThread()	判断锁是否被当前线程持有
boolean isLocked()	查看锁是否被(任一)线程持有

使用可重入锁进行同步控制时,需要明确定义可重入锁对象,并在该对象上进行加锁和解锁操作,通常要把解锁操作放入 try…finally…语句,以防在程序执行过程中抛出异常而不能解锁。例如:

```
Lock lock = new ReentrantLock();
lock.lock();
try{
    //…
}finally{
    lock.unlock();
}
```

由可重入锁的定义可知,由于该类实现了接口 Lock,故可将 ReentrantLock 的实例赋值给 Lock 对象实例。

【例 4-3】 使用可重入锁对列表 ArrayList 的读写操作进行同步控制,并使用多个线程对列表进行读和写。

【解题分析】

ArrayList 不是线程安全的数据结构，当多个线程同时对 ArrayList 进行操作时，需要对 ArrayList 的读写操作进行同步控制。

【程序代码】

```java
//ReenTest.java
package book.ch4.reentrantlock;
import java.util.List;
import java.util.concurrent.locks.Lock;
import java.util.concurrent.locks.ReentrantLock;
public class ReenTest{
    //定义类的属性 myList
    private List<Integer> myList;
    //可重入锁定义
    private Lock lock = new ReentrantLock();
    //构造方法定义，对 myList 赋值
    public ReenTest(List<Integer> myList){
        this.myList = myList;
    }
    //读取数据
    public Object get(int index){
        lock.lock();
        try{
            return myList.get(index);
        }finally{
            lock.unlock();
        }
    }
    //向列表中插入数据
    public boolean insert(int newValue) {
        lock.lock();
        try{
            return myList.add((Integer)newValue);
        }finally{
            lock.unlock();
        }
    }
}
//ReadThread.java
package book.ch4.reentrantlock;
//读线程定义
public class ReadThread extends Thread {
    //线程编号
    int id;
```

```java
    ReenTest test;
    //读次数
    int num;
    //构造方法定义,对上面3个域属性赋值
    public ReadThread(int id, ReenTest test, int executeTimes) {
        this.id = id;
        this.test = test;
        num = executeTimes;
    }
    //执行 num 次循环,读取数据 num 次
    public void run() {
        int index;
        for (int i = 0; i < num; i++) {
            index = id * num + i;
            test.get(index);
        }
    }
}
//WriteThread.java
package book.ch4.reentrantlock;
public class WriteThread extends Thread{
    //线程 id
    int id;
    ReenTest test;
    //写次数
    int num;
    //构造方法定义,对域属性赋值
    public WriteThread(int id, ReenTest test, int executeTimes){
        this.id = id;
        this.test =test;
        num = executeTimes;
    }
    //执行 num 次循环,写入数据 num 次
    public void run(){
        for(int i=0; i<num; i++){
            test.insert(id*num+i);
        }
    }
}
//Index.java
package book.ch4.reentrantlock;
import java.util.ArrayList;
import java.util.List;
public class Index {
```

```java
public static void main(String[] args) {
    //线程总数
    int numThreads = 10;
    //读线程数
    int readNum = 1;
    //执行次数
    int exeTimes = 50000;
    //定义列表对象,并向列表中添加若干数据
    List<Integer> myList = new ArrayList<Integer>();
    for (int i = 0; i < readNum; i++) {
        for (int j = 0; j < exeTimes; j++) {
            myList.add(i * exeTimes + j);
        }
    }
    //定义 ReenTest 类的对象 test
    ReenTest test = new ReenTest(myList);
    //记录开始执行时刻
    long startTime = System.currentTimeMillis();
    //定义读线程组
    Thread[] rd = new ReadThread[readNum];
    //写线程数
    int writeNum = numThreads - readNum;
    //定义写线程组
    Thread[] wr = new WriteThread[writeNum];
    //生成读线程对象并启动
    for (int i = 0; i < readNum; i++) {
        rd[i] = new ReadThread(i, test, exeTimes);
        rd[i].start();
    }
    System.out.println("读线程已经启动");
    //生成写线程对象并启动
    for (int i = 0; i < writeNum; i++) {
        wr[i] = new WriteThread(readNum + i, test, exeTimes);
        wr[i].start();
    }
    System.out.println("写线程已经启动");
    //等待读写线程的结束
    try {
        for (int i = 0; i < readNum; i++)
            rd[i].join();
        for (int j = 0; j < writeNum; j++)
            wr[j].join();
    } catch (InterruptedException e) {
        e.printStackTrace();
```

```
        }
        //记录终止执行时刻
        long endTime = System.currentTimeMillis();
        System.out.println("使用可重入锁花费时间为:"
                           + (endTime - startTime) + " ms");
    }
}
```

【运行结果】
程序运行结果如图 4-5 所示。

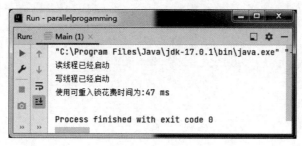

图 4-5　运行结果

【相关讨论】
读者可以调整 numThreads、readNum 和 exeTimes 的值,观察程序的运行情况。

【例 4-4】　测试可重入锁的公平性。

【解题分析】
通过设置可重入锁的构造方法参数 fair 改变锁的公平性,多个线程同时启动,观察线程的执行情况。

【程序代码】

```
//Worker.java
package book.ch4.lockfair;
import java.util.concurrent.locks.Lock;
public class Worker extends Thread {
    //锁对象定义
    Lock locker;
    Worker(Lock locker) {
        //对锁对象赋值
        this.locker = locker;
    }
    public void run() {
        //加锁
        locker.lock();
        try {
            //休眠 1 秒
```

```java
            sleep(1000);
            System.out.println(this.getName()+"已经工作了1秒。");
        } catch (InterruptedException e) {
            e.printStackTrace();
        } finally {
            //解锁
            locker.unlock();
        }
        locker.lock();
        try {
            sleep(1000);
            System.out.println(this.getName()+"已经休息了1秒。");
        } catch (InterruptedException e) {
            e.printStackTrace();
        } finally{
            locker.unlock();
        }
    }
}
//Index.java
package book.ch4.lockfair;
import java.util.concurrent.locks.Lock;
import java.util.concurrent.locks.ReentrantLock;
public class Index {
    public static void main(String[] args) {
        //线程个数 N
        final int N = 4;
        //可重入锁对象定义,公平锁
        Lock locker = new ReentrantLock(true);
        //线程数组的定义
        Thread[] threads = new Thread[N];
        for(int i=0; i<N; i++){
            //生成线程对象并启动
            threads[i] = new Worker(locker);
            threads[i].start();
            try {
                Thread.sleep(200);
            } catch (InterruptedException e) {
                e.printStackTrace();
            }
        }
    }
}
```

【运行结果】

程序运行结果如图 4-6 所示。

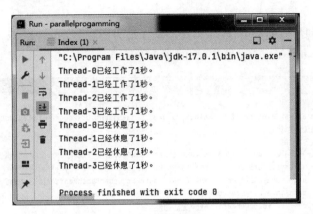

图 4-6　运行结果

当将程序中创建锁对象的代码的构造方法参数设置为 false 时，代码如下：

```
Lock locker = new ReentrantLock(false);
```

运行结果如图 4-7 所示。

图 4-7　运行结果

【相关讨论】

从图 4-6 的运行结果可以看出，当将可重入锁设置为公平锁后，线程 Thread-0 的工作部分执行完毕后不会马上执行 Thread-0 的休息部分，这是由于 Thread-1 的等待时间较长，Thread-1 开始执行其工作部分，然后 Thread-2、Thread-3 开始执行，等 Thread-3 的工作部分完成后，由于 Thread-0 现在为等待时间最久的线程，所以开始执行 Thread-0 的休息部分，然后 Thread-1、Thread-2、Thread-3 依次执行。

设置为非公平锁后的运行结果如图 4-7 所示（该运行结果为一种可能的运行结果，读者的运行结果可能与此不同）。在该运行结果中，线程 Thread-0 在工作部分执行完毕并释放锁后，又可以马上获得锁，执行休息部分的代码。可见，锁的获取策略中并没有考虑锁的等待时间，而是随机地将锁的使用权交给了某一个线程。

在线程调用 lock() 方法获得一个线程持有的锁时，如果不能获得该锁，则该线程有可能发生阻塞。可重入锁还提供了 tryLock() 方法以试图获得一个锁，如果成功则返回 true，否则返回 false，线程可以去做其他的事。

如果将上面程序中的所有使用方法 lock() 的地方改为使用方法 tryLock()，则程序在运行过程中会抛出 IllegalMonitorStateException 异常，如图 4-8 所示。

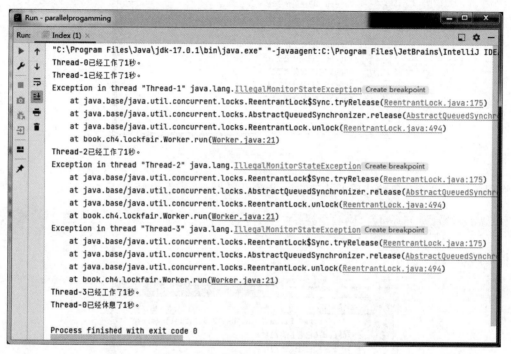

图 4-8　使用方法 tryLock() 的运行结果

这是因为线程 Thread-0 已经对 locker 对象加锁，当 Thread-1 对 locker 对象使用 tryLock() 方法后，tryLock() 方法只是进行了尝试加锁，加锁失败后返回 false，但 Thread-1 仍将向下执行，当执行到 unlock() 方法时，由于之前没有加锁，故将导致两次解锁（Thread-0 和 Thread-1 分别解锁），从而出现了 IllegalMonitorStateException 异常。

方法 tryLock() 一般放置在循环语句中，直到尝试加锁成功为止。

4.6　读写锁

读写锁是从 JDK 5.0 版本开始引入的一种锁机制，它维护了一对相互关联的锁：读锁和写锁。在没有线程持有写锁的情况下，读锁可以由多个线程同时持有；写锁是排他锁，只能由一个线程持有。换句话说，读写锁允许多个线程同时读，但只允许一个线程同时写。

读写锁类 ReentrantReadWriteLock 的一般定义形式如下：

```
public class ReentrantReadWriteLock extends Object
                    implements ReadWriteLock, Serializable
```

在构建对象实例时,可以采用的构造方法有两个:

```
//不带任何参数的构造方法
• ReentrantReadWriteLock()
//是否采用公平策略的构造方法
• ReentrantReadWriteLock(boolean fair)
```

读写锁具有和可重入锁类似的语义,读写锁是可重入的,当前线程获取该锁后,还可以再次获得该锁。与可重入锁不同的是,读写锁分为读锁和写锁,可以根据具体情况决定采用哪一个锁,读锁和写锁的方法定义如表 4-3 所示。

表 4-3　读锁和写锁及其加锁和解锁方法

方　　法	含　　义
ReentrantReadWriteLock.ReadLockreadLock()	读锁
ReentrantReadWriteLock.WriteLockwriteLock()	写锁
void lock()	在读锁或写锁上请求加锁
void unlock()	在读锁或写锁上尝试释放锁

使用读写锁时,需要先创建读写锁对象,然后分别创建读锁和写锁对象,最后分别使用写锁和读锁对象进行加锁和解锁操作。需要特别注意的是,解锁操作需要放到 try…finally…语句块中。

```
//定义读写锁
private ReentrantReadWriteLock rwlock = new ReentrantReadWriteLock();
//在读写锁对象 rwlock 的基础上分别定义读锁和写锁
private Lock readLock = rwlock.readLock();
private Lock writeLock = rwlock.writeLock();
//对读锁的使用
readLock.lock()
try{
    //…
}finally{
    readLock.unlock();
}
//对写锁的使用
writeLock.lock()
try{
    //…
}finally{
    writeLock.unlock();
}
```

读写锁不支持锁升级,即不能由读锁升级为写锁,但是支持锁降级,允许将写锁降级为读锁,降级后允许更大程度的并发。举例来说,有一个类 Student 记录了学生的相关信息,现在需要从该类读取相

关数据,如果这些数据存在,则可以直接读,但如果数据不存在,则需要导入数据,代码如下:

```java
class Student {
    //学生信息数据
    Info data;
    //信息数据是否可用
    volatile boolean infoAvailable;
    //读写锁
    ReentrantReadWriteLock rwlock = new ReentrantReadWriteLock();
    Lock readLock = rwlock.readLock();
    Lock writeLock = rwlock.writeLock();
    //处理学生信息
    void processStudentInformation() {
        rwlock.readLock().lock();
        if (!infoAvailable) {
            readLock.unlock();
            writeLock.lock();
            try {
                if (!infoAvailable) {
                    //导入数据
                    data = ...
                    infoAvailable = true;
                }
                //降级为读锁
                readLock.lock();
            } finally {
                //释放写锁,但仍持有读锁
                writeLock.unlock();
            }
        }
        try {
            //读数据
            read(data);
        } finally {
            readLock.unlock();
        }
    }
}
```

从上面的代码可以看出,如果 infoAvailable 为真,则支持读操作,只有当 infoAvailable 为假时,才需要使用写锁写入 data,当 data 有数据后,又降级为读锁,进行读操作。需要注意的是,加了写锁后仍需要对条件 infoAvailable 进行验证,因为在读锁和写锁之间可能存在其他操作,从而改变状态。

类 ReentrantReadWriteLock 提供了监视系统状态的方法,例如查看锁是否被持有、锁是否被竞争等,其他常用方法如表 4-4 所示。

表 4-4 类 ReentrantReadWriteLock 的其他常用方法

方 法	含 义
protected ThreadgetOwner()	持有写锁的线程,如果没有持有写锁的线程,则返回 null
protected Collection<Thread> getQueuedReaderThreads()	获得正在等待读锁的线程集合
protected Collection<Thread> getQueuedThreads()	返回一个等待获取锁的线程集合,可以是读锁或写锁
protected Collection<Thread> getQueuedWriterThreads()	获得正在等待写锁的线程集合
int getQueueLength()	返回正在等待获得写锁和读锁的阻塞线程的长度,该长度是一个估计值
int getReadHoldCount()	获得由当前线程持有读锁的数量
int getReadLockCount()	获得读锁的数量
protected Collection<Thread> getWaitingThreads(Condition condition)	返回等待该锁的线程集合,该等待是在与写锁关联的某个条件上
int getWaitQueueLength(Condition condition)	得到线程等待队列的估计长度
int getWriteHoldCount()	获得当前线程可重入写锁的次数
boolean hasQueuedThread(Thread thread)	查询给定的线程是否正在排队等待获取该锁
boolean hasQueuedThreads()	查询是否有线程正在排队等待获得读锁或写锁
boolean hasWaiters(Condition condition)	查询是否有线程正在等待和写锁关联的某个给定的条件
boolean isFair()	查询是否使用公平锁策略
boolean isWriteLocked()	查询写锁是否被某线程持有
Boolean isWriteLockedByCurrentThread()	查询写锁是否被当前线程持有

在访问共享数据时,特别是当读操作比较多时,读写锁允许更大程度的并发。例如,多个线程同时访问一个集合,这些线程对集合上数据的搜索操作较多,而对于集合的插入、删除操作很少,这种情况比较适合使用读写锁。相反,如果读操作很少,那么使用读写锁的开销与使用互斥锁的开销差不多。

从理论上讲,使用读写锁带来的性能提升将明显优于同步锁,但实际上使用读写锁是否能带来性能提升取决于很多因素,这种性能提升依赖于多核处理器的并行处理能力、对共享数据的访问模式是否合适、数据的读写频率、读写操作的持续时间、多个线程在访问共享数据时的竞争情况等。

【例 4-5】 使用读写锁对列表 ArrayList 的读写操作进行同步控制。

【解题分析】

当多个线程同时对 ArrayList 进行操作时,需要对 ArrayList 的读写操作进行同步控制。与可重入锁不同,对于数据的读方法,需要使用读锁;对于数据的更新或删除操作,需要使用写锁。

【程序代码】

```
//ReWrTest.java
package book.ch4.readwritelock;
//引入类 List
import java.util.List;
//引入接口 Lock
```

```java
import java.util.concurrent.locks.Lock;
//引入类 ReentrantReadWriteLock
import java.util.concurrent.locks.ReentrantReadWriteLock;
//定义类 ReWrTest
public class ReWrTest{
    //声明一个整型列表 myList
    private List<Integer> myList;
    //声明读写锁 rwlock
    private ReentrantReadWriteLock rwlock = new ReentrantReadWriteLock();
    //声明读锁
    private Lock readLock = rwlock.readLock();
    //声明写锁
    private Lock writeLock = rwlock.writeLock();
    //定义构造方法,参数为 myList
    public ReWrTest(List<Integer> myList){
        //对属性 myList 赋值
        this.myList = myList;
    }
    //定义类的方法 get(),该方法是一个读方法
    public Object get(int index){
         //加读锁
        readLock.lock();
        //临界区代码一般放入 try…finally…块中
        try{
            return myList.get(index);
        }finally{
        //解锁读锁
            readLock.unlock();
        }
    }
    //定义类的方法 insert(),该方法是一个写方法
    public boolean insert(int newValue) {
        //加锁
        writeLock.lock();
        try{
            //向列表中添加
            return myList.add((Integer)newValue);
        }finally{
            //解锁
            writeLock.unlock();
        }
    }
}
//ReadThread.java
```

```java
package book.ch4.reentrantlock;
//通过继承类 Thread 创建子类 ReadThread
public class ReadThread extends Thread {
    //线程的编号
    int id;
    //定义 test 对象,让多个线程操作同一个对象
    ReWrTest test;
    //执行次数
    int num;
    //构造方法定义,对属性进行赋值
    public ReadThread(int id, ReWrTest test, int executeTimes) {
        this.id = id;
        this.test = test;
        num = executeTimes;
    }
    public void run() {
        int index;
        for (int i = 0; i < num; i++) {
            //根据线程 id 生成一个数字
            index = id * num + i;
            //调用 get()方法获取 index 对应的值
            test.get(index);
        }
    }
}
//WriteThread.java
package book.ch4.reentrantlock;
//继承类 Thread 创建子类 WriteThread
public class WriteThread extends Thread{
    //线程编号
    int id;
    //定义 test 对象,让多个线程操作同一个对象
    ReWrTest test;
    //执行次数
    int num;
    //定义构造方法,对域属性赋值
    public WriteThread(int id, ReWrTest test, int executeTimes){
        this.id = id;
        this.test =test;
        num = executeTimes;
    }
    public void run(){
        //循环 num 次,插入数据
        for(int i=0; i<num; i++){
```

```java
                test.insert(id*num+i);
            }
        }
    }
//Index.java
package book.ch4.readwritelock;
import java.util.ArrayList;
import java.util.List;
public class Main {
    public static void main(String[] args) {
        //线程数
        int numThreads = 10;
        //读线程数
        int readNum = 1;
        //执行次数
        int exeTimes = 50000;
        //生成一个列表,并向列表中添加一些数据
        List<Integer> myList = new ArrayList<Integer>();
        for (int i = 0; i < readNum; i++) {
            for (int j = 0; j < exeTimes; j++) {
                myList.add(i * exeTimes + j);
            }
        }
        ReWrTest test = new ReWrTest(myList);
        //记录开始时间
        long startTime = System.currentTimeMillis();
        //读线程数组
        Thread[] rd = new ReadThread[readNum];
        int writeNum = numThreads - readNum;
        //写线程数组
        Thread[] wr = new WriteThread[writeNum];
        //生成并启动读线程
        for (int i = 0; i < readNum; i++) {
            rd[i] = new ReadThread(i, test, exeTimes);
            rd[i].start();
        }
        System.out.println("读线程已经启动");
        //生成并启动写线程
        for (int i = 0; i < writeNum; i++) {
            wr[i] = new WriteThread(readNum + i, test, exeTimes);
            wr[i].start();
        }
        System.out.println("写线程已经启动");
        //等待读写线程执行完毕
        try {
            for (int i = 0; i < readNum; i++)
```

```
                rd[i].join();
            for (int j = 0; j < writeNum; j++)
                wr[j].join();
        } catch (InterruptedException e) {
            e.printStackTrace();
        }
        //记录结束时间
        long endTime = System.currentTimeMillis();
        System.out.println("使用读写锁花费时间为:"+(endTime - startTime)+" ms");
    }
}
```

【运行结果】

程序运行结果如图 4-9 所示。

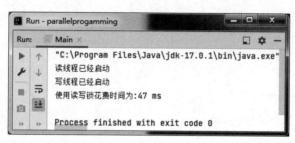

图 4-9　运行结果

【相关讨论】

锁的并发程序性能是由多种因素决定的，读者可以通过调整 numThreads、readNum 和 exeTimes 的值观察程序的运行情况。

4.7　邮戳锁

邮戳锁(StampedLock)是从 JDK 8.0 版本开始引入的一种锁机制，该锁用于控制读写访问，尤其是在读操作较多的情况下效率较高。

邮戳锁的定义形式如下：

```
public class StampedLock extends Object implements Serializable
```

从邮戳锁的定义可以看出，它从类 Object 继承，实现了 Serializable 接口。由于邮戳锁支持多种锁模式，所以这个类没有直接实现接口 Lock 和接口 ReadWriteLock。

邮戳锁只有一个不带任何参数的构造方法，生成邮戳锁对象非常简单，形式如下：

```
StampedLock slock = new StampedLock();
```

其中，slock 为邮戳锁对象实例名，初始化一个邮戳锁后默认当前为解锁状态。

类似于读写锁，邮戳锁区分读锁和写锁，而且分别有加锁和解锁操作。与读写锁不同之处在于，在获取邮戳锁后将返回一个长整型的值作为邮戳,解锁时将使用这个邮戳值进行解锁,如果该值与加锁时的邮戳值不对应,则解锁失败。加锁和解锁对应的方法如表 4-5 所示。

表 4-5 类 StampedLock 加锁和解锁的常用方法

方法	含义
long readLock()	使用非排他性的方式获取读锁,返回一个长整型 stamp 值
long writeLock()	使用排他性的方式获取写锁,返回一个长整型 stamp 值
void unlock(long stamp)	如果当前锁的状态和给定的 stamp 值匹配,则释放相应模式的锁,该方法不区分读锁和写锁
void unlockRead(long stamp)	如果当前锁的状态和给定的 stamp 值匹配,则释放读锁
void unlockWrite(long stamp)	如果当前锁的状态和给定的 stamp 值匹配,则释放写锁

例如,使用邮戳锁的写锁保护写操作,同样,解锁操作也要放入 try…finally…语句块,代码如下:

```
long stamp = sl.writeLock();
try {
    … //临界区
} finally {
    sl.unlockWrite(stamp);
}
```

邮戳锁的状态由版本号和模式组成,其中,版本号的相关信息由返回的 stamp 值表示,模式主要有以下 3 种。

- 写模式。可以使用方法 writeLock() 获取邮戳锁以进入写模式,如果该锁已经被其他线程持有,则该线程会阻塞以等待其他线程释放该锁。当邮戳锁处于该模式时,不能再获得读锁。
- 读模式。可以使用方法 readLock() 获取邮戳锁的读锁。当处于读模式下时,被邮戳锁保护的临界区不应有任何负面效应[①](side-effect)。
- 乐观读模式。乐观锁模式可以看作读模式的优化版本,该模式下可以直接对共享数据进行读取,然后通过验证确保数据读取的正确性。

与乐观读模式相关的方法如表 4-6 所示,当邮戳锁没有处于写模式时,调用方法 tryOptimisticRead() 成功获取锁后会返回一个非 0 值 stamp,如果在尝试获取锁时失败,则会返回一个 0 值,可以通过查看返回值是否为 0 判断是否成功进入乐观读模式。

表 4-6 乐观读模式的常用方法

方法	含义
long tryOptimisticRead()	尝试使用乐观锁模式,将返回一个 stamp 值
boolean validate(long stamp)	验证当前锁是否以排他性的方式获取,如果锁没有以排他性的方式获取,则返回 true。如果 stamp 值为 0,则返回 false

例如,使用方法 tryOptimisticRead() 尝试进入乐观读模式,随后直接读取数据放入 temp 变量中。

---

① 负面效应是指一个变量的访问会对其他变量的访问产生影响。

当使用乐观读模式时,需要通过方法 validate() 不断验证,如果验证通过,则直接乐观读,如果验证没有通过,则进入读模式。使用乐观锁模式的代码如下:

```
long stamp = sl.tryOptimisticRead();
int temp = …
if (!sl.validate(stamp)) {
    stamp = sl.readLock();
    try {
        temp = intList.get(i);
    } finally {
        sl.unlockRead(stamp);
    }
}
```

当代码长度较短且对数据的操作为只读时,非常适合使用乐观读模式,它可以提高程序的吞吐量。然而,乐观锁模式非常脆弱,它可以在任何时刻被一个试图写入的线程打断,从而进入写模式。

邮戳锁可以进行锁模式的转换,模式转换需要使用 stamp 值作为参数,如果 stamp 值不匹配锁的状态,则模式转换失败。

类 StampedLock 中提供了一些方法,可以用于在 3 种模式之间转换,与模式转换相关的方法如表 4-7 所示。

表 4-7 类 StampedLock 中锁模式转换的常用方法

方　　法	含　　义
long tryConvertToOptimisticRead(long stamp)	尝试转换到优化读模式。如果锁的状态和给定的 stamp 值相同,并且 stamp 值表示锁已经被持有,则释放该锁,并返回一个可观察到(observation)的 stamp 值
long tryConvertToReadLock(long stamp)	尝试转换到读模式。如果当前锁的状态与给定的 stamp 相匹配,则尝试转换为读模式,主要用在锁降级模式中
long tryConvertToWriteLock(long stamp)	尝试转换到写模式。如果当前锁的状态与给定的 stamp 相匹配,则尝试转换为写模式,主要用在锁升级模式中

方法 tryConvertToWriteLock() 将尝试转换为写模式,代码如下。首先获取读锁,如果条件满足,则尝试转换为写锁,如果转换成功,则更新 stamp 值,否则释放读锁,重新加写锁,最后通过 unlock() 方法进行解锁。

```
long stamp = sl.readLock();
try{
    while (条件满足) {
        long ws = sl.tryConvertToWriteLock(stamp);
        if(ws!=0){
            stamp = ws;
            … //执行写操作
        }else{
            sl.unlockRead(stamp);
```

```
            sl.writeLock();
        }
    }
}finally{
    sl.unlock(stamp);
}
```

邮戳锁通常作为内部工具用于线程安全的组件开发过程中,需要根据处于临界区内的数据属性、对象及其方法决定如何使用邮戳锁。

需要特别注意的是,邮戳锁是不可重入的,所以被邮戳锁保护的临界区内不应含有对其他有可能重新获取该锁的方法的调用,否则会引起死锁。举例来说,有两个方法 compute() 和 output() 如下:

```
//定义邮戳锁
StampedLock slock = new StampedLock();
//compute()方法定义,使用邮戳锁的写锁
public void compute(){
    long stamp = slock.writeLock();
    try {
        output();
    } finally {
        slock.unlockWrite(stamp);
    }
}
//在 output()方法中使用邮戳锁的读锁
publicvoid output() {
    long stamp = slock.readLock();
    try {
        //...
    } finally {
        sl.unlockRead(stamp);
    }
}
```

从上例可以看出,在方法 compute() 中调用了方法 output(),这两个方法都使用了同一个邮戳锁,运行时会引起死锁。

【例 4-6】 使用读写线程对列表中的数据进行读写操作,使用 StampedLock 实现。

【解题分析】

使用 StampedLock 进行同步控制,对列表的读写操作使用邮戳锁进行控制,该例不仅使用了普通读,并且使用了优化读。

【程序代码】

```
//Index.java
package book.ch4.stampedlock;
```

```java
public class Index {
    //线程个数
    public static final int N=10;
    public static void main(String[] args){
        //列表定义
        IntList ilist = new IntList();
        //读线程个数
        int rnumber = 5;
        //写线程个数
        int wnumber = N - rnumber;
        //rt 为读线程数组,wt 为写线程数组
        Thread[] rt = new Thread[rnumber];
        Thread[] wt = new Thread[wnumber];
        //向列表填充数据
        ilist.fillIfEmpty();
        System.out.println("开始生成"+wnumber+"个写线程...");
        for(int i=0; i<wnumber; i++){
            wt[i] = new WThread(ilist);
            wt[i].start();
        }
        System.out.println("开始生成"+rnumber+"个读线程...");
        for(int i=0; i<rnumber; i++){
            rt[i] = new RThread(ilist);
            rt[i].start();
        }
        System.out.println("执行完毕");
    }
}
//RThread.java
package book.ch4.stampedlock;
//读线程类定义
public class RThread extends Thread{
    IntList il;
    RThread(IntList il){
        this.il = il;
    }
    @Override
    public void run() {
        for(int i=0; i<50; i++){
            il.get(i);
        }
    }
}
//WThread.java
```

```java
package book.ch4.stampedlock;
//写线程类定义
public class WThread extends Thread {
    IntList il;
    WThread(IntList il){
        this.il = il;
    }
    public void run(){
        for(int i=50; i<100; i++){
            il.insert(i);
        }
    }
}
//IntList.java
package book.ch4.stampedlock;
import java.util.ArrayList;
import java.util.List;
import java.util.concurrent.locks.StampedLock;
public class IntList {
    //列表定义
    List<Integer> intList;
    //邮戳锁
    StampedLock sl;
    public IntList() {
        intList = new ArrayList<Integer>();
        sl = new StampedLock();
    }
    public void insert(int num) {
        //使用邮戳锁的写锁进行加锁,返回长整型 stamp 值
        long stamp = sl.writeLock();
        try {
            intList.add(num);
        } finally {
            //使用邮戳锁的写锁进行解锁,需要使用 stamp 参数
            sl.unlockWrite(stamp);
        }
    }
    public int get(int i) {
        //使用邮戳锁的读锁进行加锁
        long stamp = sl.readLock();
        try {
            return intList.get(i);
        } finally {
            //使用邮戳锁的读锁进行解锁
```

```java
            sl.unlockRead(stamp);
        }
    }
    public int getOptimistic(int i) {
        //尝试使用邮戳锁的优化读锁进行加锁
        long stamp = sl.tryOptimisticRead();
        //尝试直接读
        int temp = intList.get(i);
        //如果没有加锁成功,则加读锁
        if (!sl.validate(stamp)) {
            stamp = sl.readLock();
            try {
                temp = intList.get(i);
            } finally {
                sl.unlockRead(stamp);
            }
        }
        //返回 temp 值
        return temp;
    }
    public void fillIfEmpty(){
        //使用邮戳锁的读锁进行加锁
        long stamp = sl.readLock();
        try{
            //循环条件是一个读操作
            while (intList.isEmpty()) {
                //由于下面开始有写操作,开始由读锁升级为写锁
                long ws = sl.tryConvertToWriteLock(stamp);
                //通过 ws 的值判断是否转换成功
                if(ws!=0){
                    //转换成功,更新 stamp 值
                    stamp = ws;
                    for(int i=0; i<50; i++)
                        intList.add(i);
                }else{
                    //转换没有成功,解锁读锁,再加写锁
                    sl.unlockRead(stamp);
                    sl.writeLock();
                }
            }
        }finally{
            //解锁
            sl.unlock(stamp);
        }
    }
}
```

【运行结果】

程序运行结果如图 4-10 所示。

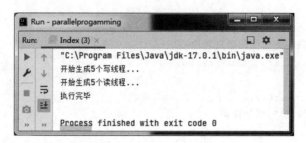

图 4-10　StampedLock 的执行结果

【相关讨论】

该例演示了如何使用优化锁和升级锁，读者可以再思考如何使用降级锁。

4.8　锁的缺点

使用锁时要注意锁竞争、优先权反转、死锁和活锁问题，这些问题的存在会降低程序的执行效率。

4.8.1　锁竞争

锁是目前比较通用的同步控制方式，但随着多核时代的来临，锁竞争问题开始变得越来越值得关注。

在程序的执行过程中，有多个线程试图访问被同一互斥锁保护的共享资源，并且此时有一个或多个线程等待获得该锁，在这种情况下便发生了锁竞争。锁竞争是由于多个线程竞争获得锁资源而引起的。

单核处理器时代受锁竞争的影响较小，这主要是因为单核处理器系统中只有一个处理核处于运行状态，某线程在执行临界区时，即使有其他线程竞争该临界资源，处理器也始终处于忙碌状态，并不会因为锁的问题出现 CPU 空闲的现象，浪费的时间只是加锁和解锁操作本身耗费的时间，程序性能没有明显降低。单核处理器时代产生的问题主要体现在"锁护航"上，即一个持有锁的线程被挂起后，其他所有竞争该锁的线程即使获得了 CPU 的使用权，也会因为不能使用该资源而退出，直到持有锁的线程执行完毕，其他线程才能继续执行。

锁竞争问题是多核时代影响共享内存并行程序性能的主要因素。由于竞争临界资源，处理器的多个处理核中只有一个核处于运行状态，其他处理核处于空闲状态，故导致程序串行执行，程序运行效率降低，并损害程序的可伸缩性。当临界区较大或者线程频繁进入临界区时，这种竞争引起的性能衰减会更加明显。随着多核处理器的普及以及未来众核处理器的出现，锁竞争问题将变得越来越严重，亟待解决。

为了解决锁竞争，使多核处理器中的每个处理核都处于忙碌状态，人们提出软件事务型内存（software transactional memory，STM）的解决方案。STM 的优点是可以使程序的并行度达到最大，它可以看作解决锁竞争的解决方案，但是 STM 也存在一些缺点，如开销较大和容易导致活锁等，而且 STM 并不适用所有场合，例如 STM 不能执行不可逆的操作，如 I/O 操作；不能保持锁机制中的公平性和优先权继承等特性，所以 STM 还不能完全代替锁，在未来很长一段时间内还将继续使用锁作为并发控制的主要手段。

锁竞争问题是多核时代影响程序性能的主要因素,它会降低程序的性能和可伸缩性,可以采用一些手段减少锁竞争的影响。

减少锁竞争的方法包括：
- 减少每次持有锁的时间,只对需要加锁的区域加锁,只对共享数据的操作加锁,对于没有共享的数据操作,把锁去除；
- 减少锁请求的频率；
- 通过锁分解等手段降低锁的粒度,使用细粒度的锁；
- 使用高性能的同步控制方式,如果在程序中读操作占绝大多数,则使用读写锁减少锁竞争；如果数据竞争较少,则采用 STM 等同步方式替代锁。

4.8.2 优先权反转

前面的章节介绍了线程是有优先级的,高优先级的线程更容易获得 CPU 的使用权,低优先级的线程在一般情况下会等高优先级的线程执行完毕后才有机会执行,除非高优先级的线程主动让出 CPU 的使用权。这种高优先级的线程先执行的情况属于正常的优先级设定和执行。

优先权反转是指由于某些情况的发生而导致低优先级的线程先执行、高优先级的线程后执行的情况。导致优先权反转的情况有很多,锁的使用就是其一。

当某些临界资源被低优先级的线程获取后,由于该资源被锁住,即使高优先级的线程获取了 CPU 的使用权,但是由于获取不了资源,故依然会被阻塞,从而导致高优先级的线程等待低优先级的线程的执行。

4.8.3 死锁

死锁是指两个或两个以上的线程在执行过程中因竞争资源而互相等待的现象。处于死锁状态的各个线程均无法继续运行。

做一个形象的比喻,一个 A 国人和一个 J 国人流落到一个荒岛,为了生存下去,两人决定一起狩猎一起吃饭,然而由于国籍不同,两人吃饭的习惯也不同,J 国人必须使用筷子,A 国人必须使用刀叉。吃饭的时候,两人都怕对方先吃,结果 A 国人拿走了筷子,J 国人拿走了刀叉,现在看来只有两人交换才能吃饭,可是两人都怕把自己拥有的资源给对方后对方不给自己,由于缺乏信任,两人只能饿死。可见,死锁造成了一种僵局,而且造成了资源浪费。因此,在编写并行程序时,要尽量避免死锁现象的发生。

如果使用锁不当,很容易引起死锁,下面通过程序模拟死锁问题。

【例 4-7】 对共享数据进行操作时,使用两个不同的监视器对象进行加锁,模拟死锁问题。

【解题分析】

从前面的学习可以知道,对于一个在同一个监视器对象上的同步锁,一旦加锁,其余线程就必须等待解锁后才能访问共享数据。在模拟死锁时,采用了锁嵌套的形式,即在一个同步锁 A 的内部再使用一个同步锁 B,在 M1 方法中使用同步锁 A 在前,同步锁 B 在后；在 M2 方法中使用同步锁 B 在前,同步锁 A 在后。

【程序代码】

```
//Data.java
package book.ch4.deadlock;
```

```java
public class Data {
    int a = 0;
    int b = 0;
    String str = "Data";
    //increase()方法首先使用synchronized修饰符,使其成为一个同步方法,同步的监视器对象为this,
    然后在方法内部使用同步对象str进行加锁
    public synchronized void increase() {
        synchronized(str){
            a++;
            b++;
        }
    }

    //在方法isEqual()中,首先使用同步块synchronized(str)进行加锁,紧接着使用同步块synchronized
    (this)进行加锁,可以看出,该方法的加锁顺序与方法increase()的加锁顺序是相反的
    public void isEqual() {
        synchronized(str){
            synchronized(this){
                System.out.println("a=" + a + "\tb=" + b + "\t" + (a == b));
            }
        }
    }
}
//Worker.java
package book.ch4.problem;
public class Worker implements Runnable {
    private Data data;
    Worker(Data data){
        this.data = data;
    }
    public void run() {
        while(true){
            data.increase();
        }
    }
}
//Index.java
package book.ch4.deadlock;
public class Index {
    public static void main(String[] args) {
        Data data = new Data();
        //定义并启动了两个线程
        Worker worker1 = new Worker(data);
        Worker worker2 = new Worker(data);
        Thread t1 = new Thread(worker1);
```

```
            Thread t2 = new Thread(worker2);
            t1.start();
            t2.start();
            //调用类 Data 的方法 isEqual(),验证 a 和 b 的值是否相等
            while(true){
                data.isEqual();
                try{
                    Thread.sleep(1000);
                }catch(InterruptedException e){
                    e.printStackTrace();
                }
            }
        }
    }
```

【程序分析】

从程序中可以看出,当一个监视器对象被锁住后,其他线程将无法获取该锁。

【运行结果】

程序运行结果的截图如图 4-11 所示。

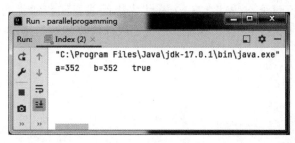

图 4-11　运行结果

【结果分析】

在该程序中,对于 increase()方法使用了两次加锁,但是两次加锁使用的监视器对象是不同的,对于方法修饰符中的 synchronized,使用当前对象 this 作为监视器对象,对于同步块中的 synchronized,使用自定义的 String 类对象 str 作为监视器对象,二者从各自加锁的角度是互不影响的。

从图 4-11 可以看出,死锁发生后程序无法继续执行,一直处于等待结束状态。

在程序运行过程中,方法 main()作为主线程是和其他两个线程一起执行的。当线程启动后,如果线程 t1 调用了方法 increase(),线程 t1 首先尝试使用 this 对象加锁,如果 this 对象此刻没有加锁,则线程 t1 加锁成功,此时如果主线程 main 调用了方法 isEqual(),则尝试使用 str 对象加锁,如果 str 对象此刻没有加锁,则主线程 main 加锁成功。此后,线程 t1 尝试对 str 加锁,由于已经被主线程 main 加锁,则线程 t1 等待;主线程 main 尝试对 this 对象加锁,由于已经被线程 t1 加锁,则主线程等待,线程 t2 调用 increase()方法时,由于 this 对象已经被加锁,故也等待,结果 3 个线程都处于等待状态,程序无法继续执行。这里列出的只是一种可能的执行情况。

可见,死锁使程序不能继续执行,所以在编写程序时要注意避免死锁的发生。

4.8.4 活锁

活锁是指在程序执行过程中由于发生某些条件(例如其他任务抢占了该任务的 CPU 时间片)而导致某个任务一直处于等待状态。

与死锁类似,任务会一直处于等待状态,得不到解决,无法继续进行下去;与死锁不同的是,活锁有可能解开,但死锁不可能解开。

下面举一个形象的例子说明活锁问题。深山中有一座桥,桥的宽度刚好可容纳两只山羊并排通过,两只山羊分别从桥的两端出发相向而行,都要经过这座桥到对面去,这两只山羊碰巧沿着桥的同一侧前进,当它们相遇时,同时向另一个方向避让,在另一个方向上碰到后,又同时朝另一个方向避让,如此反复下去,两只山羊没有办法前进,就形成了活锁。

计算机中也会发生类似的现象,例如线程 1 持有了锁,线程 2 也想持有该锁,由于线程 1 已经持有锁,故线程 2 只能等待,此时线程 3 加入,也想持有该锁,线程 1 释放锁后,线程 3 获得了锁并开始执行,此时线程 4 加入想持有该锁,当线程 3 执行完毕释放锁后,线程 4 获得了锁,线程 5、线程 6 又同样持有了该锁,如此下去,线程 2 将永远得不到执行。

下面通过程序模拟活锁问题。

【例 4-8】 使用线程模拟活锁问题,让某一个线程得不到运行的机会。

【解题分析】

本题通过线程模拟活锁问题,首先设定一个高优先级的线程和普通优先级的线程,然后在高优先级的线程中再创建多个高优先级的线程,观察普通优先级的线程的执行情况。

【程序代码】

```java
package book.ch4.livelock;
import java.util.concurrent.locks.Lock;
public class Worker extends Thread {
    Lock locker;
    String name;
    static Integer id = 1;
    Worker(Lock locker, String name) {
        this.locker = locker;
        this.name = name;
    }
    public void run() {
        locker.lock();
        try {
            System.out.println(name + " 开始运行...");
            if (id < 20) {
                Thread newThread = new Worker(locker, "Thread-" + id.toString());
                newThread.setPriority(MAX_PRIORITY);
                newThread.start();
            }
            id++;
```

```java
        } finally {
            locker.unlock();
        }
    }
}
//Index.java
package book.ch4.livelock;
import java.util.concurrent.locks.Lock;
import java.util.concurrent.locks.ReentrantLock;
public class Index {
    public static void main(String[] args) {
        //定义两个线程,分别为普通线程 thread1 和紧急线程 thread2,并启动它们
        Lock locker = new ReentrantLock();
        String name = "NormalThread";
        Thread thread1 = new Worker(locker, name);
        String name2 = "ErgentThread";
        Thread thread2 = new Worker(locker, name2);
        thread2.setPriority(Thread.MAX_PRIORITY);
        thread2.start();
        try {
            Thread.sleep(100);
        } catch (InterruptedException e) {
            e.printStackTrace();
        }
        thread1.start();
    }
}
```

【运行结果】

程序运行结果如图 4-12 所示。

【相关讨论】

从运行结果可以看出,线程 ErgentThread 首先启动,它创建了若干线程,这些线程由于优先级较高,使得线程 NormalThread 一直等待所有线程都执行完毕,如果线程数更多,则线程 NormalThread 等待的时间更长,从而造成了活锁。严格地说,活锁并不是锁的缺点,上面的例子可以不使用锁,也会得到相同的运行结果。

活锁不像死锁那样没有办法解决,可以通过某种机制解决活锁问题,方法如下。

- 引入随机性。例如,两只山羊的例子可以通过随机避让的方法让一只山羊和另一只山羊避让的方向不同,就可以解决活锁问题。
- 使用某种决策机制。例如,在上面的例子中给线程引入公平性,让等待时间最长的线程优先获得锁,就可以解决活锁问题。

图 4-12　运行结果

4.9　本章小结

同步锁是一种互斥锁,自 Java 发布之初就可以使用,程序员主要通过同步方法或同步块的形式使用同步锁。同步锁形式简单,易于理解和使用,依赖于隐藏在对象后的内置监视器,很不直观。

可重入锁和读写锁是从 JDK 5.0 版本开始引入的锁机制。可重入锁是一种互斥锁,它和同步锁具有相同的基本行为和语义,但是在同步锁的基础上扩展了许多功能,如非阻塞加锁操作、在尝试获取锁时可中断、测试锁是否正在被持有、锁的获取顺序等。

读写锁除了提供可重入锁的一些特性外,还有自己的一些特性,它把锁分为读锁和写锁,多个线程可以同时获取读锁,相对于其他两种互斥锁,读写锁允许更大程度的并发。读写锁的选取与读操作的频率、读写操作的持续时间以及正在读写的线程数等因素有关。

邮戳锁是从 JDK 8.0 版本开始引入的锁机制。邮戳锁提供了多种模式,它不像可重入锁和读写锁那样实现了 Lock 等接口,但是相较而言,读模式(特别是乐观读模式)允许更大程度的并发。

虽然可重入锁、读写锁和邮戳锁是在 JDK 的高版本中提出的,但并不意味着使用同步锁的性能就一定差,JDK 曾在 6.0 版本中对同步锁进行了优化,性能并不是绝对劣势,具体使用哪一种锁要根据具体情况而定。

目前可使用的同步控制机制包括锁、原子操作和 STM 等,第 5 章将介绍原子操作。对于软件事务性内存,本书没有介绍,这主要是因为它的开销较大,目前学术界和工业界已经不推荐使用。除此之外,还有一些针对特定数据结构的无锁算法(lock-free algorithm,LFA),相对于其他几种同步控制方式,LFA 设计复杂且难于理解,故本书没有介绍,有兴趣的读者可以自行学习。

习题

1. 为什么要使用锁?什么情况下需要使用锁?
2. 锁的使用有哪些好处?有哪些不足?
3. 什么是锁的可重入性?
4. 同步方法和同步块的区别是什么?
5. 说明同步锁、可重入锁和读写锁的区别。
6. 如何减少锁竞争?
7. 如何避免死锁和活锁的发生?
8. 电影院有 5 个售票窗口,现有 1000 张票需要出售,请用线程模拟该过程。

第 5 章 原子操作

本章将介绍另一种同步控制方式——原子操作。原子操作也可以保证多线程环境下的共享变量操作的正确性。

5.1 原子性

如果一个操作是原子的,则表示该操作要么全做,要么全不做。这意味着原子操作将作为一个不可分割的整体完成,在执行完毕前不会被任何其他任务或事件中断。

在同步控制方式中,原子操作是指不会被线程调度机制打断的操作,这种操作一旦开始,就一直运行到结束,中间不会有任何上下文切换。

使用原子操作后,一般不需要对临界区加锁,可以实现多线程程序的同步控制。

在单处理器系统中,能够在单条指令中完成的操作都可以认为具有原子操作的潜质,因为中断只能发生于指令之间,单条指令的执行不会发生其他指令的介入,例如 a=0。然而,需要把单条指令和单条语句的概念区分开,不是所有的程序设计语言中的一条语句都具有原子操作的潜质,例如,"a++"操作是一条语句,它不是一个原子操作,因为该操作可以细分为 3 个步骤完成:

(1) 取出 a 的值;
(2) 执行加 1 操作;
(3) 将结果存回 a。

每个步骤对应一个操作,在多线程环境下,在某两个步骤之间可能存在其他操作的介入,所以 a++ 操作不是原子操作。

比较并交换(compare and swap,CAS)操作是基本的原子操作之一,现在几乎所有的 CPU 都支持 CAS 操作。CAS 操作的算法描述如下:

```
int compare_and_swap (Mem m, int oldval, int newval) {
    int old_reg_val = m;
    if (old_reg_val == oldval)
        m = newval;
    return old_reg_val;
}
```

其中,Mem 是一种抽象表示,可以代表内存位置,也可以代表一种引用类型,oldval 为初始值,newval 为更新后的值。在方法 compare_and_swap() 的执行过程中,首先取出内存单元或引用变量的值 m,然后和 oldval 值进行比较,如果相同,则将内存位置设置为新值 newval,否则仍然为 oldval。

java.util.concurrent.atomic 包中提供了 AtomicBoolean、AtomicInteger、AtomicLong、AtomicIntegerArray 和 AtomicReference 等原子类。这些原子类提供了一种无锁的、线程安全的访问方式，每个类都提供了对于相应类型变量进行原子更新的方法。

5.2 基本类型的原子操作

基本类型的原子操作类包括 AtomicInteger、AtomicBoolean、AtomicLong，并不是每种基本类型都提供了基本类型原子操作。

下面以原子整型类 AtomicInteger 为例说明基本类型原子类的方法和使用。类 AtomicInteger 的定义形式如下：

```
public class AtomicInteger extends Number implements Serializable
```

从上面的定义可以看出，AtomicInteger 从类 Number 继承，并实现了 Serializable 接口。当程序中需要以原子方式增加或减少整数值时，通常需要用到此类。

该类有两个构造方法：

```
//初始化一个 AtomicInteger 类对象,初始值为 0
• public AtomicInteger()
//用给定的初始值 initialValue 初始化 AtomicInteger 类对象
• public AtomicInteger(int initialValue)
```

该类的常用方法如表 5-1 所示，其中，addAndGet()、getAndAdd() 和 getAndSet() 都是比较常用的方法，方法 lazySet() 中的 lazy 表示"慵懒"的意思，该方法就像一个懒汉一样，并不是马上去做 set 操作，而是以慵懒的方式稍后再执行 set 操作。

表 5-1 类 AtomicInteger 的常用方法

方　　法	含　　义
int addAndGet(int delta)	在原值的基础上增加 delta
boolean compareAndSet(int expect, int update)	如果当前值等于 expect 的值,则采用原子方式更新为 update 的值
int decrementAndGet()	采用原子方式在原值的基础上减 1
double doubleValue()	将 AtomicInteger 类对象的值转换为 double 类型
float floatValue()	将 AtomicInteger 类对象的值转换为 float 类型
int get()	得到当前值
int getAndAdd(int delta)	采用原子方式在当前值的基础上增加指定的值
int getAndDecrement()	采用原子方式在原值的基础上减 1
int getAndIncrement()	采用原子方式在原值的基础上增 1
int getAndSet(int newValue)	采用原子方式设定为给定的新值,并返回原来的值
int incrementAndGet()	采用原子方式在原值的基础上增 1

续表

int intValue()	以 int 类型返回值
void lazySet(int newValue)	最后设置为给定的值 newValue
long longValue()	将 AtomicInteger 类对象的值转换为 long 类型
void set(int newValue)	设置为给定的值

下面通过例子演示类 AtomicInteger 的用法。

【例 5-1】 使用两个线程对同一个整型变量进行原子更新，更新时，在每个线程中分别对整型变量执行 100 次增 1 操作。

【解题分析】

如果两个线程对同一个整型变量进行操作时不施加任何控制，则会出错，读者可以自行尝试。对整型变量进行原子更新可以使用类 AtomicInteger，增 1 操作可以使用方法 getAndIncrement() 实现。

【程序代码】

```java
//Counter.java
package book.ch5.IntegerAtomic;
import java.util.concurrent.atomic.AtomicInteger;
public class Counter {
    //定义原子整型变量 ia
    private AtomicInteger ia = new AtomicInteger();
    //调用方法 getAndIncrement() 进行原子更新
    public void increase(){
        ia.getAndIncrement();
    }
    //读取数据时要使用原子操作方法 get()
    public int get(){
        return ia.get();
    }
}
//Worker.java
package book.ch5.IntegerAtomic;
public class Worker extends Thread {
    Counter counter;
    Worker(Counter counter) {
        this.counter = counter;
    }
    public void run() {
        for(int i=0; i<100; i++){
            counter.increase();
        }
    }
}
```

```java
}
//Index.java
package book.ch5.IntegerAtomic;
public class Index {
    public static void main(String[] args) {
        //定义类对象 counter,是两个线程同时操作的对象
        Counter counter = new Counter();
        //定义两个线程,将同一个 counter 对象作为参数传入线程
        Thread t1 = new Worker(counter);
        Thread t2 = new Worker(counter);
        //启动两个线程
        t1.start();
        t2.start();
        //通过 join()方法让主线程等待线程 t1 和 t2 的完成
        try {
            t1.join();
            t2.join();
        } catch (InterruptedException e) {
            e.printStackTrace();
        }
        System.out.println("counter.get() = " + counter.get());
    }
}
```

【程序分析】

当使用两个线程同时操作同一个对象时,要将同一个对象传入线程,本例将类 Counter 对象实例分别传入了线程 t1 和 t2。

【运行结果】

程序运行结果如图 5-1 所示。

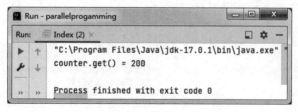

图 5-1　运行结果

【相关讨论】

从运行结果可以看出,两个线程各执行了 100 次增 1 操作,结果为 200。虽然两个线程同时对同一个变量进行了操作,但变量可以原子性的更新,以保证增加后的值为 200。

5.3 引用类型的原子操作

引用类型的原子操作使用类 AtomicReference 创建,定义的形式如下:

```
public class AtomicReference<V> extends Object implements Serializable
```

其中,V 用来指明对象引用的类型,可以根据自定义的类型指定。

类 AtomicReference 有两个构造方法,如下所示:

```
//用初始值 null 创建类 AtomicReference 的实例
• public AtomicReference()
//用初始值 initialValue 创建类 AtomicReference 的实例,其中,类型由参数 V 指定
• public AtomicReference(V initialValue)
```

第二个构造方法在生成对象实例时,会把一个 V 类型的对象实例 initialValue 放到原子引用对象中,这不会让对象本身是线程安全的,而是对该对象的获取和设置操作是线程安全的。

类 AtomicReference 的常用方法如表 5-2 所示。

表 5-2 类 AtomicReference 的常用方法

方 法	含 义
boolean compareAndSet(V expect, V update)	如果当前值等于预期值 expect,则以原子方式将该值设置为给定的更新值 update
V get()	获取当前值
V getAndSet(V newValue)	以原子方式设置为给定的新值 newValue,并返回旧值
void lazySet(V newValue)	采用慵懒的方式设置为给定值 newValue
void set(V newValue)	设置为给定值 newValue
V getAndUpdate(UnaryOperator<V> updateFunction)	以原子方式使用 updateFunction 的结果更新当前值,返回更新前的值
V updateAndGet(UnaryOperator<V> updateFunction)	以原子方式使用 updateFunction 的结果更新当前值,返回更新后的值
V getAndAccumulate(V x, BinaryOperator<V> accumulatorFunction)	以原子方式使用 accumulatorFunction 的结果更新当前值,返回更新前的值
V accumulateAndGet(V x, BinaryOperator<V> accumulatorFunction)	以原子方式使用 accumulatorFunction 的结果更新当前值,返回更新后的值

在后面四个方法的参数中,UnaryOperator 和 BinaryOperator 都是功能接口,其中,UnaryOperator 用于处理单个操作数,BinaryOperator 可以处理两个操作数,它们都会返回与操作数类型相同的结果,可以通过 Lambda 表达式的形式作为参数传递。

【例 5-2】 有 5 个选手参加一个抢答节目,谁先抢到,答题权就归谁。

【解题分析】

5 个选手可以生成 5 个线程,对引用变量进行原子更新,谁能更新成功则说明谁抢到了答题权。

【程序代码】

```java
//Resource.java
package book.ch5.ar;
public class Resource {
    public Resource(){
    }
    public Resource(String name){
    }
}
//Player.java
package book.ch5.ar;
import java.util.concurrent.atomic.AtomicReference;
public class Player extends Thread{
    int id;
    Resource resource;
    AtomicReference<Resource> ar;
    public Player(int id, Resource r, AtomicReference<Resource> ar){
        this.id = id;
        resource = r;
        this.ar = ar;
    }
    public void run(){
        if(ar.compareAndSet(resource, new Resource(this.getName())))
            System.out.println(this.id + "号选手抢到了答题权");
        else
            System.out.println(this.id + "号选手没抢到");
    }
}
//Index.java
package book.ch5.ar;
import java.util.concurrent.atomic.AtomicReference;
public class Index {
    public static void main(String[] args){
        Resource resource = new Resource();
        AtomicReference<Resource> ar = new AtomicReference<Resource>(resource);
        for(int i=1; i<=5; i++){
            new Player(i, resource, ar).start();
        }
    }
}
```

【运行结果】

程序运行结果如图 5-2 所示。

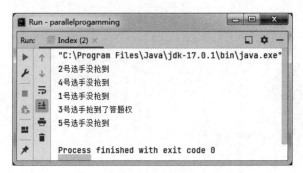

图 5-2 运行结果

【相关讨论】

从运行结果可以看出,在 3 号选手抢到答题权后,由于已经对 ar 进行了更新,故其他线程无法再次执行更新操作。

5.4 ABA 问题

原子操作对于无阻塞的操作有一定的优势,但它是不是"完美"的?显然不是的,本节将介绍使用原子操作时可能出现的 ABA 问题。

为了帮助读者理解 ABA 问题,首先通过一个生活中的例子进行说明。例如,你准备去打篮球,在去打篮球之前,你在宿舍晾了一杯水,准备打球回来后喝掉,然后你出去了,碰巧你的舍友在你不在的这段时间回到宿舍,他也刚刚打完球,口渴得厉害,直接拿起你晾好的水喝了半杯,喝完后,舍友又帮你把水倒满了,你回来后看到晾着的水以为还是你之前晾的那杯,想也没想就直接喝光。虽然水杯仍然是满的,但是水已经不是你出去之前晾的那一杯了。可以将原来满杯的水叫作 A,舍友喝完又满杯的水叫作 B,你回来后看到的水叫作 A,这就是 ABA 问题。

CAS 操作一般比较某一个对象引用的当前值和期望值,如果当前值和期望值相等,则将其替换为新值。CAS 操作的核心是看某一个值是否已经改变,也就是说,要保证在对某一变量进行操作时该变量没有被其他线程改变过,只要没有改变,就可以更新。如果期间某一线程对该值进行了改变,然后又恢复了原值,则这种情况就是 ABA 问题。

例如,有多个线程可能同时对某一个变量 x 进行更新,x 的初始值是 A,线程 1 现要将 x 的值替换为 D,它执行了 CAS 操作 CAS(A,D)。但在程序并行执行的过程中,可能会发生这样一种情况:线程 2 将 x 的值由 A 改写为 B,然后又改写为 A。等到线程 1 执行 CAS 操作时,发现当前值 A 与期望值 A 相同,则更新为 D,看似是正确的,但实际上更新后的 A 值与之前的 A 值的程序执行环境已经改变,如果继续执行,则可能对程序造成影响。

下面通过一个具体应用的例子进行说明,以栈结构为例,如图 5-3(a)所示,堆栈中有两个元素 x 和 z,其中 x 为栈顶元素,线程 2 想在栈里只有两个元素的情况下将栈顶元素 x 通过 CAS 操作更新为 t,正确的结果应该如图 5-3(b)所示。如果线程 1 和 2 同时进行操作,在线程 2 即将对该堆栈进行操作之前,线程 1 获得了执行的机会,将栈顶元素 x 出栈,然后将 y 和 x 重新推入栈内,如图 5-3(c)所示,当线程 2 执行时,发现栈顶元素仍然为 x,则更新为 t,如图 5-3(d)所示。

ABA 问题的出现在于 CAS 操作只是简单地比较了当前值和期望值,没有考虑到有可能出现的中

图 5-3 ABA 问题演示

间变化。在 Java 语言中,ABA 问题可以通过使用类 AtomicStampedReference 解决,这个类维护了一个类似于版本号的整数引用,每次更新后都会更新 stamp,可以避免 ABA 问题的出现。

【例 5-3】 通过原子引用操作模拟 ABA 问题。

【解题分析】

为了模拟 ABA 问题,令一个线程 a 将一个整型数的值由 0 更改为 1,然后马上将其值由 1 更改为 0,另一个线程 b 与线程 a 同时启动,观察 ABA 问题。

【程序代码】

```java
//ABAThread.java
package book.ch5.aba;
import java.util.concurrent.atomic.AtomicReference;
//通过扩展类 Thread 创建类 ABAThread
public class ABAThread extends Thread {
    //原子引用类型对象 ar
    AtomicReference<Integer> ar;
    public ABAThread(AtomicReference<Integer> ar){
        this.ar = ar;
    }
    @Override
    public void run(){
        //将 ar 的值使用原子操作由 0 更新为 1,此后再将其值由 1 更新为 0
        ar.compareAndSet(0, 1);
        System.out.println("已经将值由 0 改为 1");
        ar.compareAndSet(1, 0);
        System.out.println("已经将值由 1 改为 0");
    }
}
//NormalThread.java
package book.ch5.aba;
import java.util.concurrent.atomic.AtomicReference;
//定义类 NormalThread
public class NormalThread extends Thread{
    //原子引用类型对象 ar
    AtomicReference<Integer> ar;
    //在构造方法中,对 ar 进行赋值
```

```java
        public NormalThread(AtomicReference<Integer> ar){
            this.ar = ar;
        }
        @Override
        public void run(){
            //线程运行前先休眠 1ms,给ABAThread对象切换0和1的值留出时间
            try {
                sleep(1);
            } catch (InterruptedException e) {
                e.printStackTrace();
            }
             //验证是否更新成功
            if(ar.compareAndSet(0, 1))
                System.out.println("更新成功");
            else
                System.out.println("更新失败");
        }
}
//Index.java
package book.ch5.aba;
import java.util.concurrent.atomic.AtomicReference;
public class Index {
    public static void main(String[] args){
        //原子引用类型ar定义及初始化
        AtomicReference<Integer> ar = new AtomicReference<Integer>(0);
        //abaThread线程对象定义,将原子引用ar作为参数传递给相应的对象
        ABAThread abaThread = new ABAThread(ar);
        //normalThread线程对象定义
        NormalThread normalThread = new NormalThread(ar);
        //启动两个线程
        abaThread.start();
        normalThread.start();
    }
}
```

【程序分析】

该程序同时启动了两个线程 abaThread 和 normalThread,但是 normalThread 线程由于启动后休息了 0.001s,让 abaThread 线程对象有机会将 ar 的值由 0 变为 1,然后由 1 变为 0,虽然 ar 的值依然为 0,但是已经经历了一次状态的改变。当 normalThread 线程再次执行时,会检测到 0,然后更新为 1,并显示更新成功。

【运行结果】

程序运行结果如图 5-4 所示。

【相关讨论】

从运行结果可以看出,当线程 ABAThread 执行了 ABA 操作后,normalThread 仍然能够成功更新,并不知道之前在 ar 值上发生的变化。

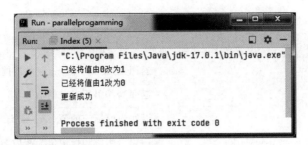

图 5-4 运行结果

5.5 扩展的原子引用类型

本节将分别对扩展的原子引用类型进行介绍，扩展的原子引用类型在引用类型的基础上加上了一些额外的标记。

5.5.1 类 AtomicMarkableReference

类 AtomicMarkableReference 是一个线程安全的类，该类封装了一个对象的引用 reference 和一个布尔型值 mark，可以原子性地对这两个值同时进行更新。该类的定义形式如下：

```
public class AtomicMarkableReference<V> extends Object
```

其中，V 为泛型，通常为需要标记的原子操作的类型。

类 AtomicMarkableReference 的构造方法如下：

```
AtomicMarkableReference(V initialRef, boolean initialMark)
```

该构造方法使用给定的初始值 initialRef 对引用 reference 进行赋值，使用 initialMark 对标记 mark 进行赋值。

例如，定义一个初始值为 null，未标记的 AtomicMarkableReference 对象为 amr。

```
AtomicMarkableReference<Node> amr=
        new AtomicMarkableReference<Node>(null, false);
```

其中，Node 为用户自定义类。

类 AtomicMarkableReference 的常用方法如表 5-3 所示。

表 5-3 类 AtomicMarkableReference 的常用方法

方法	说明
boolean attemptMark(V expectedReference, boolean newMark)	如果当前引用与 expectedReference 的值相同，则原子性地设定标记的值为 newMark 值
boolean compareAndSet(V expectedReference, V newReference, boolean expectedMark, boolean newMark)	如果当前引用与 expectedReference 相同，并且当前标记值和 expectedMark 值相同，则原子性地更新引用和标记为新值 newReference 和 newMark

续表

方法	说明
V get(boolean[] markHolder)	返回 reference 和 mark 的当前值
V getReference()	返回当前引用对象的值
boolean isMarked()	返回当前标记的值(true 或 false)
void set(V newReference, boolean newMark)	设置引用值和标记值为相应参数值

可以使用类 AtomicMarkableReference 实现无锁的数据结构。例如,在实现无锁的链表操作时,可以使用标记 mark 对要删除的节点进行标记,使其在物理删除之前先在逻辑上进行标记删除,使用这种方法可以实现无阻塞的操作。

下面通过一个例子说明多个线程如何对同一个链表进行操作。在链表中,使用 head 表示头结点,使用 tail 表示尾结点,初始链表中有 a 和 c 两个元素。现有两个线程同时对该链表进行操作,线程 1 想要删除 a 结点,因此使用 CAS 操作将 head 的尾指针更新为指向 c,如图 5-5(b)所示,线程 2 想要在 a 结点的后面插入 b 结点,也使用 CAS 操作将 a 的尾指针指向 b,b 的尾指针指向 c,如图 5-5(b)所示,显然,如果使用 AtomicReference 原子类,则线程 1 和线程 2 互不干扰,都会成功地执行,但实际上 a 结点会被成功删除,b 结点却没有被插入链表。

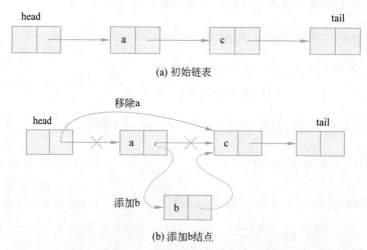

图 5-5 使用 CAS 对链表进行操作可能出现的问题

在并发无锁的数据结构的设计过程中,使用类 AtomicMarkableReference 时会给每个结点增加一个标记,可以用这个标记表示某个结点是否需要删除,可以在并行执行过程中通过标记进行逻辑删除,等方便时再统一进行物理删除。

下面通过一个例子演示类 AtomicMarkableReference 的用法。

【例 5-4】 两个线程同时对某个值进行更新,要求一个线程更新后要对该值进行标记,另一个线程检查标记,如果已经更新,则输出更新失败的信息。

【解题分析】

由于两个线程同时对同一个变量进行更新,故该变量为共享变量,需要进行同步控制,由于需要加标记,故使用类 AtomicMarkableReference 实现较为方便。

【程序代码】

```java
//Worker.java
package book.ch5.AtomicMarkableReference;
import java.util.concurrent.atomic.AtomicMarkableReference;
//线程类 Worker
public class Worker extends Thread{
    //定义原子标记引用类对象 amr
    AtomicMarkableReference<Integer> amr;
    public Worker(AtomicMarkableReference<Integer> amr, String name){
        this.amr = amr;
        //设置当前线程的名字
        Thread.currentThread().setName(name);
    }
    @Override
    public void run(){
        String name = Thread.currentThread().getName();
        //输出每个线程对象读到的 amr 的标记值
        System.out.println("线程"+name+"读到的原子标记初始值为:"
                +amr.isMarked());
        //使用 CAS 操作将 amr 的值由 0 更新为 1,将标记值更新为 true
        if(amr.compareAndSet(0, 1, false, true)){
            System.out.println("线程"+name+
                    "操作的原子标记当前值为:"+amr.isMarked());
            System.out.println("线程"+name+"正在将原子标记的值由 0 设置为 1");
        }else{
            System.out.println("线程"+name+"原子操作没有成功");
        }
    }
}
//Index.java
package book.ch5.AtomicMarkableReference;
import java.util.concurrent.atomic.AtomicMarkableReference;
public class Index {
    public static void main(String[] args){
        //定义原子引用类型对象 amr,初始值为 0 和 false
        AtomicMarkableReference<Integer> amr
                = new AtomicMarkableReference<Integer>(0, false);
        //建立两个线程 ta 和 tb,并启动运行
        Thread ta = new Worker(amr, "A");
        Thread tb = new Worker(amr, "B");
        ta.start();
        tb.start();
    }
}
```

【程序分析】

两个线程 ta 和 tb 一开始读到的都是 false,然后分别进行更新,当一个线程更新完后,会将标记值置为 true,另一个线程想更新时,在比较标记值时会得到不同的结果,从而更新不会成功。

【运行结果】

程序运行结果如图 5-6 所示。

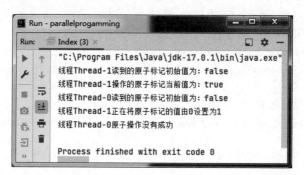

图 5-6　运行结果

【相关讨论】

从运行结果可以看出,线程 0 和线程 1 一开始读到的原子标记都是 false,表示没有被标记,线程 1 先进行更新,并将标记值置为 true,线程 0 在执行 compareAndSet 操作时,由于初始的标记值 false 和当前的期望值 true 已经不相等,故更新失败。

5.5.2　类 AtomicStampedReference

类 AtomicStampedReference 是一个带有邮戳功能的原子操作,它维护了一个对象的引用 reference 和一个邮戳值 stamp,这两个值可以原子性地同时进行更新。

类 AtomicStampedReference 的定义如下:

```
public class AtomicStampedReference<V> extends Object
```

类 AtomicStampedReference 的构造方法如下:

```
AtomicStampedReference(V initialRef, int initialStamp)
```

表示使用初始引用值 initialRef 和初始邮戳值 initialStamp 对该类进行初始化。

类 AtomicStampedReference 的常用方法如表 5-4 所示。

表 5-4　类 AtomicStampedReference 的常用方法

方　　法	说　　明
boolean attemptStamp(V expectedReference, int newStamp)	若当前引用值与期望值 expectedReference 相等,则原子性地设置 stamp 值为 newStamp
boolean compareAndSet(V expectedReference, V newReference, int expectedStamp, int newStamp)	若当前引用值与期望值 expectedReference 相等且当前邮戳值与期望的 expectedStamp 值相等,则采用原子性地将引用值更新为 newReference,将邮戳值更新为 newStamp

续表

方法	说明
V get(int[] stampHolder)	返回引用和邮戳的当前值
V getReference()	返回引用的当前值
int getStamp()	返回邮戳的当前值
void set(V newReference, int newStamp)	设置引用和邮戳为给定的新值,这种设置是无条件强制执行的

下面通过一个例子演示类 AtomicStampedReference 的用法。

【例 5-5】 使用类 AtomicStampedReference 解决 5.4 节中提出的 ABA 问题。

【解题分析】

ABA 问题的出现原因在于没有对原子操作的过程进行管理,可以使用类 AtomicStampedReference 的 stamp 对原子操作过程进行标记,每次操作增加一个版本号,用于记录原子操作的过程。

【程序代码】

```java
//指明类 ABAThread 的文件名为 ABAThread.java,指明该类所在的包和引入的类
package book.ch5.atomicStampedReference;
import java.util.concurrent.atomic.AtomicStampedReference;
//通过扩展类 Thread 创建类 ABAThread
public class ABAThread extends Thread {
    //定义原子整型引用变量 asr,并在构造方法中对其进行初始化
    AtomicStampedReference<Integer> asr;
    public ABAThread(AtomicStampedReference<Integer> asr){
        this.asr = asr;
    }
    @Override
    public void run(){
        //将 asr 的值使用原子操作由 0 更新为 1,此后再将其值由 1 更新为 0
        asr.compareAndSet(0, 1, asr.getStamp(), asr.getStamp()+1);
        System.out.println("已经将值由 0 改为 1");
        asr.compareAndSet(1, 0, asr.getStamp(), asr.getStamp()+1);
        System.out.println("已经将值由 1 改为 0");
    }
}
//NormalThread.java
package book.ch5.atomicStampedReference;
import java.util.concurrent.atomic.AtomicStampedReference;
public class NormalThread extends Thread{
    //定义原子整型引用变量 asr,并在构造方法中对其进行赋值
    AtomicStampedReference<Integer> asr;
    public NormalThread(AtomicStampedReference<Integer> asr){
        this.asr = asr;
    }
```

```java
    @Override
    public void run(){
        //获取当前 stamp 值
        int stamp = asr.getStamp();
        try {
            sleep(10);
        } catch (InterruptedException e) {
            e.printStackTrace();
        }
        //尝试更新 asr 的值为 1,并且 stamp 值增 1
        if(asr.compareAndSet(0, 1, stamp, stamp+1))
            System.out.println("更新成功");
        else
            System.out.println("更新失败");
    }
}
//Index.java
package book.ch5.atomicStampedReference;
import java.util.concurrent.atomic.AtomicStampedReference;
public class Index {
    public static void main(String[] args){
        //定义原子引用类 asr
        AtomicStampedReference<Integer> asr =
                new AtomicStampedReference<Integer>(0, 0);
        //定义两个线程对象,并启动运行
        ABAThread abaThread = new ABAThread(asr);
        NormalThread normalThread = new NormalThread(asr);
        normalThread.start();
        abaThread.start();
    }
}
```

【运行结果】

程序运行结果如图 5-7 所示。

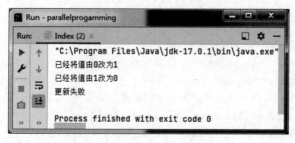

图 5-7　使用类 AtomicStampedReference 解决 ABA 问题

【相关讨论】

出现更新失败的主要原因是在程序执行过程中使用邮戳对原子操作进行了版本号记录,每次原子操作相当于一个版本,每执行一次,版本号增 1。NormalThread 线程在运行开始时记录了版本号,然后休眠 0.01s 后开始执行方法 compareAndSet(),这是由于 ABAThread 线程已经对 asr 的值进行了 0 到 1 以及 1 到 0 的修改,版本号已经改变,所以 NormalThread 在执行方法 compareAndSet() 时将返回 false 值。

这里的邮戳值相当于给原子操作加上了一个版本号,即进行一次原子操作后使邮戳值增 1,邮戳值和引用值是一起更新的。

5.6 原子操作数组类

在 Java 中,可以在基本数据类型的基础上定义数组类型,例如,定义一个含有 100 个元素的整型数组:

```
int[] intArray = new int[100];
```

在学习了原子操作后,读者可能会有这样的疑问:如何保证数组中元素的原子操作?是不是可以定义原子操作的数组,使数组中的每个元素都是原子操作呢?答案是肯定的,可以这样定义数组的原子操作,例如:

```
AtomicInteger[] atomicInteger = new AtomicInteger[100];
```

数组中的每个元素都是 AtomicInteger 对象实例,可以在每个元素上进行原子操作。

JDK 中提供了类 AtomicIntegerArray 定义原子整型的数组操作,该类的定义如下:

```
public class AtomicIntegerArray extends Object implements Serializable
```

类 AtomicIntegerArray 有两个构造方法:

```
//创建给定长度的 AtomicIntegerArray 对象实例
• AtomicIntegerArray(int length)
//创建与给定数组具有相同长度的新的原子整型数组,并从给定数组中复制其所有元素
• AtomicIntegerArray(int[] array)
```

例如,创建类 AtomicIntegerArray 的对象实例:

```
AtomicIntegerArray aia= new AtomicIntegerArray(100);
```

注意,这里的 100 不再放在中括号中,而是放在小括号中作为构造方法的参数。

也可以使用类 AtomicIntegerArray 将一个普通的数组转换为原子数组,例如将上面定义的 intArray 数组转换为原子数组:

```
AtomicIntegerArray aia= new AtomicIntegerArray(intArray);
```

类 AtomicIntegerArray 的常用方法如表 5-5 所示。

表 5-5 类 AtomicIntegerArray 的常用方法

方 法	说 明
int addAndGet(int i, int delta)	以原子方式将给定值与索引 i 的元素相加
boolean compareAndSet(int i, int expect, int update)	如果当前值等于预期值，则以原子方式将位置 i 的元素设置为给定的更新值
int decrementAndGet(int i)	以原子方式将索引 i 的元素减 1
int get(int i)	获取位置 i 的当前值
int getAndAdd(int i, int delta)	以原子方式将给定值与索引 i 的元素相加
int getAndDecrement(int i)	以原子方式将索引 i 的元素减 1
int getAndIncrement(int i)	以原子方式将索引 i 的元素加 1
int getAndSet(int i, int newValue)	将位置 i 的元素以原子方式设置为给定值 newValue,并返回旧值
int incrementAndGet(int i)	以原子方式将索引 i 的元素加 1
int length()	返回该数组的长度
void set(int i, int newValue)	将位置 i 的元素设置为给定值

从上表可以看出，很多方法都是原子操作的典型方法，只不过这里需要给出数组操作的下标 i 的值。

【例 5-6】 多个线程对同一个数组进行操作，使用原子操作将数组中的每个元素值增 1。

【解题分析】

当多个线程对同一个数组进行操作时，为了避免造成数据错误，应使用同步控制方式，可以使用锁，也可以使用原子操作。使用锁时，当一个线程锁定了数组时，其他线程是无法对该数组进行更新的，而当使用原子操作时，多个线程可以同时对数组的不同元素进行操作。

【程序代码】

```java
//Worker.java
package book.ch5.AtomicIntegerArray;
import java.util.concurrent.atomic.AtomicIntegerArray;
public class Worker extends Thread{
    //定义类 Worker 的属性 aia,并在构造方法中初始化
    AtomicIntegerArray aia;
    public Worker(String name, AtomicIntegerArray aia){
        setName(name);
        this.aia = aia;
    }
    @Override
    public void run(){
        //使用循环对 aia 的每个元素使用方法 incrementAndGet()进行增 1 操作
        for(int i=0; i<aia.length();i++){
            aia.incrementAndGet(i);
```

```
        }
        System.out.println(getName()+"执行完毕");
    }
}
//Index.java
package book.ch5.AtomicIntegerArray;
import java.util.concurrent.atomic.AtomicIntegerArray;
public class Index {
    public static void main(String[] args){
        AtomicIntegerArray aia = new AtomicIntegerArray(10000);
        for(int i=0; i<10000; i++){
            aia.set(i, 0);
        }
        System.out.println("初始化完毕。");
        //定义 4 个线程,并启动它们
        Thread w1 = new Worker("工人 1", aia);
        Thread w2 = new Worker("工人 2", aia);
        Thread w3 = new Worker("工人 3", aia);
        Thread w4 = new Worker("工人 4", aia);
        w1.start();
        w2.start();
        w3.start();
        w4.start();
        //使用 join()方法,令 main 等待 4 个线程的结束
        try{
            w1.join();
            w2.join();
            w3.join();
            w4.join();
        }catch(InterruptedException ie){
            ie.printStackTrace();
        }
        //验证结果
        for(int i=0; i<10000; i++){
            if(aia.get(i)!=4){
                System.out.println("验证失败!");
                break;
            }
        }
    }
}
```

【运行结果】

程序运行结果如图 5-8 所示。

图 5-8 运行结果

下面采用另一种方法——数组操作的形式实现上面的例子。

【例 5-7】 使用原子操作将数组中的每个元素值增1。

【解题分析】

使用类 AtomicInteger 定义一个对象数组，实现数组中每个元素的增1操作。

【程序代码】

```java
//Worker.java
package book.ch5.AtomicIntegerArray2;
import java.util.concurrent.atomic.AtomicInteger;
public class Worker extends Thread{
    //定义 AtomicInteger 数组对象
    AtomicInteger[] ai;
    public Worker(String name, AtomicInteger[] ai){
    //设置当前线程的名字
        setName(name);
        this.ai = ai;
    }
    @Override
    public void run(){
    //使用循环对数组 ai 中的每个元素调用 incrementAndGet()方法进行增 1
        for(int i=0; i<ai.length;i++){
            ai[i].incrementAndGet();
        }
        System.out.println(getName()+"执行完毕");
    }
}
//Index.java
package book.ch5.AtomicIntegerArray2;
import java.util.concurrent.atomic.AtomicInteger;
public class Index {
    public static void main(String[] args){
        //定义数组 ai,并向其中添加若干数据
        AtomicInteger[] ai = new AtomicInteger[10000];
```

```java
        for(int i=0; i<10000; i++){
            ai[i] = new AtomicInteger(0);
        }
        System.out.println("初始化完毕。");
        //定义4个线程,并启动它们
        Thread w1 = new Worker("工人1", ai);
        Thread w2 = new Worker("工人2", ai);
        Thread w3 = new Worker("工人3", ai);
        Thread w4 = new Worker("工人4", ai);
        w1.start();
        w2.start();
        w3.start();
        w4.start();
        //等待4个线程的结束
        try{
            w1.join();
            w2.join();
            w3.join();
            w4.join();
        }catch(InterruptedException ie){
            ie.printStackTrace();
        }
        //验证结果
        for(int i=0; i<10000; i++){
            if(ai[i].get()!=4){
                System.out.println("验证失败!");
                break;
            }
        }
    }
}
```

【运行结果】

程序运行结果如图5-9所示。

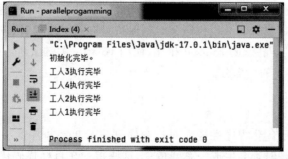

图5-9 运行结果

5.7 volatile 关键字

如果遇到多个线程访问某个类的域变量的情况,可以使用锁或原子操作进行同步控制,但有时带来的开销可能比较大。为此,Java 语言提供了一种稍弱的同步机制,即使用 volatile 关键字修饰域变量,它提供了对于对象实例域属性并行访问的功能,用来确保将变量的更新操作通知给其他线程。

volatile 是访问域变量时采用的一种技术。使用 volatile 关键字时,只需要在域变量的声明处添加一个 volatile 修饰符即可。

```
volatile int size;
```

下面从可见性、原子性和指令重排三方面对 volatile 关键字进行介绍。

5.7.1 可见性

在使用 volatile 关键字时,涉及域变量访问的可见性问题。1.8.2 节介绍了 Java 内存模型,每个线程都拥有自己的本地存储,当多个线程对变量进行操作时,每个线程在本地存储中会拥有该变量的一个私有副本,变量的操作结果先放入本地存储中,然后复制回内存中。某一个线程的操作结果放回内存后就可以对其他线程可见,只在本地内存中无法对其他线程可见。

volatile 修饰的域变量在被线程访问时将强迫从共享内存中重读该域变量的值,当域变量的值发生变化时,必须将该成员变量的值写回共享内存。Java 允许线程保存共享域变量的私有副本,但使用 volatile 关键字相当于告诉 Java 虚拟机不能保存这个成员变量的私有副本,而应直接与内存交互。

5.7.2 原子性

原子性操作会确保该操作要么全做,要么全不做,不会受到干扰而导致执行过程中断。

使用 volatile 关键字时要非常小心,在多线程环境下,volatile 关键字可以保证域变量的可见性,但并不能保证对该域变量的访问是线程安全的,例如,volatile 的语义不足以确保递增操作(a++)的原子性。要解决原子性问题,仍需要使用锁或者原子操作。

volatile 与 synchronized 的不同之处在于:

- volatile 是字段的修饰符,synchronized 是方法和代码块的修饰符。
- 使用 volatile 关键字修饰的成员变量不允许放到各个线程的本地内存中操作;使用 synchronized 关键字修饰的某段代码会时刻保持只有一个线程对其进行操作。
- volatile 是轻量级的,与 synchronized 相比,使用 volatile 关键字所需的编码较少,但它实现的功能仅是 synchronized 的一部分。

5.7.3 指令重排

指令重排是编译器为了优化程序性能而对指令序列进行重新排序的一种方式。每个用高级语言编写的语句在被编译器处理时都会生成一系列指令,这些指令在目标代码优化阶段会采用指令重排的方式进行优化,这种优化可能会造成某些后面的指令先执行,某些前面的指令后执行,但是这种优化会以保证程序的执行语义不变为前提。

使用 volatile 关键字修饰的变量可以禁止指令重排，但也有一定的规则：

- 保证 volatile 关键字修饰的变量的读写操作前面的操作已经全部得到执行，其结果对后面的操作可见；
- 保证 volatile 关键字修饰的变量的读写操作后面的操作还未得到执行；
- 在指令优化时，不能将 volatile 变量访问的后面的语句放到其前面，也不能将 volatile 变量访问的前面的语句放到其后面。

在 JVM 的底层实现上，采用内存障栅实现上述相关机制。

5.8 本章小结

同步控制机制的引入主要是为了防止多个线程在对同一个共享变量进行操作时发生错误。锁机制是目前使用较多的一种同步机制，目前，Java 语言中可以选择的锁机制比较多，具体使用哪种锁机制可以让程序的性能最好是目前学术界和工业界需要进一步研究的问题。原子操作可以看作锁机制的一种替代，原子操作的很多类都可以应用于无锁数据结构的设计中。Java 语言中的同步控制总结如图 5-10 所示。

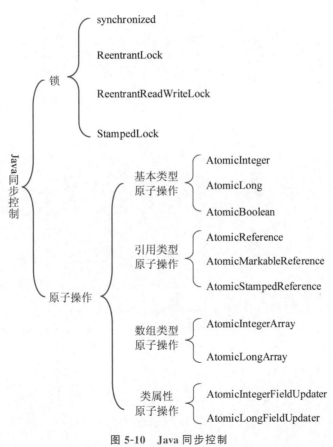

图 5-10 Java 同步控制

习题

1. 锁和原子操作在同步控制上的异同点有哪些？
2. 产生 ABA 问题的根源是什么？怎样避免 ABA 问题？
3. 某工厂有甲、乙两个工人，现需要对一批零件进行切割，需要保证零件不被两人重复切割，即甲切割后，乙不再切割。请用线程模拟该过程。
4. 使用类 AtomicMarkableReference 实现无锁的二叉排序树。

第6章 异步模式

在同步控制模式中,特别是在共享资源已经加锁的情况下,如果线程请求不到该共享资源,则经常会被阻塞,处于一种等待状态,等待必然造成一些资源的浪费,性能得不到有效提升,如果资源一直不被释放,则会一直等下去,其他工作也无法进行。为了提高资源利用率,可以让这些等待线程先去做其他的工作,必要时再把结果返回,为此提出了异步模式。

异步模式在 JavaScript 和 Node.js 语言中的应用较为普遍,Java 语言也支持异步模式。本章主要介绍 Java 语言中的异步编程模式,首先介绍相关基本概念,然后主要介绍类 FutureTask 和 CompletableFuture 的使用方法。

6.1 基本概念

本节将对一些相关的基本概念(如异步、阻塞、回调等)进行介绍。

6.1.1 同步和异步

同步和异步是线程在请求资源响应时采用的处理方式。使用同步处理方式时,线程将会一直尝试获取或等待处理结果;而在异步处理方式下,线程则会转去执行其他的处理工作。

在同步处理方式下,当线程请求某一资源时,由于资源被占用等原因,线程暂时得不到资源,在没有得到资源之前,该请求不会返回给线程,线程将在请求的位置一直处于尝试获取或等待状态,直到获取该资源请求后,线程才继续执行。

在异步处理方式下,在资源请求发出后,如果资源被占用,线程请求得不到响应,则线程不会在该处不断尝试,也不会等待这个请求的结果,而是先去做其他的处理工作,然后由资源的持有者或者其他线程通知该线程什么时候资源可用,该线程得到通知后,再回来处理之前的请求,通常通过回调函数实现。

6.1.2 阻塞和非阻塞

阻塞和非阻塞描述的是线程等待请求资源响应时所处的状态。当线程请求某种资源时,如果该请求得不到响应,则线程可以采用多种方式决定接下来要采取的动作。

线程可以采用一直尝试的方式,在每次请求资源得不到满足的情况下,下一次仍然继续请求,直到请求获得满足。采用这种方式的线程处于一种非阻塞的状态,如果资源被占用的时间过长,则这种方式必然会导致 CPU 资源的浪费。

在阻塞的处理方式下,线程并非一直处于运行状态进行尝试,而是被 CPU 挂起,处于等待或休眠状态,此时 CPU 的资源可以让出来执行一些其他的操作。

为了优化处理,有时会采用两者结合的方式,即当线程请求某种资源时,如果资源不可用,则首先让线程采用非阻塞的方式尝试一定的次数,如果在限定的次数范围内线程可以获得资源,则线程继续运行,否则让线程进入阻塞状态,等待或休眠一段时间后再唤醒继续尝试。

6.1.3 回调

根据维基百科中关于回调(callback)的定义:在计算机编程领域,回调函数简称回调,也称之后调用函数,是指通过函数参数传递给其他代码的某一块可执行代码的引用,其他代码立即或在将来的某个时间执行这个可执行代码。如果是立即执行,则相当于同步回调;如果发生在未来的某个时间,则相当于异步回调。

现有的编程语言在实现回调时可以采用多种方式,可以通过子程序、Lambda 表达式、反射、接口调用或者函数指针等方式实现。

6.1.4 I/O 密集型任务和计算密集型任务

I/O 指输入(input)和输出(output),涉及较频繁的网络连接和断开、网页请求、磁盘读写的任务都是 I/O 密集型任务,这类任务的特点是 CPU 消耗较少,任务的大部分时间都在等待 I/O 操作完成。由于 I/O 设备的速度远低于 CPU 的速度,因此频率较高的 I/O 操作会严重降低 CPU 的处理效率,如果程序大部分的执行时间都在执行 I/O 操作,则 CPU 的大部分时间将会处于一种等待状态,CPU 资源无法得到充分的利用。在处理 I/O 密集型任务时,应采用尽可能多的线程数,从而提高 CPU 的利用率。

计算密集型任务主要指那些需要进行大量计算进而消耗 CPU 资源较多的任务,这些任务的执行可以让 CPU 大部分时间处于忙碌的状态,CPU 很少停下来等待。频繁而复杂的算术运算、大量数据中的查找操作、视频的高清解码等任务都属于计算密集型任务,这些任务依赖于 CPU 的处理能力。在处理计算密集型任务时,应尽量使线程数等于 CPU 可以同时处理的最大线程数,以减少线程间的切换,提高 CPU 的处理效率。

6.2 接口 Future

接口 Future 从 JDK 5.0 开始提出,Future 在英文中表示未来,代表了异步计算的结果,它允许在未来的某个时间获得线程运行的结果。当启动一个 Future 对象后,相当于启动了一个异步计算,Future 对象的结果将在计算好后得到。

接口 Future 的常用方法如表 6-1 所示,从表中可以看出,该接口只有 5 个相关方法,通过这些方法可以检查异步计算是否完成,可以取消一个任务的执行,还可以在一段时间后获取计算的结果。

表 6-1 接口 Future 的常用方法

方 法	说 明
V get()	获得线程的返回值,如果返回值还没有计算出来,则阻塞,直到有结果可用为止
V get(long time, TimeUnit unit)	在指定的时间限制内获得线程的返回值,如果没有获得值,则抛出 TimeOutException 异常

方法	说　明
boolean cancel(boolean mayInterrupt)	尝试取消任务的运行
boolean isCancelled()	判断是否被取消
boolean isDone()	判断线程的执行是否完成

类 FutureTask 和类 CompletableFuture 都直接或间接地实现了该接口，下面对这两个类进行详细讲解。

6.3 类 FutureTask

类 FutureTask 实现了接口 RunnableFuture，而接口 RunnableFuture 从接口 Runnable 和 Future 继承而来，所以类 FutureTask 相当于间接地实现了 Future 接口。

类 FutureTask 的定义如下：

```
public class FutureTask<V> extends Object implements RunnableFuture<V>
```

在使用类 FutureTask 时需要指明操作的类型 V，类型可以是任意类 Object 的子类，但不能是基本数据类型，如 int、float 等。

类 FutureTask 的构造方法的定义如下，通过该类的构造方法可以对 Runnable 和 Callable 对象进行封装。

```
//对 Callable 对象进行封装，生成 FutureTask 对象
• FutureTask(Callable<V> task)
//对 Runnable 对象进行封装，生成 FutureTask 对象，并在成功执行 task 后返回指定的结果 result
• FutureTask(Runnable task, V result)
```

例如，使用构造方法创建一个 FutureTask 对象：

```
Callable<Integer> ca = …;
FutureTask ft = new FutureTask(ca);
```

当创建 FutureTask 对象后，可以通过类 FutureTask 的常用方法进行相关操作，该类的方法及其相关说明如表 6-2 所示。

表 6-2　类 FutureTask 的常用方法

方法	说　明
boolean cancel(boolean mayInterruptIfRunning)	尝试取消任务的执行
boolean isCancelled()	在任务正常结束前判断任务是否被取消
protected void done()	当任务的状态切换到 isDone 时调用该方法。可以正常结束，也可以通过取消的方式结束

续表

方法	说明
boolean isDone()	如果任务已经完成,则返回 true
V get()	等待获取计算结果
V get(long timeout,TimeUnit unit)	在给定的时间内等待获取计算结果
protected void set(V v)	除非当前 future 已经被设定或者取消,否则设置当前 future 的结果为给定值 v
protected void setException(Throwable t)	除非当前 future 已经被设定或者取消,否则让当前的 future 报告异常 t
void run()	除非当前 future 已经被取消执行,否则设置当前 future 的值为计算的结果
protected boolean runAndReset()	执行计算但不设置结果,然后重置该 future 为初始状态。如果计算过程遇到异常或者被取消,则前述操作会失败

当创建了一个 Callable 对象后,通常需要使用类 FutureTask 对其进行封装,然后将 FutureTask 对象作为线程类进行封装,并作为线程对象执行,执行结束后再使用方法 get() 获取执行结果,流程如下:

```
//定义 Callable 对象 worker
Callable<Integer> worker=…;
//使用 FutureTask 对 worker 对象进行封装
FutureTask<Integer> task = new FutureTask<Integer>(worker);
//使用线程类 Thread 对 task 对象进行封装
Thread t = new Thread(task);
//启动线程
t.start();
…
//使用 get()方法在未来某个时间获取结果
Integer result = task.get();
```

【例 6-1】 模拟宇宙探测器发射任务。向宇宙发射探测器,不需要回收,发射完成后返回"发射成功"指令。

【解题分析】

向宇宙发射不需要回收的探测器意味着这是一个不需要返回值的线程,可以使用 Runnable 对象实例实现,然后通过 FutureTask 的构造方法指定返回字符串"发射成功"。

【程序代码】

```
//Worker.java
package book.ch6.runnable;
public class Worker implements Runnable{
    public void run(){
        try{
```

```java
                Thread.sleep(1000);
            } catch (InterruptedException e) {
                e.printStackTrace();
            }
            System.out.println("模拟航天发射任务...");
        }
}
//Index.java
package book.ch6.runnable;
import java.util.concurrent.ExecutionException;
import java.util.concurrent.FutureTask;
public class Index {
    public static void main(String[] args)
            throws ExecutionException, InterruptedException {
        Runnable runnable = new Worker();
        FutureTask<String> ftask = new FutureTask<String>(runnable, "发射成功");
        Thread thread = new Thread(ftask);
        thread.start();
        //通过一个无限循环等待任务结果的产生
        while(true){
            //如果任务完成,则输出返回结果
            if(ftask.isDone()){
                System.out.println(ftask.get());
                break;
            }
        }
    }
}
```

【运行结果】

程序运行结果如图 6-1 所示。

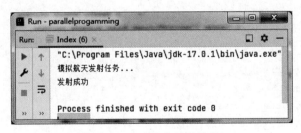

图 6-1　异步任务运行结果

【相关讨论】

当遇到固定返回值的任务时,可以考虑使用 FutureTask(Runnable task,V result)构造方法实现。

使用 FutureTask 时,一般通过一个无限循环不断判定任务是否执行完毕,等执行完毕后再获取结果。

【例 6-2】 使用数据并行的方法求最大值。

【解题分析】

求最大值的算法描述如下：假设第一个数是最大的，然后依次向后寻找，如果后面的某一个数比当前假设的最大值还要大，则使用当前找到的数对假设的最大值进行重新赋值，直到搜索完毕。

这里使用数据并行的方法求解，首先将数据分为若干块，然后每个线程计算一块数据的最大值，最后在得到的几个最大值中比较求得最终的最大值。

【程序代码】

```java
//Worker.java
package book.ch6.callable;
import java.util.concurrent.Callable;
public class Worker implements Callable<Integer> {
    //数组
    Integer arr[];
    //数组的起止下标
    int begin;
    int end;
    //对域属性赋值
    Worker(Integer arr[], int begin, int end){
        this.arr = arr;
        this.begin = begin;
        this.end = end;
    }
    //求数据的最大值
    public Integer call(){
        Integer max = arr[begin];
        for(int i=begin+1; i<end; i++)
            if(max < arr[i])
                max = arr[i];
        return max;
    }
}
//Index.java
package book.ch6.callable;
import java.util.ArrayList;
import java.util.List;
import java.util.concurrent.ExecutionException;
import java.util.concurrent.FutureTask;
public class Index {
    //定义常量、数据范围 N、可用的线程数 THREADS
    public static final int N = 10000000;
    public static final int THREADS =
            Runtime.getRuntime().availableProcessors();
    public static void main(String[] args) {
```

```java
long begin = System.currentTimeMillis();
//定义一个整型数组,并对数组元素使用随机数进行赋值
Integer[] array = new Integer[N];
for (int i = 0; i < N; i++) {
    array[i] = (int) (Math.random() * N);
}
//按照线程数对数据进行划分
int[] dataRange = new int[THREADS + 1];
for (int i = 0; i <= THREADS; i++) {
    dataRange[i] = i * N / THREADS;
    if (dataRange[i] > N)
        dataRange[i] = N;
}
//定义线程数组
Worker[] workers = new Worker[THREADS];
System.out.println("生成" + THREADS + "个线程");
//定义FutureTask对象列表,用于获取结果
List<FutureTask<Integer>> taskLists =
            new ArrayList<FutureTask<Integer>>();
//生成线程对象,并将含有返回值的task放入taskList
for (int i = 0; i < THREADS; i++) {
    workers[i] = new Worker(array, dataRange[i], dataRange[i + 1]);
    System.out.println("第" + i + "个线程将处理数据范围("
                    +dataRange[i]+","+dataRange[i + 1]+")");
    FutureTask<Integer> task = new FutureTask<Integer>(workers[i]);
    taskLists.add(task);
    Thread t = new Thread(task);
    t.start();
}
//通过get()方法获得每个线程的计算结果,然后比较最终的最大值
Integer max = -1;
for (FutureTask<Integer> task : taskLists) {
    Integer temp = null;
    try {
        temp = task.get();
    } catch (InterruptedException | ExecutionException e) {
        e.printStackTrace();
    }
    if (max < temp)
        max = temp;
}
System.out.println("最大值是" + max);
long end = System.currentTimeMillis();
System.out.println("共计花费时间为:"+ (end-begin)+"毫秒");
    }
}
```

【运行结果】

程序运行结果如图 6-2 所示。

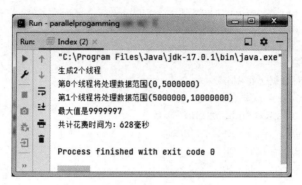

图 6-2　并行运行结果

【相关讨论】

使用 Callable 和 Future 可以获得线程的返回值,使用 Runnable 方法也可以获得线程运行过程中计算的值,读者可以自己思考如何求解。

为了验证并行的效果,编者也编写了串行执行版本的程序,运行结果如图 6-3 所示,从图中可以看出,执行的时间为 548ms,比并行执行的时间还要短。读者可能看到这里会对并行执行的版本有点失望,究竟什么原因导致了这种情况呢?并行执行的意义在哪里?通过查阅相关文献,编者发现可能的原因在于 Future 的 get() 方法的阻塞机制在获取结果时效率不高。

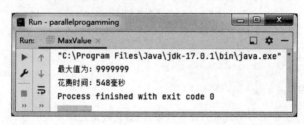

图 6-3　串行运行结果

需要说明的是,图 6-1 和图 6-2 得到的最大值结果不同,这是因为这些值每次都是随机生成的。

带返回值的线程在执行过程中需要考虑两个重要问题:什么时候可以得到返回值?如果返回值还没有计算出来,线程该如何处理?

FutureTask 机制虽然可以实现异步执行,但多个任务在异步执行时不能充分表现多个结果之间的依赖性,其本身存在一定的局限性:

- 不支持两个异步计算结果合并,例如,两个异步计算,后一个异步计算在前一个异步计算完成后才能开始执行;
- 当有多个异步计算时,不支持多种操作,例如,在某些情况下,当最快执行的任务完成后,其他所有异步计算都可以提前结束。具体来说,当在多个文件夹中查找某一文件时,可以针对某一个文件夹的搜索建立一个异步计算,当某个异步计算已经搜索到后,即可结束。

为此,JDK 需要引入更好的机制以处理异步计算任务。

6.4 类 CompletableFuture

JDK 8.0 版本引入了类 CompletableFuture,它的功能比类 FutureTask 更加强大,除了可以完成异步处理外,它还可以转换和组合多个异步任务的执行结果。

类 CompletableFuture 不仅可以异步获取执行结果,而且可以在异步任务完成时使用相关函数进行结果处理,它提供了函数式编程的能力,可以通过回调的方式处理计算结果。

6.4.1 类的定义

类 CompletableFuture 定义的形式为:

```
public class CompletableFuture<T> extends Object
                    implements Future<T>, CompletionStage<T>
```

从类 CompletableFuture 的定义可以看出,它从类 Object 继承而来,并实现了接口 Future 和 CompletionStage,其中 T 为泛型。

通过实现 Future 接口不仅可以兼容现有线程池框架,而且可以融入函数式编程风格,以利用回调的方式处理异步计算结果。

通过实现 CompletionStage 接口可以进一步描述多个任务间的时序关系,该接口定义了多种异步处理方法,可以实现异步结果的处理。

JDK 8.0 提出了接口 CompletionStage,多用于 Lambda 表达式计算过程,目前只有 CompletableFuture 一个实现类。接口 CompletionStage 主要用于完成异步执行的阶段处理任务,或者继续执行下一个阶段,或者对结果进行处理并产生新的结果。

6.4.2 创建对象

类 CompletableFuture 只包含一个参数为空的构造方法,其形式为 CompletableFuture<T>(),用于创建一个新的对象实例。可以通过构造方法创建一个 CompletableFuture 对象实例,方法如下:

```
CompletableFuture<String> cf = new CompletableFuture<String>();
```

表示创建了一个 CompletableFuture 对象 cf,类型为 String。

除了使用构造方法创建对象实例外,该类还提供了几个静态方法,用来创建 CompletableFuture 对象,如表 6-3 所示。从表中可以看出,这几个静态方法中有一些是以 run 开头的方法,还有一些是以 supply 开头的方法。在类 CompletableFuture 的使用过程中,经常使用这些静态方法创建 CompletableFuture 对象。方法 runAsync()中的参数 runnable 在前面的章节中已经介绍,该类方法只是运行 runnable。方法 supplyAsync()中的参数类型为 Supplier,它是一个功能接口,只有一个 get() 方法,可以写成 Lambda 表达式的形式。Executor 的相关知识将在第 9 章介绍。

表 6-3 类 CompletableFuture 中用于创建对象的静态方法

方法	说明
static CompletableFuture＜Void＞ runAsync（Runnable runnable）	返回一个新的 CompletableFuture 对象,使用 ForkJoinPool.commonPool 线程池中的线程执行 runnable
static CompletableFuture＜Void＞ runAsync（Runnable runnable，Executor executor）	返回一个新的 CompletableFuture 对象,使用给定的线程池执行器 executor 执行 runnable
static＜U＞ CompletableFuture＜U＞ supplyAsync（Supplier＜U＞ supplier）	返回一个新的 CompletableFuture 对象,通过 ForkJoinPool.commonPool 线程池中的线程执行 supplier
static＜U＞ CompletableFuture＜U＞ supplyAsync（Supplier＜U＞ supplier，Executor executor）	返回一个新的 CompletableFuture 对象,通过给定线程池 executor 中的线程执行 supplier
static＜U＞ CompletableFuture＜U＞ completedFuture（U value）	返回一个新的 CompletableFuture 对象,该对象将在运行结束后返回一个已经设定的值 value

例如,使用 supplyAsync 创建一个新的 CompletableFuture 对象,使用 Lambda 表达式完成 Supplier 功能接口的编写。

```
CompletableFuture<String> cf = CompletableFuture.supplyAsync(
    () -> {
        return "Parallel programming with Java";
    }
);
```

可以看到,CompletableFuture 的类型是 String,一个参数为空的 Lambda 表达式只返回了一个字符串"Parallel programming with Java"。

例如,使用 completedFuture 创建一个新的 CompletableFuture 对象,该对象将返回整型值 100。

```
CompletableFuture<Integer> cf = CompletableFuture.completedFuture(100);
```

6.4.3 获取返回值

类 CompletableFuture 提供了获取结果方法的多种形式,如表 6-4 所示,其中最后一个方法 getNumberOfDependents()是与获取结果有关的方法。

表 6-4 类 CompletableFuture 中获取结果的方法

方法	说明
T get()	等待异步任务完成,然后返回结果
T get(long timeout，TimeUnit unit)	在给定的时间 timeout 内等待异步任务完成,然后返回结果
T getNow(T valueIfAbsent)	如果完成则返回结果,否则返回给定的值 valueIfAbsent
T join()	当完成时返回结果。如果发生异常,则抛出异常
int getNumberOfDependents()	返回正在等待当前 CompletableFuture 对象完成的 CompletableFuture 的个数,即存在依赖关系的 CompletableFuture 对象的个数

在异步任务执行后,会在将来的某一时刻获取结果,获取当前 CompletableFuture 对象的执行结果

可以采用下面的方法：

```
//创建对象
CompletableFuture<String> cf = …
…
//获取结果
String result = cf.get();
```

方法 get()会阻塞，直到当前 cf 完成才能获取值。极端情况下，如果 cf 永远不会完成，则方法 get()将会永远阻塞。

通过自定义方法 get() 可以定制获取结果的方式，例如在使用方法 supplyAsync() 创建 CompletableFuture 对象时使用 Supplier 接口并重写方法 get()。

```
public static void main(String[] args) throws ExecutionException, InterruptedException {
    CompletableFuture<String> future =
            CompletableFuture.supplyAsync(new Supplier<String>(){
        @Override
        public String get() {
            System.out.println(Thread.currentThread().getName()+"开始执行...");
            try {
                TimeUnit.SECONDS.sleep(1);
            } catch (InterruptedException e) {
                e.printStackTrace();
            }
            return "正常返回";
        }
    });
    String result = future.get();
    System.out.println("执行结束");
}
```

通过重写方法 get()可以自定义用户个性化获得结果的方式。

6.4.4 执行模型

CompletableFuture 执行模型定义了异步任务的执行方式，有以下 3 种情形。

（1）方法名中不带后缀 Async。之前的计算完成后将利用当前线程进行后面的计算，并没有启动新的线程进行异步计算。

（2）方法名中带后缀 Async。之前的计算完成后将启动一个新的异步计算，该异步计算任务将由 ForkJoinPool.commonPool 线程池中的线程完成。

（3）方法名中不仅带后缀 Async，而且方法参数中还有 Executor 对象参数。之前的计算完成后将启动一个新的异步计算，该异步计算任务将使用执行器线程池 Executor 中的线程完成，该 Executor 支持自定义。

在类 CompletableFuture 中，有很多方法都是以这三种模式进行定义的。例如，与运行 thenRun 相关的方法有 thenRun()、thenRunAsync()等,如表 6-5 所示。

表 6-5 类 CompletableFuture 中与 run 相关的方法

方　　法	说　　明
CompletableFuture＜Void＞ thenRun(Runnable action)	当前异步任务正常执行完毕后,执行给定的动作 action,返回一个新的 CompletableFuture 对象
CompletableFuture＜Void＞ thenRunAsync(Runnable action)	当前异步任务正常执行完毕后,使用线程池 ForkJoinPool.commonPool 中的线程执行指定动作 action,返回一个新的 CompletableFuture 对象
CompletableFuture＜Void＞ thenRunAsync(Runnable action,Executor executor)	当前异步任务正常执行完毕后,使用 executor 线程池中的线程执行 action,返回一个新的 CompletableFuture 对象

【例 6-3】 一个异步任务执行完毕后启动另一个异步任务,输出结果并查看执行情况。
【解题分析】
该题具有典型的异步任务前后执行关系,可以通过 thenRun()方法完成。
【程序代码】

```java
//定义包和引入相关类
package book.ch6.complete;
import java.util.concurrent.CompletableFuture;
import java.util.concurrent.ExecutionException;
public class ThenRunTest {
    public static void main(String[] args)
                   throws ExecutionException, InterruptedException {
        //定义第一个异步任务,然后通过 thenRun 启动另一个异步任务
        CompletableFuture.supplyAsync(()->{
            System.out.println(Thread.currentThread().getName()+"第一个异步任务开始执行...");
            return null;
        }).thenRun(()->{
            System.out.println(Thread.currentThread().getName()+"第二个异步任务开始执行...");
        }).get();
    }
}
```

【运行结果】
程序运行结果如图 6-4 所示。

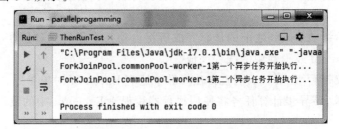

图 6-4 异步任务运行结果

【相关讨论】

从运行结果可以看出,第一个任务先执行,第二任务后执行,虽然是多线程程序,但执行结果是确定的。

由于使用了方法 supplyAsync(),故该任务使用 ForkJoinPool 的公共线程池 commonPool 中的线程执行,方法 thenRun() 继续使用第一个任务的线程。

类 CompletableFuture 中与方法 whenComplete() 相关的方法也是以这三种模式进行定义的,如表 6-6 所示。方法 whenComplete() 定义了当前的异步任务执行完毕后需要执行的动作,其中,BiComsumer 为定义的回调函数,是一个功能接口,表示一个接收两个参数且不返回结果的操作。

表 6-6 类 CompletableFuture 中与 whenComplete 相关的方法

方　法	说　明
CompletableFuture<T> whenComplete(BiConsumer<? super T, ? super Throwable> action)	当前的异步任务阶段执行完毕后,执行给定的动作 action,以当前结果(或发生的异常)返回一个新的 CompletableFuture 对象
CompletableFuture<T> whenCompleteAsync(BiConsumer<? super T, ? super Throwable> action)	当前异步任务阶段执行完毕后,使用线程池 ForkJoinPool.commonPool 中的线程执行指定动作 action,以当前结果(或发生的异常)返回一个新的 CompletableFuture 对象
CompletableFuture<T> whenCompleteAsync(BiConsumer<? super T, ? super Throwable> action, Executor executor)	当前异步任务阶段执行完毕后,使用 executor 线程池中的线程执行指定动作 action,以当前结果(或发生的异常)返回一个新的 CompletableFuture 对象

当一个 CompletableFuture 对象执行结束时,有可能发生 3 种情形:正常执行直至结束、发生异常中断执行、取消执行。需要注意的是,导致一个 CompletableFuture 对象执行结束的原因只能是这三种情形的其中一种。

类 CompletableFuture 中与执行结束相关的方法如表 6-7 所示。

表 6-7 类 CompletableFuture 中与执行结束相关的方法

方　法	说　明
boolean complete(T value)	如果还没有完成,则以当前指定的值 value 返回
boolean completeExceptionally(Throwable ex)	异常结束,抛出指定异常 ex
CompletableFuture<T> exceptionally(Function<Throwable, ? extends T> fn)	如果当前 CompletableFuture 对象发生异常,则返回一个新的已完成的 CompletableFuture 对象和接口 Function 对象 fn 的结果,否则正常结束
boolean isCompletedExceptionally()	如果当前的 CompletableFuture 异常结束,则返回 true,否则返回 false
boolean cancel(boolean mayInterruptIfRunning)	如果当前 CompletableFuture 对象还没有完成,则当前 CompletableFuture 对象通过抛出 CancellationException 异常的方式取消执行
boolean isCancelled()	如果当前 CompletableFuture 对象在正常结束前被取消执行,则返回 true
boolean isDone()	不管以哪种方式(正常结束、发生异常或者取消)结束,都返回 true

为了避免长时间阻塞,除了使用 cancel() 方法取消任务执行外,还可以通过 complete() 方法手动完成,例如:

```
String result = cf.complete("Result of CompletableFuture")
```

它可以完成 cf 的执行,并以字符串"Result of CompletableFuture"作为结果返回。

【例 6-4】 在异步任务休眠 1s 后,通过 complete() 方法给 CompletableFuture 对象一个完成值。

【解题分析】

通过生成一个异步对象,让该异步对象休眠 1s 后返回一个值,查看程序的输出情况。

【程序代码】

```java
package book.ch6.complete;
import java.util.concurrent.CompletableFuture;
import java.util.concurrent.ExecutionException;
import java.util.concurrent.TimeUnit;
public class CompleteTest {
    public static void main(String[] args)
                throws ExecutionException, InterruptedException {
        //通过构造方法创建一个对象 future
        CompletableFuture<String> future = new CompletableFuture<String>();
        //定义 Runnable 对象
        Runnable runnable = new Runnable() {
            @Override
            public void run() {
                try {
                    System.out.println(Thread.currentThread().getName()
                                        + "正在执行...");
                    TimeUnit.SECONDS.sleep(1);
                    //通过 complete 方法完成 future
                    future.complete("成功执行完毕");
                } catch (InterruptedException e) {
                    e.printStackTrace();
                }
            }
        };
        //对 runnable 对象进行封装
        Thread t = new Thread(runnable);
        t.start();
        //获取结果
        String result = future.get();
        System.out.println("结果是:"+result);
    }
}
```

【运行结果】
程序运行结果如图 6-5 所示。

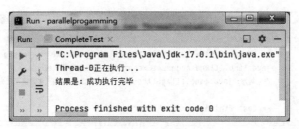

图 6-5　异步任务运行结果

【相关讨论】
该异步任务在休眠 1s 后以 complete()方法指定的值返回，最终输出"成功执行完毕"。
【例 6-5】　使用异常处理方法 exceptionally 接收异常消息并显示。
【解题分析】
在程序中人为抛出一个异常，使用 exceptionally 进行处理，查看程序的处理情况。
【程序代码】

```java
package book.ch6.complete;
import java.util.concurrent.CompletableFuture;
import java.util.concurrent.ExecutionException;
import java.util.function.Supplier;
public class ExceptionallyTest {
    public static void main(String[] args)
            throws ExecutionException, InterruptedException {
        int age = -1;
        CompletableFuture<String> task =
                CompletableFuture.supplyAsync(new Supplier<String>() {
            @Override
            public String get() {
                if(age < 0)
                    throw new IllegalArgumentException("输入年龄值不合法");
                else
                    return "年龄值正常";
            }
        }).exceptionally(ex->{
            System.out.println(ex.getMessage());
            return "产生异常:"+ex.getMessage();
        });
        System.out.println(task.get());
    }
}
```

【运行结果】

程序运行结果如图 6-6 所示。

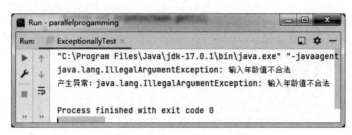

图 6-6　异步任务运行结果

【相关讨论】

从运行结果可以看出，程序抛出了 IllegalArgumentException 异常，并进行了相应处理。

在异步计算过程中，正常结束的 CompletableFuture 对象可以采用以下 3 种方式对结果做进一步操作。

（1）方法名中带有前缀 then。之前的计算完成后开始执行后面的计算，用于描述串行关系的方法，如方法 thenRun()、thenApply()、thenAccept() 和 thenCompose() 等。

（2）方法名中含有 Both。有两个计算任务，需要等待前面两个都完成之后再执行后面的计算。含有 Both 的方法描述了一种逻辑与的关系，如方法 thenAcceptBoth() 和 runAfterBoth() 等。

（3）方法名中含有 Either。有两个计算任务，需要等待前面任一个任务完成之后再执行后面的计算，如果需要用到前面的计算结果，那么需要看哪一个任务先完成，而具体哪一个任务先完成是不可预知的。该方法描述了一种逻辑或的关系，如方法 applyToEither()、acceptEither() 和 runAfterEither() 等。

类 CompletableFuture 中与 apply 相关的方法有 thenApply() 和 applyToEither()，如表 6-8 所示。

表 6-8　类 CompletableFuture 中与 apply 相关的方法

方　　法	说　　明
＜U＞ CompletableFuture＜U＞ thenApply (Function＜? super T,? extends U＞ fn)	当前异步任务正常完成后，用当前阶段的结果作为参数执行 fn 的功能，返回一个新的 CompletableFuture 对象
＜U＞ CompletableFuture＜U＞ applyToEither (CompletionStage＜? extends T＞ other, Function＜? super T,U＞ fn)	当前异步任务或者给定的异步任务 other 之一正常完成后，用相应的结果作为参数执行 fn 的功能，返回一个新的 CompletableFuture 对象

从表中可以看到，方法 thenApply() 用于处理和转换 CompletableFuture 的结果，该方法通常以接口 Function＜T，U＞作为参数。Function＜T，U＞是一个基础函数接口，代表一个函数可以接收 T 类型的参数，返回 U 类型的结果。

下面这个例子用于将名字中的姓和名合在一起。

【例 6-6】　将名字中的姓和名合在一起，然后输出。

【解题分析】

外国人喜欢把名字分开写，并且采用"姓前名后"或者"名前姓后"的写法，很多国外的网站在填表时需要将姓和名分开填写，本例演示姓和名的合并。

【程序代码】

```java
package book.ch6.name;
import java.util.concurrent.CompletableFuture;
import java.util.concurrent.ExecutionException;
import java.util.concurrent.TimeUnit;
public class CompletableFutureTest {
    public static void main(String[] args){
        //创建一个CompletableFuture对象
        CompletableFuture<String> lastNameFuture =
                CompletableFuture.supplyAsync(()->{
            try{
                TimeUnit.SECONDS.sleep(1);
            }catch(InterruptedException ex){
                throw new IllegalStateException(ex);
            }
            return "Zhang";
        });
        //使用thenApply()方法将一个回调函数附到一个CompletableFuture上
        CompletableFuture<String> nameFuture =
                lastNameFuture.thenApply(lastName ->{
            return  lastName + " Yang";
        });
        //获取结果
        try {
            System.out.println(nameFuture.get());
        } catch (InterruptedException e) {
            e.printStackTrace();
        } catch (ExecutionException e) {
            e.printStackTrace();
        }
    }
}
```

【运行结果】

程序运行结果如图6-7所示。

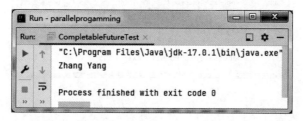

图6-7 异步任务运行结果

【相关讨论】

上面的例子生成了两个 CompletableFuture 对象以实现相应功能,也可以使用转换序列将多个 CompletableFuture 对象组合到一起,例如下面的例子。

【例 6-7】 对姓和名进行组合,使用转换序列,并添加文本"是我的名字"。

【解题分析】

可以采用流式处理,即在一个异步任务的后面紧接 thenApply()方法进行后续处理。

【程序代码】

```java
package book.ch6.name;
import java.util.concurrent.CompletableFuture;
import java.util.concurrent.ExecutionException;
import java.util.concurrent.TimeUnit;
public class CompletableFutureTest2 {
    public static void main(String[] args)
            throws ExecutionException, InterruptedException {
        CompletableFuture<String> name = CompletableFuture.supplyAsync(()->{
            try{
                TimeUnit.SECONDS.sleep(1);
            }catch(InterruptedException ex){
                throw new IllegalStateException(ex);
            }
            return "张";
        }).thenApply(firstName->{
            return firstName + "杨";
        }).thenApply(fullName ->{
            return fullName + "是我的名字";
        });
        System.out.println(name.get());
    }
}
```

【运行结果】

程序运行结果如图 6-8 所示。

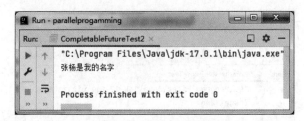

图 6-8 异步任务运行结果

【相关讨论】

可以看到,程序将两个 thenApply()回调方法都附着到了 name 对象上,前一个 thenApply()的结果将传递给下一个 thenApply(),进而实现结果的组合。

【例 6-8】 定义 3 个异步任务,第一个异步任务返回一个字符串,第二个异步任务将字符串解析为整数,第三个异步任务将整数值翻倍。

【程序代码】

```java
package book.ch6.complete;
import java.util.concurrent.CompletableFuture;
import java.util.concurrent.ExecutionException;
import java.util.function.Supplier;
public class FlowTest {
    public static void main(String[] args)
            throws ExecutionException, InterruptedException {
        //生成第一个异步任务,返回字符串"1980"
        CompletableFuture<String> task1 = CompletableFuture.supplyAsync(new Supplier<String>(){
            @Override
            public String get(){
                System.out.println(Thread.currentThread().getName()+ " 第一个异步任务开始执行...");
                return "1980";
            }
        });
        //生成第二个异步任务,对 number 进行解析,解析为整数
        CompletableFuture<Integer> task2 = task1.thenApply(number ->{
            System.out.println(Thread.currentThread().getName()+" 第二个异步任务开始执行...");
            return Integer.parseInt(number);
        });
        //生成第三个异步任务
        CompletableFuture<Integer> task3 = task2.thenApply(n->{
            System.out.println(Thread.currentThread().getName()+" 第三个异步任务开始执行...");
            return n * 2;
        });
        System.out.println("异步执行结果为:"+task3.get());
    }
}
```

【代码分析】

当异步任务 task2 生成时,使用 task1 的 thenApply() 方法,可以看到该方法有一个参数 number,该参数将接收 task1 的执行结果。同理,当异步任务 task3 生成时,thenApply() 方法的参数 n 也会接收 task2 的执行结果。

【运行结果】

程序运行结果如图 6-9 所示。

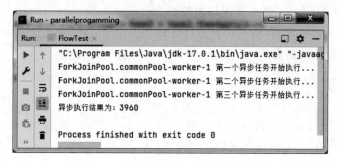

图 6-9 异步任务运行结果

【相关讨论】

从结果可以看出，执行结果为 3960，符合上面的分析。由于没有指明线程池执行器，故使用了默认的 ForkJoinPool.commonPool 作为线程池。

6.4.5 多个异步任务处理

类 CompletableFuture 的对象在执行时有可能因为任务的不同而导致结束时间不同，可以选择等待所有任务都结束还是等待任一任务结束，该类提供了相关的方法，如表 6-9 所示。

表 6-9 类 CompletableFuture 中与多个异步任务处理相关的方法

方法	说明
static CompletableFuture＜Void＞allOf(CompletableFuture＜?＞… cfs)	返回一个新的 CompletableFuture 对象，该对象在所有对象执行完成后才完成
static CompletableFuture＜Object＞anyOf(CompletableFuture＜?＞… cfs)	返回一个新的 CompletableFuture 对象，该对象在任一对象执行完成后即完成

【例 6-9】 创建多个异步任务，演示方法 allOf() 和 anyOf() 的用法。

【解题分析】

在演示方法 allOf() 的用法时，让每个异步任务返回一个随机整数，等待所有任务的结束，输出这些整数值。

在演示方法 anyOf() 的用法时，让每个异步任务等待若干时间，然后返回等待的时长，查看最先返回的异步任务的值。

【程序代码】

```
package book.ch6.waitall;
//引入相关的包
import java.util.concurrent.CompletableFuture;
import java.util.concurrent.ExecutionException;
import java.util.concurrent.TimeUnit;
import java.util.function.Supplier;
public class Index {
    public static void main(String[] args)
                    throws ExecutionException, InterruptedException {
```

```java
        System.out.println("等待所有的异步任务完成示例:");
        waitAll();
        System.out.println("等待任一异步任务完成示例:");
        waitAny();
    }
    public static void waitAll()
            throws ExecutionException, InterruptedException {
        //创建一个有 3 个元素的数组,每个元素代表一个异步任务
        CompletableFuture<Integer>[] cfs = new CompletableFuture[3];
        for (int i = 0; i < 3; i++) {
            //生成异步任务对象
            cfs[i] = CompletableFuture.supplyAsync(new Supplier<Integer>() {
                @Override
                public Integer get() {
                    return (int) (Math.random() * 100);
                }
            });
        }
        //等待所有的异步任务结束,并获取结果
        CompletableFuture.allOf(cfs).get();
        for (CompletableFuture cf : cfs) {
            System.out.println(cf.get());
        }
    }
    public static void waitAny()
            throws ExecutionException, InterruptedException {
        //生成第一个异步任务
        CompletableFuture<String> cf1 =
                    CompletableFuture.supplyAsync(new Supplier<String>() {
            @Override
            public String get() {
                try {
                    TimeUnit.SECONDS.sleep(4);
                } catch (InterruptedException e) {
                    e.printStackTrace();
                }
                return "等待 4 秒";
            }
        });
        //生成第二个异步任务
        CompletableFuture<String> cf2 =
                    CompletableFuture.supplyAsync(new Supplier<String>() {
            @Override
            public String get() {
```

```java
            try {
                TimeUnit.SECONDS.sleep(2);
            } catch (InterruptedException e) {
                e.printStackTrace();
            }
            return "等待 2 秒";
        }
    });
    //生成第三个异步任务
    CompletableFuture<String> cf3 =
        CompletableFuture.supplyAsync(new Supplier<String>() {
        @Override
        public String get() {
            try {
                TimeUnit.SECONDS.sleep(6);
            } catch (InterruptedException e) {
                e.printStackTrace();
            }
            return "等待 6 秒";
        }
    });
    //等待任一任务结束
    CompletableFuture<Object> result =
                        CompletableFuture.anyOf(cf1, cf2, cf3);
    System.out.println(result.get());
    }
}
```

【运行结果】

程序运行结果如图 6-10 所示。

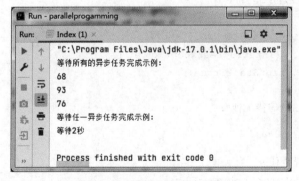

图 6-10 异步任务运行结果

【相关讨论】

从运行结果可以看出，在执行方法 allOf() 后，所有的结果都会返回；在执行方法 anyOf() 后，只返回了最早执行结束的异步任务的结果值。

6.4.6 使用回调函数

为了构建一个异步任务，可以在 CompletableFuture 上附着一个回调函数，当 CompletableFuture 对象完成时，可以自动调用该回调函数。这些回调函数通过方法中的参数实现，根据方法中参数的不同，有以下不同情况。

（1）参数使用 Function 或者 BiFunction。这意味着接收前面计算的结果，应用 Function 后返回一个新的结果。

（2）参数使用 Consumer 或者 BiConsumer。这意味着接收前面计算的结果，执行 Consumer 后不返回值。

（3）参数使用 Runnable。这意味着忽略前面计算的结果，仅等待前面计算完成后再执行 Runnable。

表 6-10 列出了类 CompletableFuture 中常用的方法，方法 handle() 和 thenCombine() 的参数使用 BiFunction，方法 thenAccept() 的参数使用 Consumer。

表 6-10 类 CompletableFuture 中的常用方法

方　　法	说　　明
\<U\> CompletableFuture\<U\>handle (BiFunction\<? super T，Throwable，? extends U\> fn)	当前异步任务正常完成或者发生异常后，用当前阶段的结果作为参数执行 fn 的功能，返回一个新的 CompletableFuture 对象
CompletableFuture\<Void\> thenAccept(Consumer\<? super T\> action)	当前异步任务正常完成后，用当前阶段的结果作为参数执行 action 的功能，返回一个新的 CompletableFuture 对象
\<U, V\> CompletableFuture\<V\> thenCombine (CompletionStage\<? extends U\> other，BiFunction\<? super T，? super U，? extends V\> fn)	当前异步任务和给定的异步任务 other 正常完成后，执行 fn 的功能，返回一个新的 CompletableFuture 对象
\<U\> CompletableFuture\<U\> thenCompose (Function\<? super T, ? extends CompletionStage\<U\>\> fn)	当前异步任务正常完成后，执行 fn 的功能，返回一个新的 CompletableFuture 对象

以上方法在使用上有一些区别，下面通过具体示例演示其用法。

【例 6-10】 输入一个年龄值，如果年龄值不合法，则进行异常处理。

【解题分析】

例 6-5 使用 exceptionally 进行了处理，这里使用方法 handle() 进行处理。

【程序代码】

```
package book.ch6.complete;
import java.util.concurrent.CompletableFuture;
import java.util.concurrent.ExecutionException;
import java.util.function.Supplier;
public class HandleTest {
    public static void main(String[] args) throws ExecutionException, InterruptedException {
        int age = 20;
```

```
            CompletableFuture<String> task = CompletableFuture.supplyAsync(new Supplier<
String>() {
            @Override
            public String get() {
                if (age < 0 || age >= 120) {
                    throw new IllegalArgumentException("年龄值不合法");
                } else
                    return "年龄值正常";
            }
        }).handle((res, ex) -> {
            System.out.println("执行 handle");
            if (ex != null) {
                System.out.println("发生异常");
                return "返回异常" + ex.getMessage();
            }
            return res;
        });
        System.out.println(task.get());
    }
}
```

【代码分析】

可以看到方法 handle() 中的 Lambda 表达式有两个参数 res 和 ex，其中，ex 用来接收抛出的异常。

【运行结果】

程序运行结果如图 6-11 所示。

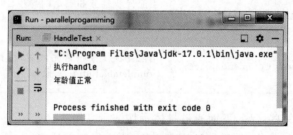

图 6-11　异步任务运行结果

【相关讨论】

图 6-11 给出的是年龄值正常的执行结果，如果将 age 的值更改为 -1，则输出结果如图 6-12 所示。

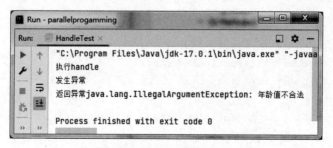

图 6-12　异步任务运行结果

【例 6-11】 生成多个异步任务，使用 thenAccept() 方法对前面的异步任务的处理结果进行处理。

【解题分析】

该例演示 thenAccept() 的用法，可以在一个异步任务执行后使用 thenAccept() 处理另一个异步任务。

【程序代码】

```
package book.ch6.complete;
import java.util.concurrent.CompletableFuture;
import java.util.function.Supplier;
public class ThenAcceptTest {
    public static void main(String[] args){
        CompletableFuture<String> task1 = CompletableFuture.supplyAsync(new Supplier<String>(){
            @Override
            public String get(){
                System.out.println(Thread.currentThread().getName()+ " 第一个异步任务开始执行...");
                return "14";
            }
        });
        CompletableFuture<Integer> task2 = task1.thenApply(number ->{
            System.out.println(Thread.currentThread().getName()+" 第二个异步任务开始执行...");
            return Integer.parseInt(number);
        }).thenApply(n->{
            System.out.println(Thread.currentThread().getName()+" 第三个异步任务开始执行...");
            return n * 2;
        });
        CompletableFuture<Void> task4 = task2.thenAccept(p ->{
            System.out.println(Thread.currentThread().getName()+" 第四个异步任务开始执行...");
            System.out.println("执行结果:"+p);
        });
        System.out.println("异步执行结束");
    }
}
```

【运行结果】

程序运行结果如图 6-13 所示。

【相关讨论】

从运行结果可以看出，使用的线程是有变化的，即从 ForkJoinPool.commonPool 中的 worker1 变为了 main。

图 6-13 异步任务运行结果

【例 6-12】 生成两个异步任务,返回两个整数,对两个异步任务的结果求和。
【解题分析】
对异步任务的结果求和可以使用 thenCombine() 方法进行处理。
【程序代码】

```java
package book.ch6.complete;
import java.util.concurrent.CompletableFuture;
import java.util.concurrent.ExecutionException;
import java.util.function.Supplier;
public class ThenCombineTest {
    public static void main(String[] args)
            throws ExecutionException, InterruptedException {
        CompletableFuture<Integer> task1 =
            CompletableFuture.supplyAsync(new Supplier<Integer>() {
            @Override
            public Integer get() {
                return 1;
            }
        });
        CompletableFuture<Integer> task2 = CompletableFuture.supplyAsync(new Supplier<Integer>() {
            @Override
            public Integer get() {
                return 2;
            }
        });
        CompletableFuture<Integer> task3 = task1.thenCombine(task2, (n1,n2) -> {
            return n1 + n2;
        });
        System.out.println("合并后的结果为:" + task3.get());
    }
}
```

【代码分析】

在使用 thenCombine() 方法时,是在 task1 的基础上进行调用,并且将 task2 作为参数之一,n1 和 n2 分别作为 Lambda 参数接收两个异步任务的结果。

【运行结果】

程序运行结果如图 6-14 所示。

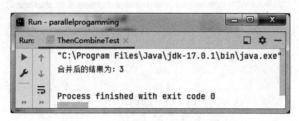

图 6-14　异步任务运行结果

【例 6-13】　将数字和对应的英文输出。

【解题分析】

输出数字和对应的英文时,可以对结果进行组合,可以使用 thenCompose() 方法实现。

【程序代码】

```java
package book.ch6.complete;
import java.util.concurrent.CompletableFuture;
import java.util.concurrent.ExecutionException;
import java.util.function.Supplier;
public class ThenComposeTest {
    public static void main(String[] args)
        throws ExecutionException, InterruptedException {
        CompletableFuture<String> task1 =
            CompletableFuture.supplyAsync(new Supplier<String>() {
                @Override
                public String get() {
                    return "1";
                }
            });
        CompletableFuture<String> task2 =
        task1.thenCompose(value->CompletableFuture.supplyAsync(()->{
            return value+"-one";
        }));
        System.out.println(task2.get());
    }
}
```

【运行结果】

程序运行结果如图 6-15 所示。

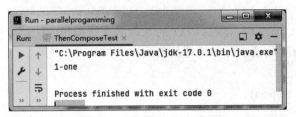

图 6-15 异步任务运行结果

6.4.7 综合应用实例

本节将通过两个综合应用实例演示 CompletableFuture 的用法。

【例 6-14】 使用 CompletableFuture 求最大值。

【解题分析】

求最大值的算法在之前已经描述，这里使用 CompletableFuture 实现异步任务的最大值程序。

仍然采用数据并行求解的方法，首先将数据分为若干块，然后针对每块数据生成一个异步任务，用于计算该块数据的最大值，最后在得到的几个最大值中比较求得最终的最大值。

【程序代码】

```java
package book.ch6.completablefuture;
import java.util.concurrent.CompletableFuture;
import java.util.concurrent.ExecutionException;
import java.util.function.Supplier;
public class Index {
    //定义常量 N,代表数据大小
    public static final int N = 10000000;
    //定义常量 TASKS,代表线程个数
    public static final int TASKS = 4;
    public static void main(String[] args)
            throws ExecutionException, InterruptedException {
        //记录开始时间
        long begin = System.currentTimeMillis();
        //定义一个数组,用于存放数据
        Integer[] array = new Integer[N];
        for (int i = 0; i < N; i++) {
            array[i] = (int) (Math.random() * N);
        }
        //对数据进行划分,让每个异步任务处理一段数据
        int[] dataRange = new int[TASKS + 1];
        for (int i = 0; i <= TASKS; i++) {
            dataRange[i] = i * N / TASKS;
            if (dataRange[i] > N)
                dataRange[i] = N;
        }
```

```java
//生成异步任务数组
CompletableFuture<Integer>[] workers = new CompletableFuture[TASKS];
System.out.println("生成"+ TASKS + "个异步任务");
for (int i = 0; i < TASKS; i++) {
    //将 i 赋给 temp 变量
    int  temp = i;
    //生成每个异步任务
    workers[i]=CompletableFuture.supplyAsync(new Supplier<Integer>() {
        @Override
        public Integer get() {
            int begin = dataRange[temp];
            int end = dataRange[temp+1];
            System.out.println("第" + temp + "个异步任务将处理数据范围("
                + dataRange[temp] + "," + dataRange[temp + 1]+")");
            Integer max = array[begin];
            for (int j = begin + 1; j < end; j++)
                if (max < array[j])
                    max = array[j];
            return max;
        }
    });
}
//所有的异步任务都得到结果
CompletableFuture.allOf(workers).get();
//获取最大值
Integer max = -1;
for (CompletableFuture<Integer> task : workers) {
    Integer temp = temp = task.get();
    if (max < temp)
        max = temp;
}
System.out.println("最大值是" + max);
//记录结束时间
long end = System.currentTimeMillis();
System.out.println("共计花费时间为:"+ (end-begin)+"毫秒");
  }
}
```

【运行结果】

程序运行结果如图 6-16 所示。

【相关讨论】

读者可以和使用 FutureTask 的情况进行对比,进而比较这两种机制的性能。

【例 6-15】 已知在 C:\Windows 文件夹下有多个子文件夹和文件,使用 CompletableFuture 查找文件名为 nrpsrv.dll 的文件,找到后即可停止。

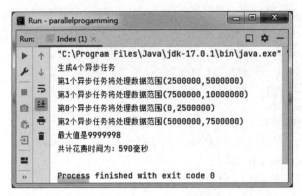

图 6-16 并行运行结果

【解题分析】

在查找文件时,可以针对每个文件夹的搜索建立一个异步任务,如果搜索到,则取消任务的执行。

【程序代码】

```java
package book.ch6.FileFinder;
import java.io.File;
import java.util.concurrent.CompletableFuture;
import java.util.concurrent.ExecutionException;
import java.util.concurrent.ExecutorService;
import java.util.concurrent.Executors;
public class Index {
    public static void main(String[] args) throws ExecutionException, InterruptedException {
        //指明搜索的文件夹
        String dir = "c:\\Windows\\";
        //需要查找的文件名
        String fileName = "nrpsrv.dll";
        assert (new File(dir).isDirectory());
        File file = new File(dir);
        //定义线程池执行器
        ExecutorService executor = Executors.newFixedThreadPool(4);
        //使用异步任务进行查找
        CompletableFuture.runAsync(new Runnable() {
            @Override
            public void run() {
                searchFolder(file, fileName, executor);
            }
        }, executor);
    }
    //该方法用于递归查找
    static void searchFolder(File file, String fileName, ExecutorService executor) {
        assert (file != null);
        //获取当前文件夹下的所有文件夹和文件
```

```
File[] files = file.listFiles();
assert (files != null);
for (File fileTemp : files) {
    //如果是一个目录,则生成一个新的异步任务,用于查找
    if (fileTemp.isDirectory()) {
        CompletableFuture.runAsync(new Runnable() {
            @Override
            public void run() {
                searchFolder(fileTemp, fileName, executor);
            }
        }, executor);
    } else {
        //如果找到文件,则输出,并关闭线程池
        if (fileTemp.getName().equals(fileName)) {
            System.out.println("文件'" + fileName
                + "'在" + fileTemp.getAbsolutePath());
            executor.shutdown();
        }
    }
}
```

【运行结果】

程序运行结果如图 6-17 所示。

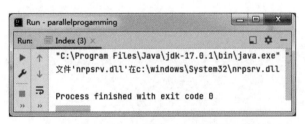

图 6-17　异步任务运行结果

6.5　本章小结

本章对 Java 语言中异步处理的方法进行了介绍,主要介绍了类 FutureTask 和类 CompletableFuture,这两个类可以完成大部分的异步处理任务,不过很多异步处理的细节都需要读者自行编写处理,Java 语言在 Spring 框架中还提供了元注释接口@Async,可以在方法上加上此标记以自动实现异步处理。

下面对类 CompletableFuture 和类 FutureTask 的不同之处进行总结,如表 6-11 所示。

表 6-11 类 CompletableFuture 与类 FutureTask 的不同之处

类 CompletableFuture	类 FutureTask
可以手动完成	不能手动完成
可以使用回调功能,回调函数可以自动调用,可以对结果进行进一步处理	限制用户对结果做进一步处理
可以创建异步工作流,允许链式操作	不允许链式操作
可以合并多个 future 的结果	可以合并多个 future 的结果,但是需要用户自己手动编写代码完成
提供异常处理	没有任何异常处理

习题

1. 接口 Callable 和 Runnable 有哪些不同?
2. 同步与异步处理方式有什么不同?
3. 什么是负载均衡?
4. 类 FutureTask 和类 CompletableFuture 的不同之处有哪些?
5. 类 CompletableFuture 的方法 thenAccept()、thenCombine() 和 thenCompose() 的区别是什么?

Chapter 7 第7章 线程协作

线程是程序内部的多个执行流,可以并行运行,但相互之间不是完全孤立的,可以通过协作的方式完成某项任务。本章将介绍线程之间如何通过协作进行任务处理。

7.1 通过共享变量进行协作

为了协作完成某个任务,多个线程在运行时通常需要进行通信,以便了解各自的工作状态或进度情况。

为了让线程能够通信,可能读者会想到一个很直观的处理方式——通过共享变量进行。这种方式的特点是多个线程共同操作同一个变量,变量的不同值表明了线程处理的不同状态。例如,十字路口的信号灯可以看作一种共享变量,各个路口可以看作线程,线程只需要按照信号灯的指示进行操作。

由于多个线程操作同一个变量,为了保证操作的正确性,故需要进行同步控制,以免同时操作多个线程时造成混乱。

【例 7-1】 甲、乙、丙 3 个部门协作完成产品的生产和运输工作,其中,甲部门负责原材料供应,乙部门负责产品生产,丙部门负责产品运输。甲部门将产品的原材料运送到之后,乙部门才能生产,生产了产品后,丙部门才能运走。可以设定一个共享变量 a,初始值为 0,当甲部门供应原材料之后设定为 1,乙部门监控到 a 变成 1 后,开始进行生产,然后将 a 的值设定为 2,丙部门监控到 a 变为 2 后,开始进行产品运输。

【解题分析】

通过在程序中设定一个变量 a 表示目前的进度情况,各个线程通过读取 a 的值做出相应的动作。

【程序代码】

```java
//DepartmentA.java
package book.ch7.collaboration;
import java.util.concurrent.locks.ReadWriteLock;
public class DepartmentA implements Runnable {
    ReadWriteLock lock;
    DepartmentA(ReadWriteLock lock) {
        this.lock = lock;
    }
    @Override
    public void run() {
        try {
            Thread.sleep(1);
```

```java
            } catch (InterruptedException e) {
                e.printStackTrace();
            }
            //使用锁
            lock.writeLock().lock();
            if (Index.a == 0) {
                System.out.println("甲部门开始运送原材料");
                Index.a = 1;
            }
            lock.writeLock().unlock();
        }
    }
//DepartmentB.java
package book.ch7.collaboration;
import java.util.concurrent.locks.ReadWriteLock;
public class DepartmentB implements Runnable {
    ReadWriteLock lock;
    DepartmentB(ReadWriteLock lock) {
        this.lock = lock;
    }
    @Override
    public void run() {
        try {
            Thread.sleep(3);
        } catch (InterruptedException e) {
            e.printStackTrace();
        }
        lock.writeLock().lock();
        if (Index.a == 1) {
            System.out.println("乙部门开始生产");
            Index.a = 2;
        }
        lock.writeLock().unlock();
    }
}
//DepartmentC.java
package book.ch7.collaboration;
import java.util.concurrent.locks.ReadWriteLock;
public class DepartmentC implements Runnable {
    ReadWriteLock lock;
    DepartmentC(ReadWriteLock lock) {
        this.lock = lock;
    }
    @Override
```

```java
    public void run() {
        try {
            Thread.sleep(5);
        } catch (InterruptedException e) {
            e.printStackTrace();
        }
        lock.writeLock().lock();
        if (Index.a == 2) {
            System.out.println("丙部门开始运输");
            Index.a = 0;

        }
        lock.writeLock().unlock();
    }
}
```

```java
package book.ch7.collaboration;
import java.util.concurrent.locks.ReadWriteLock;
import java.util.concurrent.locks.ReentrantReadWriteLock;
public class Index {
    //线程协作使用的变量
    public volatile static int a = 0;
    public static void main(String[] args) throws InterruptedException {
        //定义读写锁
        ReadWriteLock lock = new ReentrantReadWriteLock();
        //线程 tda
        DepartmentA da = new DepartmentA(lock);
        Thread tda = new Thread(da);
        tda.start();
        //线程 tdb
        DepartmentB db = new DepartmentB(lock);
        Thread tdb = new Thread(db);
        tdb.start();
        //线程 tdc
        DepartmentC dc = new DepartmentC(lock);
        Thread tdc = new Thread(dc);
        tdc.start();
        //等待上面 3 个线程执行完成
        tda.join();
        tdb.join();
        tdc.join();
    }
}
```

【运行结果】

程序运行结果如图 7-1 所示。

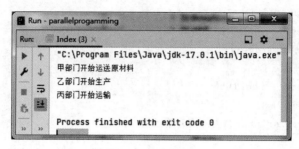

图 7-1　运行结果

【相关讨论】

在本例中,每个线程前面都加上了 sleep 语句,为变量 a 的变化留出时间。

7.2　等待集合

在日常生活中,人们都有乘坐火车的经历,在上车之前,一般都需要到候车室等待,直到火车到来才从候车室出来准备上车。等待集合(wait sets)就像候车室一样,当线程调用 wait()方法发生等待后,都要进入等待集合。

除非发生下列情况,否则线程会一直待在该等待集合中:
- 其他线程调用了方法 notify()或 notifyAll();
- 其他线程调用了方法 interrupt()中断了该线程;
- 方法 wait()的等待时间结束。

每个类的对象实例都有一个等待集合,当在该对象实例上调用方法 wait()后,线程会进入该实例的等待集合中等待。

7.3　等待与通知

方法 wait()、notify()和 notifyAll()是类 Object 中定义的方法,Java 语言中的所有类都是类 Object 的子类,因此可以在 Java 语言中的任何类的对象实例上调用这些方法,但这些方法更多的是在多线程环境中使用。

1) 方法 wait()

方法 wait()调用的一般形式是:

```
对象名.wait();
```

线程在对象上等待,作用是把当前线程放入对象的等待集合。

很多情况下都会在当前对象上调用 wait()方法,即 this.wait(),而 this 又可以省去,所以只用一个 wait()表示等待,表示在当前对象上等待。

方法 wait()通常需要放入 synchronized 修饰的方法或语句块中,如果在 synchronized 外部调用该方法,则运行时刻 Java 虚拟机会抛出 IllegalMonitorStateException 异常。

方法 wait()通常放入 try…catch…语句块中,用于捕获 InterruptedException,例如:

```
try {
    wait();
} catch (InterruptedException e) {
    e.printStackTrace();
}
```

当线程调用方法 wait()后,Java 虚拟机会让当前线程进入等待集合休眠,并释放对象的同步锁的控制权,允许其他线程执行同步代码块,要想唤醒该线程,需要在同一个对象上调用方法 notify()或 notifyAll()。

2) 方法 notify()

线程不能一直待在等待集合中,需要在适当的时候对其进行唤醒,方法 notify()可以对线程进行唤醒。

方法 notify()调用的一般形式如下:

```
对象名.notify();
```

当使用当前对象时,将以 this 作为当前对象的引用,故可以直接写成 notify()。

当调用某个对象的方法 notify()时,将从该对象的等待集合中选择一个等待的线程唤醒,唤醒的线程将从等待集合中删除。如果等待集合中有多个等待线程,则随机选择一个线程唤醒。

3) 方法 notifyAll()

方法 notifyAll()将会唤醒等待集合中的所有线程,但由于所有被唤醒的线程仍然要竞争 sychronized 锁,而 synchronized 锁具有排他性,故最终只有一个线程能获得该锁,从而进入执行状态,其他线程仍然会留在等待集合中继续等待。

方法 notifyAll()调用的一般形式如下:

```
对象名.notifyAll();
```

当使用当前对象时,将以 this 作为当前对象的引用,故可以直接写成 notifyAll()。方法 notify()和 notifyAll()不需要放入 try…catch…语句块中。

方法 notify()和 notifyAll()的不同之处在于 notify()方法只唤醒了一个线程,而 notifyAll()方法唤醒了所有线程。

在实际应用中,应该使用方法 notify()还是 notifyAll()呢? 本书的建议是当一个线程等待、另一个线程通知时选择 notify()方法,当有多个线程等待时,最好使用 notifyAll()方法。

下面通过生产者/消费者问题演示线程间的通信。生产者/消费者问题是一个经典的线程同步问题,该问题的描述如下: 生产者和消费者共享一个公共缓冲区,用于存放产品,作为生产者和消费者交互的中介。生产者生产产品,并将产品放入缓冲区,当缓冲区满后,生产者等待,当缓冲区中有空闲位置后,又可以继续生产;消费者不断从缓冲区中取出产品,当缓冲区空后,停止消费,当缓冲区中有产品后,又可以继续消费。

【例 7-2】 模拟实现单缓冲区的生产者/消费者问题。

【解题分析】

单缓冲区是指在生产者和消费者之间只有一个缓冲区,故生产者生产一个数据后,即进入等待状态,直到消费者消费;消费者消费一个数据后,同样进入等待状态,直到生产者生产数据。如图 7-2 所示。

图 7-2　单缓冲区的生产者/消费者问题图示

【程序代码】

```java
//CubbyHole.java
package book.ch7.singlepc;
class CubbyHole {
    //缓冲区
    private int goods;
    //缓冲区是否为空标记
    private boolean empty;
    public CubbyHole() {
        //初始时,缓冲区设定为空
        empty = true;
    }
    //从缓冲区取出物品,注意需要用同步关键字
    public synchronized int get() {
        //当缓冲区为空时,完成取操作的线程等待
        while (empty){
            try {
                wait();
            } catch (InterruptedException e) {
                e.printStackTrace();
            }
        }
        System.out.println("消费者拿走了物品 " + goods);
        //取出物品后,缓冲区置空
        empty = true;
        //通知生产者生产
        notify();
        //把 goods 的值返回
        return goods;
    }
    //定义同步方法 put(),生产数据并放入缓冲区
```

```java
    public synchronized void put(int value) {
        //当缓冲区满时,不能生产,必须等待
        while (!empty){
            try {
                wait();
            } catch (InterruptedException e) {
                e.printStackTrace();
            }
        }
        //将生产的 value 值放入缓冲区
        goods = value;
        System.out.println("生产者生产了物品 " + goods);
        //生产数据后,缓冲区置为满
        empty = false;
        //通知消费者取走物品
        notify();
    }
}
//Producer.java
package book.ch7.singlepc;
//生产者线程定义
class Producer extends Thread {
    //与消费者共享一个 cubbyHole 对象
    private CubbyHole cubbyHole;
    //构造方法,对 cubbyHole 赋值
    public Producer(CubbyHole c) {
        cubbyHole = c;
    }
    public void run() {
        //执行 50 次生产,每次生成一个 100 以内的随机数
        for (int i = 0; i < 50; i++) {
            cubbyHole.put((int) (100 * Math.random()));
        }
    }
}
//Consumer.java
package book.ch7.singlepc;
//消费者线程定义
class Consumer extends Thread {
    //与生产者共享一个 cubbyHole 对象
    private CubbyHole cubbyHole;
    //构造方法,对 cubbyHole 赋值
    public Consumer(CubbyHole c) {
        cubbyHole = c;
    }
    public void run() {
```

```java
        //执行50次取出
        for (int i = 0; i < 50; i++) {
            cubbyHole.get();
        }
    }
}
//Index.java
package book.ch7.singlepc;
public class Index {
    public static void main(String[] args) {
        //生产者和消费者共同操作的对象c
        CubbyHole c = new CubbyHole();
        //定义生产者线程并启动
        Producer producer = new Producer(c);
        producer.start();
        //定义消费者线程并启动
        Consumer consumer = new Consumer(c);
        consumer.start();
    }
}
```

【程序分析】

读者需要注意两个问题：如何让多个线程共享同一个变量；在处理线程协作代码时需要注意方法wait()和notify()的位置。

【运行结果】

程序运行结果的部分截图如图7-3所示。

图7-3 运行结果（部分）

【结果分析】

从结果可以看出,首先生产者生产,然后消费者消费,生产和消费交替进行,可以很好地进行协作。在生产者和消费者之间使用单缓冲区的情况比较简单,下面介绍多缓冲区的生产者/消费者问题。

【例 7-3】 实现共享多个缓冲区的生产者/消费者问题。

【解题分析】

在生产者和消费者之间有多个缓冲区,为了方便管理,缓冲区为头尾相接的模式,如图 7-4 所示,生产者生产的数据放入缓冲区尾部,放入后,尾指针 rear 向后移动一个位置,消费者消费时从头部取得数据消费,消费后,头指针 front 向后移动一个位置。

缓冲区在程序中可以用数组表示,由于缓冲区为环形,故当 front 或 rear 增加到缓冲区的最大值 8 后,再次增 1 将从 1 开始,增 1 操作需要采用 front = (front + 1) % nbuf 的形式。

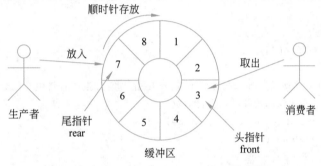

图 7-4 多缓冲区的生产者/消费者问题图示

【程序代码】

```java
//CubbyHole.java
package book.ch7.pc;
class CubbyHole {
    //缓冲区
    private int[] goods;
    //缓冲区头指针
    private int front;
    //缓冲区尾指针
    private int rear;
    //缓冲区中存放物品(或数据)的个数
    private int count;
    //缓冲区大小
    private int nbuf;
    public CubbyHole(int nbuf) {
        front = 0;
        rear = 0;
        this.nbuf = nbuf;
        goods = new int[nbuf];
        count = 0;
```

```java
        }
        //当缓冲区没有数据时,消费者需要先等待,当有数据可以消费时,消费者取得数据消费,消费后头指针增
1,缓冲区数据量减1,并通知生产者继续生产
        public synchronized int get(int id) {
            while (count <= 0)
                try {
                    wait();
                } catch (InterruptedException e) {
                    e.printStackTrace();
                }
            front = (front + 1) % nbuf;
            System.out.println("第"+id+"号消费者拿走了物品 "+goods[front]);
            count--;
            notifyAll();
            return goods[front];
        }
        //当缓冲区满时生产者等待。如果缓冲区不满,则尾指针增1,生产者将生产的数据(或物品)放入缓冲区,
缓冲区内数据数目增1,并通知消费者可以进行消费
        public synchronized void put(int value, int id) {
            while (count >= nbuf)
                try {
                    wait();
                } catch (InterruptedException e) {
                    e.printStackTrace();
                }
            rear = (rear + 1) % nbuf;
            goods[rear] = value;
            System.out.println("第"+id+"号生产者生产了物品 "+goods[rear]);
            count++;
            notifyAll();
        }
}
//Producer.java
package book.ch7.pc;
class Producer extends Thread {
    private CubbyHole cubbyHole;
    private int id;
    public Producer(CubbyHole c, int id) {
        cubbyHole = c;
        this.id = id;
    }
    public void run() {
        //执行50次生产数据操作
        for (int i = 0; i < 50; i++) {
```

```java
            cubbyHole.put((int) (100 * Math.random()), id);
        }
    }
}
//Consumer.java
package book.ch7.pc;
class Consumer extends Thread {
    private CubbyHole cubbyHole;
    private int id;
    public Consumer(CubbyHole c, int id) {
        cubbyHole = c;
        this.id = id;
    }
    public void run() {
        //执行50次消费数据操作
        for (int i = 0; i < 50; i++) {
            cubbyHole.get(id);
        }
    }
}
//Index.java
package book.ch7.pc;
public class Index {
    //生产者线程数 np
    private static int np = 4;
    //消费者线程数 nc
    private static int nc = 4;
    //缓冲区的个数 nbuf
    public static int nbuf = 10;
    public static void main(String[] args) {
        CubbyHole c = new CubbyHole(nbuf);
        //定义生产者线程类和消费者线程类的对象实例,并启动这些线程
        Producer[] producer = new Producer[np];
        for (int i = 0; i < np; i++) {
            producer[i] = new Producer(c, i + 1);
            producer[i].start();
        }
        Consumer[] consumer = new Consumer[nc];
        for (int i = 0; i < nc; i++) {
            consumer[i] = new Consumer(c, i + 1);
            consumer[i].start();
        }
        try {
            for (int i = 0; i < np; i++) {
```

```
                producer[i].join();
            }
            for (int i = 0; i < nc; i++) {
                consumer[i].join();
            }
        } catch (Exception e) {
            e.printStackTrace();
        }
    }
}
```

【运行结果】

程序运行结果的部分截图如图 7-5 所示。从图中可以看出，生产者和消费者可以相互协作完成数据的生产和消费工作。

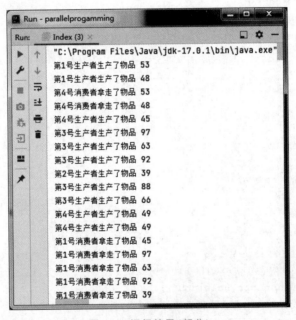

图 7-5 运行结果（部分）

7.4 条件变量

在某些情况下，线程往往需要等待某个条件满足后才能继续执行。例如，消费者要等待缓冲区有产品后才能消费；储户只有在银行账户上有余额时才能取款等。

在 JDK 5.0 之前，主要使用方法 wait()、notify() 和 notifyAll() 执行线程的等待和唤醒机制，JDK 5.0 版本引入了条件变量的概念，条件变量也称条件队列（condition queues），由接口 Condition 定义，它可以让一个线程在条件不满足的情况下一直等待，直到有其他线程唤醒它。

接口 Condition 的常用方法如表 7-1 所示。

表 7-1 接口 Condition 的常用方法

方法	含义
void await()	令当前线程在被唤醒或被中断之前一直处于等待状态
boolean await(long time, TimeUnit unit)	令当前线程在被唤醒、被中断或在指定时间之前一直处于等待状态
long awaitNanos(long nanosTimeout)	令当前线程在被唤醒、被中断或在指定时间(纳秒)之前一直处于等待状态
void awaitUninterruptibly()	令当前线程在被唤醒之前一直处于等待状态
boolean awaitUntil(Date deadline)	令当前线程在被唤醒、被中断或在指定日期之前一直处于等待状态
void signal()	唤醒一个等待线程
void signalAll()	唤醒所有等待线程

接口 Condition 与之前的方法 wait()、notify() 和 notifyAll() 主要有以下两点不同:
- 它允许在一个对象上有多个等待集合;
- 当 synchronized 锁被 Lock 锁对象替换后,相应的方法 wait()、notify() 和 notifyAll() 需要用方法 await()、signal() 和 signalAll() 替代。

类 Condition 的对象实例通常绑定在 Lock 对象上,要想创建一个 Condition 对象实例,需要用 Lock 的方法 newCondition(),例如:

```
Lock lock = new ReentrantLock();
Condition notFull = lock.newCondition();
Condition notEmpty = lock.newCondition();
```

可以看到,在一个 Lock 对象上定义了两个条件对象 notFull 和 notEmpty。
下面对接口 Condition 的相关方法进行更详细的说明。
1) 方法 await()
方法 await() 定义的形式如下:

```
void await() throws InterruptedException
```

当一个线程调用了方法 await() 后,该线程进入阻塞状态,这时线程本身是无法解除阻塞状态的,需要其他线程帮忙,否则该线程永远都不会执行。阻塞状态在发生下列情形之一时解除:
- 某个线程在当前条件对象上调用了方法 signal(),而该线程正好被选中唤醒;
- 某个线程在当前条件对象上调用了方法 signalAll();
- 其他线程调用了此线程的 interrupt() 方法。

调用方法 await() 之前,当前线程应持有与此 Condition 相关联的锁,否则会抛出 IllegalMonitorStateException 异常。
一般来说,对方法 await() 的调用总是包含在一个循环结构中,并且 await() 操作要放入 try…catch…语句块中,例如:

```
while(条件){
    try{
```

```
            condition.await();
        }catch(InterruptedException ie){
            //…
        }
    }
```

2) 方法 signal()

方法 signal()用于唤醒一个正在等待的线程。如果调用了此方法,则在当前条件对象上等待的线程中选择一个线程进行唤醒,该线程在从方法 await()返回前仍需要重新获取锁,如果获取锁成功,则离开 await()方法,否则将继续等待。

3) 方法 signalAll()

方法 signalAll()用于唤醒所有正在等待的线程。如果调用了此方法,则在当前条件对象上等待的所有线程都将被唤醒,被唤醒的线程将竞争获取锁,只有获得锁的线程才能离开 await()方法,其他没有获得锁的线程将继续等待。

【例 7-4】 使用条件对象实现多缓冲区的生产者/消费者问题。

【解题分析】

使用条件对象需要将多缓冲区的生产者/消费者问题的方法 wait()、notify()和 notifyAll()替换为方法 await()、signal()或 signalAll(),替换时需要使用 Lock 锁的对象,并在该对象上定义条件对象。

【程序代码】

```
//CubbyHole.java
package book.ch7.condition;
//引入条件变量类 Condition
import java.util.concurrent.locks.Condition;
//引入接口 Lock
import java.util.concurrent.locks.Lock;
//引入可重入锁 ReentrantLock,条件变量需要在此基础上定义
import java.util.concurrent.locks.ReentrantLock;
//定义类 CubbyHole
class CubbyHole {
    //定义整型数组 goods,表示多个缓冲区
    private int[] goods;
    //缓冲区头指针
    private int front;
    //缓冲区尾指针
    private int rear;
    //当前缓冲区中数据个数
    private int count;
    //缓冲区容量
    private int nbuf;
    //定义可重入锁
    Lock lock = new ReentrantLock();
    //定义 full 条件变量,用于指明缓冲区是否已满
```

```java
Condition full = lock.newCondition();
//定义 empty 条件变量,用于指明缓冲区是否为空
Condition empty = lock.newCondition();
//构造方法,用于对相关属性进行初始化
public CubbyHole(int nbuf) {
    front = 0;
    rear = 0;
    this.nbuf = nbuf;
    goods = new int[nbuf];
    count = 0;
}
//定义从缓冲区取出数据的方法 get()
public int get(int id) {
    lock.lock();
    try {
        //取出数据时,若当前缓冲区的数据个数小于 0,则等待
        while (count <= 0)
            try {
                //缓冲区为空,条件变量 empty 发出等待信号,令消费者等待
                empty.await();
            } catch (InterruptedException e) {
                e.printStackTrace();
            }
        //缓冲区头指针向后移动一个位置,如果到达最后一个位置,则从 0 开始
        front = (front + 1) % nbuf;
        System.out.println("第"+id+ "号消费者拿走了物品 "+goods[front]);
        //当前缓冲区数据个数减 1
        count--;
        //缓冲区已有空位,条件变量 full 通知生产者可以生产
        full.signal();
        //返回取出的数据
        return goods[front];
    } finally {
        lock.unlock();
    }
}
//定义向缓冲区放入数据的 put()方法
public void put(int value, int id) {
    lock.lock();
    try {
        //如果当前缓冲区的数据个数大于缓冲区的最大容量
        while (count >= nbuf)
            try {
                //条件变量 full 发出等待信号,令生产者等待
```

```java
                full.await();
            } catch (InterruptedException e) {
                e.printStackTrace();
            }
            //缓冲区尾指针向后移动一个位置,如果到达最后一个位置,则从 0 开始
            rear = (rear + 1) % nbuf;
            //放入缓冲区
            goods[rear] = value;
            System.out.println("第"+id+"号生产者生产了物品 "+goods[rear]);
            //当前缓冲区数据个数增 1
            count++;
            //缓冲区已有数据,通知消费者可以取出数据
            empty.signal();
        } finally {
            lock.unlock();
        }
    }
}
//Producer.java
package book.ch7.condition;
//定义生产者线程类
class Producer extends Thread {
    private CubbyHole cubbyHole;
    private int id;
    public Producer(CubbyHole c, int id) {
        cubbyHole = c;
        this.id = id;
    }
    public void run() {
        for (int i = 0; i < 50; i++) {
            cubbyHole.put((int) (100 * Math.random()), id);
        }
    }
}
//Consumer.java
package book.ch7.condition;
//定义消费者线程类
class Consumer extends Thread {
    private CubbyHole cubbyHole;
    private int id;
    public Consumer(CubbyHole c, int id) {
        cubbyHole = c;
        this.id = id;
    }
```

```
        public void run() {
            for (int i = 0; i < 50; i++) {
                cubbyHole.get(id);
            }
        }
    }
//Index.java
package book.ch7.condition;
public class Index {
    private static int np = 4;
    private static int nc = 4;
    public static int nbuf = 10;
    public static void main(String[] args) {
        CubbyHole c = new CubbyHole(nbuf);
        Producer[] producer = new Producer[np];
        for (int i = 0; i < np; i++) {
            producer[i] = new Producer(c, i + 1);
            producer[i].start();
        }
        Consumer[] consumer = new Consumer[nc];
        for (int i = 0; i < nc; i++) {
            consumer[i] = new Consumer(c, i + 1);
            consumer[i].start();
        }
        try {
            for (int i = 0; i < np; i++) {
                producer[i].join();
            }
            for (int i = 0; i < nc; i++) {
                consumer[i].join();
            }
        } catch (Exception e) {
            e.printStackTrace();
        }
    }
}
```

【运行结果】

程序运行结果的部分截图如图 7-6 所示。

【相关讨论】

从此例可以看出，方法 await()、signal() 或 signalAll() 可以完成方法 wait()、notify() 和 notifyAll() 的相关功能，而且可以对条件变量做更详细的定义，如 empty 和 full，从而更好地进行控制。

图 7-6 运行结果(部分)

7.5 交换器

交换器是一种典型的线程协作的工具类,它可以实现两个线程互换各自拥有的资源的功能。生活中有很多交换的例子,例如有两个小朋友,一个小朋友的手里有糖,另一个小朋友的手里有玩具,拿糖的小朋友想玩玩具,拿玩具的小朋友想吃糖,两个小朋友碰到了一起,就可以进行简单的物物交换。除了生活中的例子外,影视剧中也经常会出现某种机缘巧合的互换,例如《羞羞的铁拳》《你的名字》等。

JDK 5.0 版本开始提供了线程间数据交换的功能,该功能可以通过类 Exchanger 完成。类 Exchanger 的定义形式如下:

```
public class Exchanger<V> extends Object
```

其中,参数 V 表示要交换的数据的类型。该类从类 Object 继承,它提供了一个交换点,在该交换点上,线程间可以交换数据。

类 Exchanger 只有一个不含任何参数的构造方法,可以用来创建对象实例。

```
public Exchanger()
```

类 Exchanger 通常会在两个配对的线程中使用,一个线程通过方法 exchange() 将其数据提供给另一个线程,并接收另一个线程的数据。如果一个线程先执行方法 exchange(),则它会一直等待另一个线程执行该方法,当另一个线程到达交换点后,两个线程就可以将各自的数据交给对方了。类 Exchanger 的常用方法如表 7-2 所示。

表 7-2 类 Exchanger 的常用方法

方 法	含 义
V exchange(V x)	等待另一个线程到达交换点,然后交换指定的数据 x,该方法将返回交换后的数据
V exchange(V x, long timeout, TimeUnit unit)	在指定的时间范围内等待另一个线程到达交换点,然后交换指定的数据 x,该方法将返回交换后的数据

第一个方法在执行过程中需要捕获可能出现的 InterruptedException 异常。第二个方法在执行过程中除了需要捕获可能出现的 InterruptedException 异常外,还需要捕获可能出现的 TimeoutException 异常。方法 exchange()通常需要放入 try…catch…语句块中。

【例 7-5】 使用类 Exchanger 实现生产者/消费者问题。

【解题分析】

设定两个缓冲区,包括空缓冲区和满缓冲区,空缓冲区分配给生产者,用于生产者向其中放入数据;满缓冲区分配给消费者,用于消费者从中取出数据消费。当生产者将空缓冲区装满且消费者将满缓冲区取空后,交换生产者和消费者的缓冲区,然后生产者继续装入,消费者继续取出,如此循环往复进行。使用类 Exchanger 的解决方法示意如图 7-7 所示。

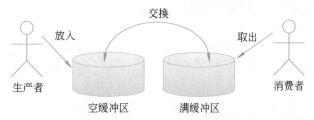

图 7-7 使用类 Exchanger 的生产者/消费者问题解决方法示意图

【程序代码】

```
//DataBuffer.java
package book.ch7.exchanger;
import java.util.LinkedList;
public class DataBuffer {
    //使用链表作为缓冲区,并在构造方法中进行初始化
    LinkedList<Integer> buffer;
    DataBuffer(){
        buffer = new LinkedList<Integer>();
    }
    //用于填满缓冲区
    public void full(){
        while(!isFull()){  add();  }
    }
    //用于从缓冲区中取出数据,直到缓冲区为空
    public void empty(){
        while(!isEmpty()){ take(); }
    }
```

```java
        //用于判断缓冲区是否为空
        public boolean isEmpty(){
            return buffer.isEmpty();
        }
        //用于判断缓冲区是否已满,缓冲区的最大长度为100
        public boolean isFull(){
            return buffer.size() >= 100;
        }
        //向缓冲区填入一个随机数据
        public void add(){
            buffer.addLast((int)(Math.random() * 100));
        }
        //从缓冲区取出一个数据
        public void take(){
            buffer.removeFirst();
        }
}
//定义线程类 EmptyingBuffer,用于清空缓冲区
package book.ch8.exchanger;
import java.util.concurrent.Exchanger;
public class EmptyingBuffer extends Thread{
        //缓冲区
        DataBuffer buffer;
        Exchanger<DataBuffer> exchanger;
        public EmptyingBuffer(DataBuffer buffer, Exchanger<DataBuffer> exchanger){
            this.buffer = buffer;
            this.exchanger = exchanger;
        }
        public void run(){
            try{
                //若缓冲区不为空,则开始从缓冲区中取出数据消费
                while(!buffer.isEmpty()){
                    if(buffer.isFull()){
                        System.out.println(getName()+"的缓冲区已满,开始消费");
                    }
                    buffer.take();
                    //若缓冲区已空,则和生产者 FillingBuffer 拥有的缓冲区交换
                    if(buffer.isEmpty()){
                        System.out.println(getName()+"的缓冲区已空,等待交换数据");
                        buffer = exchanger.exchange(buffer);
                        System.out.println(getName()+"数据交换完成");
                    }
                }
            }catch(InterruptedException ex){
```

```java
            ex.printStackTrace();
        }
    }
}
//FillingBuffer.java
package book.ch7.exchanger;
import java.util.concurrent.Exchanger;
public class FillingBuffer extends Thread {
    DataBuffer buffer;
    Exchanger<DataBuffer> exchanger;
    public FillingBuffer(DataBuffer buffer,Exchanger<DataBuffer> exchanger) {
        this.buffer = buffer;
        this.exchanger = exchanger;
    }
    public void run() {
        try {
            //若缓冲区不满,则开始放入
            while (!buffer.isFull()) {
                if (buffer.isEmpty()) {
                    System.out.println(getName()+"的缓冲已清空,开始放入");
                }
                buffer.add();
                //若缓冲区已满,则和消费者 EmptyingBuffer 拥有的缓冲区交换
                if (buffer.isFull()) {
                    System.out.println(getName()+"的缓冲区已满,等待交换数据");
                    buffer = exchanger.exchange(buffer);
                    System.out.println(getName()+"数据交换完成");
                }
            }
        } catch (InterruptedException ex) {
            ex.printStackTrace();
        }
    }
}
//Index.java
package book.ch7.exchanger;
import java.util.concurrent.Exchanger;
public class Index {
    public static void main(String[] args){
        //定义满缓冲区
        DataBuffer fbuf = new DataBuffer();
        fbuf.full();
        //定义空缓冲区
        DataBuffer ebuf = new DataBuffer();
```

```
            ebuf.empty();
            //定义交换器
            Exchanger<DataBuffer> exchanger = new Exchanger<DataBuffer>();
            //将空缓冲区交给生产者
            Thread fillingBuffer = new FillingBuffer(ebuf, exchanger);
            //将满缓冲区交给消费者
            Thread emptyingBuffer = new EmptyingBuffer(fbuf, exchanger);
            //启动生产者和消费者线程
            fillingBuffer.start();
            emptyingBuffer.start();
        }
    }
```

【运行结果】

程序运行结果的部分截图如图 7-8 所示。

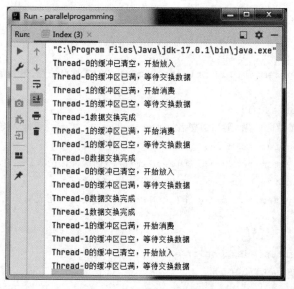

图 7-8　运行结果（部分）

【相关讨论】

在此例中，当生产者的缓冲区已经填满且消费者的缓冲区已经清空后，二者的缓冲区才发生交换。

习题

1. 甲、乙两个公司协作完成产品生产和运输的工作，其中，甲公司负责产品生产，乙公司负责产品运输，生产产品的原材料运送到之后，甲公司才能生产，甲公司生产产品后，乙公司才能运输。试使用线程模拟这一过程。

2. 尝试使用共享变量的方式实现线程间的协作。

3. 试说明类 Exchanger 的运行机制。

第 8 章 线程障栅

线程障栅相当于程序内部的一个集合点,当多线程程序执行过程中的多个中间结果需要整合时会经常用到它。在某个线程等待其他线程时,可以让其他线程都运行到障栅处,一旦所有线程都到达了这个障栅,障栅就撤销,线程可以继续向下运行。

8.1 概述

在日常生活中,使用障栅的例子有很多。例如,校园里同学们跑操,在跑操之前通常需要到某个地方集合,等人员到齐后,大家再一起开始。此外,出发前的集合、等某件事做完后再做另一件事都可以看成障栅的典型应用例子。

在多线程程序中,很多时候需要让多个线程相互协作完成一项任务,例如,任务 A 和 B 是完成一项工作的两个划分,只有任务 A 计算出结果后,任务 B 才能计算,将任务 A 划分为 4 个子任务,交由 4 个线程并行执行,由于子任务有大小之分,故处理小任务的线程有可能很快就执行完毕,因此该线程需要等待其他线程执行完成后再一起向下执行任务 B,这时在任务 A、B 交界处就需要用到线程障栅。

第 3 章介绍的方法 join() 就可以看作线程障栅的早期实现,可以在某个线程对象上调用该方法,让其他线程等待该线程执行完成。除了方法 join() 外,还可以使用循环障栅、倒计时门闩、信号量和阶段操作等。

8.2 循环障栅

循环障栅使用类 CyclicBarrier 实现,它是一个同步辅助类,实现了一个称为障栅的集合点,在所有线程都到达集合点前,线程之间可以相互等待,所有线程都到达集合点后,才向下继续执行。

在所有等待的线程到达该集合点后,障栅会撤销,然后这些线程开始一起向下继续运行。这个障栅在后面线程的运行过程中又可以继续使用,英文 Cyclic 的含义是"循环的、周期的",这也是类 CyclicBarrier 表现出来的含义。类 CyclicBarrier 的定义如下:

```
public class CyclicBarrier extends Object
```

类 CyclicBarrier 比较适用于线程数固定的情况,这是因为线程数固定后,可以清楚地知道有多少个线程需要在障栅处统计。

如果要创建一个障栅对象,则可以使用类 CyclicBarrier 的构造方法,该类有两个构造方法,定义如下:

```
//创建一个 CyclicBarrier 障栅对象,parties 为需要等待的线程个数,线程等待时启动
```
- `CyclicBarrier(int parties)`

```
//创建一个 CyclicBarrier 障栅对象,parties 为需要等待的线程个数,barrierAction 定义了最后一个进
入障栅的线程要执行的动作
```
- `CyclicBarrier(int parties, Runnable barrierAction)`

例如,定义一个含有 4 个障栅点的 CyclicBarrier 对象。

```
CyclicBarrier barrier = new CyclicBarrier(4);
```

表示创建了一个障栅,将有 4 个线程到达障栅,才能继续向下运行。为了将需要等待的线程和该障栅联系起来,需要用到障栅的等待方法 await(),该方法是该类最常用的一个方法,它的含义如表 8-1 所示。

表 8-1 方法 await()

方　法	含　义
int await()	在此障栅上的线程调用该方法后将等待
int await(long timeout, TimeUnit unit)	所有调用该方法的线程将等待一段固定长度 timeout 的时间,unit 是等待的时间单位

在障栅对象上可以调用 await() 方法,该方法需要放入 try…catch…语句块中,并捕获 InterruptedException 和 BrokenBarrierException 异常。当最后一个线程调用了 await() 方法后,将唤醒所有等待的线程,并继续进行该障栅点之后的工作。障栅的使用示例如下:

```
public void run(){
    … //需要处理的任务
    try {
        barrier.await();
    } catch (InterruptedException | BrokenBarrierException e) {
        e.printStackTrace();
    }
}
```

类 CyclicBarrier 的其他常用方法如表 8-2 所示。

表 8-2 类 CyclicBarrier 的常用方法

方　法	含　义
int getNumberWaiting()	获得当前在障栅处等待的线程数目
int getParties()	获得要求启动此障栅的线程数目
boolean isBroken()	查询障栅是否处于损坏状态
void reset()	重置障栅到初始状态

下面通过一个例子讲解类 CyclicBarrier 的使用方法。

【例 8-1】 数据排序的并行化实现。

【解题分析】

排序是常用的数据操作之一，很多应用都需要对有序数据进行操作。图 8-1 是从数据的角度并行化实现排序。首先将原始数据划分为两部分，然后分别对两部分进行排序，由于两部分独立，故可以并行进行，排序完毕后再进行合并，即可形成有序数据。

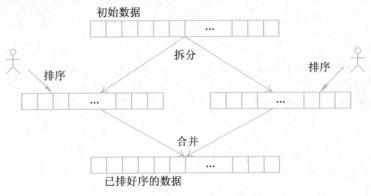

图 8-1 数据排序并行化实现示意图

【程序代码】

```
//Worker.java
package book.ch8.cyclicBarrier;
import java.util.Arrays;
import java.util.concurrent.BrokenBarrierException;
import java.util.concurrent.CyclicBarrier;
public class Worker extends Thread {
    int[] arr;
    CyclicBarrier barrier;
    public Worker(int[] array, CyclicBarrier barrier){
        this.arr = array;
        this.barrier = barrier;
    }
    public void run(){
        Arrays.sort(arr);
        try {
            barrier.await();
        } catch (InterruptedException | BrokenBarrierException e) {
            e.printStackTrace();
        }
    }
}
//Index.java
package book.ch8.cyclicBarrier;
import java.util.Arrays;
```

```java
import java.util.concurrent.BrokenBarrierException;
import java.util.concurrent.CyclicBarrier;
public class Index {
    public static void main(String[] args) {
        //数组元素个数
        int N = 5000000;
        //线程个数
        int threads = 2;
        //数组定义
        int[] array = new int[N];
        //数组初始化
        for (int i = 0; i < N; i++) {
            array[i] = (int) (Math.random() * N);
        }
        System.out.println("数据初始化完毕!");
        //根据线程数进行数据分段
        int[] data = new int[threads + 1];
        int slice = N / threads;
        for (int i = 0; i <= threads; i++) {
            data[i] = slice * i;
            if (data[i] > N)
                data[i] = N;
        }
        int[][] subAry = new int[threads][slice];
        for (int i = 0; i < threads; i++) {
            subAry[i] = Arrays.copyOfRange(array, data[i], data[i + 1]);
        }
        System.out.println("数据划分完成。");
        //定义线程数组并启动线程
        Thread[] t = new Thread[threads];
        CyclicBarrier barrier = new CyclicBarrier(threads+1);
        for(int i=0; i<threads; i++){
            t[i] = new Worker(subAry[i], barrier);
            t[i].start();
        }
        System.out.println(threads+"个线程已经启动!");
        //障栅
        try {
            barrier.await();
        } catch (InterruptedException | BrokenBarrierException e) {
            e.printStackTrace();
        }
        array = converge(subAry[0], subAry[1]);
        if(check(array))
```

```java
            System.out.println("排序成功");
        else
            System.out.println("排序失败");
    }
    //并行排序完后进行合并操作
    private static int[] converge(int[] arr1, int[] arr2) {
        int[] arr = new int[arr1.length + arr2.length];
        int i1 = 0, i2 = 0, i = 0;
        while (i1 < arr1.length && i2 < arr2.length) {
            if (arr1[i1] < arr2[i2]) {
                arr[i] = arr1[i1];
                i++;
                i1++;
            } else {
                arr[i] = arr2[i2];
                i++;
                i2++;
            }
        }
        while (i1 < arr1.length) {
            arr[i] = arr1[i1];
            i++;
            i1++;
        }
        while (i2 < arr2.length) {
            arr[i] = arr2[i2];
            i++;
            i2++;
        }
        return arr;
    }
    //检查数组是否有序。按照由小到大的顺序排序,前一个元素的值定会小于后一个的元素的值
    private static boolean check(int[] arr){
        int length = arr.length;
        for(int i=0; i<length-1; i++){
            if(arr[i]>arr[i+1]){
                return false;
            }
        }
        return true;
    }
}
```

【程序分析】

在上面的代码中,线程个数为 threads,但是在定义障栅时,定义为 threads+1 个障栅,这主要是考

虑主线程也需要等待排序完毕后才能进行校验操作,因此多定义一个障栅。也可以定义 threads 个障栅,这时需要在 main() 方法中使用 join() 方法等待所有线程执行结束。

在每部分排序完毕后,需要对数据进行合并操作。因为 arr1 和 arr2 已经是有序数组,因此可以按照图 8-2 所示的方法进行合并,当数组 1 的全部元素已经放入下面的最终数组,数组 2 还有剩余元素的情况下,数组 2 的剩余元素将全部移入最终数组的后部。如果数组 1 有剩余元素,则操作类似。

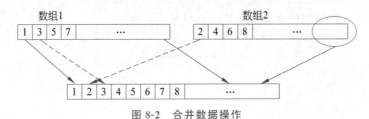

图 8-2　合并数据操作

可以将方法 converge() 定义为一个 Runnable 对象,然后在 CyclicBarrier 的构造方法中加入该对象,读者可以自行编程尝试。

【运行结果】

程序运行结果如图 8-3 所示。

图 8-3　运行结果

【相关讨论】

排序的并行化可以对排序算法本身进行并行化,也可以对排序的数据进行并行化。类 Arrays 也提供了相关的方法以帮助并行排序,使用 Arrays.parallelSort(数组名) 的形式可以实现并行排序。

本例演示了如何从数据的角度实现并行化,排序算法本身的并行化实现相对较难,相关研究也在进行之中,第 13 章将介绍桶排序和奇偶交换排序的方法,有兴趣的读者可以参考。

8.3　倒计时门闩

倒计时门闩就像一个带计数开关的门,只有在门前等待的线程达到一定数量,门闩才会打开,线程才可以继续执行。

倒计时门闩由类 CountDownLatch 实现,从 JDK 5.0 开始提出,该类从 Object 继承而来。

```
public class CountDownLatch extends Object
```

类 CountDownLatch 的构造方法如下:

```
CountDownLatch(int count)
```

其中,count 为初始计数,必须为正数,否则将抛出 IllegalArgumentException 异常。

可以通过一个给定的值进行初始化,通常在同步状态中保存的是当前的计数值,线程调用方法 await()等待,方法 countDown()会导致计数值递减,当计数值为 0 时,所有在倒计时门闩范围内的等待线程的阻塞状态都将解除。该类的常用方法定义如表 8-3 所示。

表 8-3　类 CountDownLatch 的常用方法

方　法	含　义
void await()	使当前线程等待,直到门闩值减为 0
boolean await(long timeout,TimeUnit unit)	在指定的时间范围内使当前线程等待,直到门闩值减为 0
void countDown()	使门闩的值减 1,当值为 0 时,释放所有等待的线程
long getCount()	返回当前计数

await()方法通常要放入 try…catch…语句块中,用来捕获 InterruptedException 异常,例如:

```
CountDownLatch cdl = new CountDownLatch(4);
//…
cdl.countDown();
try {
    cdl.await();
} catch (InterruptedException e) {
    e.printStackTrace();
}
```

类 CountDownLatch 与循环障栅不同,它是一次性的,一旦计数器为 0,就不能再重复使用它了。

【例 8-2】　使用多线程给数组的每个元素的值加 1,并校验是否成功。

【解题分析】

根据多核处理器可以同时执行的最大线程数对数组元素进行划分,使每个线程处理一段数据。等待所有线程都处理完毕后,对数组元素的值进行检验。

【程序代码】

```
//Worker.java
package book.ch8.countdownlatch;
import java.util.concurrent.Callable;
import java.util.concurrent.CountDownLatch;
public class Worker extends Thread{
    //数组定义
    int[] array;
    int from;
    int to;
    //将 cdl 作为一个属性,目的是使多个线程使用同一个 CountDownLatch 对象
```

```java
        CountDownLatch cdl;
        Worker(int[] array, int from, int to, CountDownLatch cdl){
            this.array = array;
            this.from = from;
            this.to = to;
            this.cdl = cdl;
        }
        public void run(){
            for(int i=from; i<to; i++){
                array[i]++;
            }
            //调用对象 cdl 的方法 countDown()使计数器减 1,然后等待
            cdl.countDown();
            try {
                cdl.await();
            } catch (InterruptedException e) {
                e.printStackTrace();
            }
        }
    }
}
//Index.java
package book.ch8.countdownlatch;
import java.util.concurrent.CountDownLatch;
public class Index {
    public static void main(String[] args) {
        //定义数组的大小,并对数组进行初始化
        int N = 1000000;
        int[] datum = new int[N];
        int[] copy = new int[N];
        for(int i=0; i<N; i++){
            datum[i] = (int) (Math.random() * 10);
            copy[i] = datum[i];
        }
        //获取计算机可以处理的最大线程数,并根据线程数对数据进行划分
        int nthread = Runtime.getRuntime().availableProcessors();
        int segment = N / nthread;
        int[] range = new int[nthread+1];
        for(int i=0; i<=nthread; i++){
            range[i] = segment * i;
            if(range[i] > N)
                range[i] = N;
        }
        System.out.println("将数据划分为:");
        for(int i=0; i<nthread; i++){
```

```java
            System.out.println("开始下标:"+range[i] + "结束下标"+range[i+1]);
        }
        //定义并启动线程,将CountDownLatch的对象作为参数初始化线程
        CountDownLatch cdl = new CountDownLatch(nthread);
        Thread[] threads = new Thread[nthread];
        for(int i=0; i<nthread; i++){
            threads[i] = new Worker(datum, range[i], range[i+1], cdl);
            threads[i].start();
        }
        //主线程等待,直到计数器为 0
        try {
            cdl.await();
        } catch (InterruptedException e) {
            e.printStackTrace();
        }
        //检查结果是否正确并输出
        boolean pass = true;
        for(int i=0; i<N; i++){
            if(datum[i]!=copy[i]+1){
                pass = false;
                break;
            }
        }
        if(pass){
            System.out.println("结果正确");
        }else{
            System.out.println("结果错误");
        }
    }
}
```

【运行结果】

程序运行结果如图 8-4 所示。

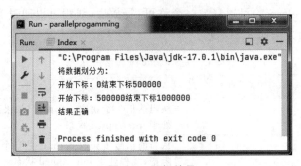

图 8-4 运行结果

【相关讨论】

读者可以通过程序比较倒计时门闩和障栅的区别。

8.4 信号量

旅游已成为大多数人放松自己、开阔眼界的休闲方式,很多热门旅游景点为了保护自然景观或珍贵文物,同时又为了能让游客尽兴参观,通常会设置参观人数的限制,这样做既可以提高游览的质量,又可以防止拥挤,保证游客安全。

在并行程序设计中,信号量提供了一定数量的接纳度,可以在接纳度范围内允许线程进入。

信号量机制是由 Edsger Dijkstra 于 1968 年发明的,它是一种典型的同步机制,通常用于限制对于某种资源同时访问的线程数量,以解决线程同步问题。很多操作系统的教材都对信号量机制进行了详细介绍,有兴趣的读者可以详细了解。

在 Java 并发库中,类 Semaphore 可以实现信号量机制,其定义如下:

```
public class Semaphore extends Object implements Serializable
```

它的构造方法定义如下:

```
//用给定的许可数创建一个 Semaphore 对象
```
- Semaphore(int permits)

```
//用给定的许可数创建一个 Semaphore 对象,并可以设定公平参数 fair。参数 fair 可以取值为 true 或 false,指明当有许可可用时,是采用公平策略还是采用非公平策略获取许可。公平策略可以保证每个线程都能获得许可,对于防止线程出现"饥饿"现象是有帮助的
```
- Semaphore(int permits, boolean fair)

例如:

```
//表示创建了有 10 个许可的信号量 available,该信号量的获取策略是公平的
emaphore available = new Semaphore(10, true);
//表示创建了只有一个许可的信号量,它可以实现互斥锁的功能
Semaphore available = new Semaphore(1);
```

一个信号量管理了一个许可(permit)集合,通过方法 acquire()可以获取一个许可,如果没有许可可用,则等待。通过方法 release()可以释放一个许可,释放后,线程可以通过竞争的方式获取许可。

类 Semaphore 的常用方法如表 8-4 所示。

表 8-4 类 Semaphore 的常用方法

方法	含义
void acquire()	从当前信号量获取一个许可,如果没有许可可用,则阻塞,线程处于 interrupted 状态
void acquire(int permits)	从当前信号量获取 permits 数量个许可,如果没有许可可用,则阻塞,线程处于 interrupted 状态
void acquireUninterruptibly()	从当前信号量获取一个许可,在有可用的许可之前阻塞

续表

方　法	含　义
void acquireUninterruptibly(int permits)	从当前信号量获取 permits 数量个许可,在有可用的许可之前阻塞
int availablePermits()	获得可用的许可数
int drainPermits()	获取并返回立即可用的所有许可数
protected Collection<Thread> getQueuedThreads()	返回等待获取许可的线程队列
int getQueueLength()	返回等待获取许可的线程队列长度
boolean hasQueuedThreads()	查询线程等待队列中是否有线程等待获得许可
boolean isFair()	如果信号量的 fair 参数设置为 true,则返回 true
protected void reducePermits(int reduction)	减少许可数
void release()	释放一个许可
void release(int permits)	释放指定数量的许可
boolean tryAcquire()	尝试获得一个许可

【例 8-3】 银行有 4 个窗口可以同时办理业务,现在有 20 个顾客需要办理业务,使用信号量机制模拟这一过程。

【解题分析】

设置一个有 4 个许可数的类 Semaphore 实例,20 个顾客分别使用线程模拟,顾客办理业务前首先获取许可,只有获取许可的顾客才能到窗口办理业务。

【程序代码】

```
//Customer.java
package book.ch8.semaphore;
import java.util.concurrent.Semaphore;
public class Customer extends Thread{
    //信号量 Counter
    Semaphore counter;
    //线程标号
    int id;
    //执行次数
    int times;
    //在构造方法中对这些属性进行初始化
    Customer(Semaphore counter, int id){
        this.counter = counter;
        this.id = id;
        times = (int)(Math.random() * Integer.MAX_VALUE);
    }
    public void run(){
        try {
            //获取信号量
```

```java
            counter.acquire();
            System.out.println("第"+id+"位顾客开始办理业务...");
            //模拟顾客办理业务的情况,循环times次表示每个顾客的业务办理时间都不相同
            for(int i=0; i<times; i++);
            System.out.println("第"+id+"位顾客已经办理完业务,准备离开...");
            //释放信号量
            counter.release();
        } catch (InterruptedException e) {
            e.printStackTrace();
        }
    }
}
//Index.java
package book.ch8.semaphore;
import java.util.concurrent.Semaphore;
public class Index {
    public static void main(String[] args) {
        //定义含有 4 个许可的信号量
        Semaphore counter = new Semaphore(4);
        Thread[] th = new Thread[20];
        //定义 20 个线程并启动
        for(int i=0; i<20; i++){
            th[i] = new Customer(counter, i+1);
            th[i].start();
        }
    }
}
```

【运行结果】

程序运行结果的部分截图如图 8-5 所示。

图 8-5　运行结果(部分)

【相关讨论】

从上面的运行结果可以看出,使用了信号量后,同时只允许 4 个顾客办理业务,其他想办理业务的顾客只能等待,只有办理完毕的顾客离开并且释放信号量后,其他顾客才能办理业务。

信号量可以设置多个许可,同时允许多个线程进入某个区域。特殊的,如果许可数仅为 1,则信号量相当于锁,可以用来进行同步控制,请看下面的例子。

【例 8-4】 针对 4.3 节的例子,使用只有一个许可的信号量作为锁,实现同步控制。

【解题分析】

只有一个许可的信号量在同一时刻只允许一个线程进入被许可的范围,与加锁和解锁操作相同,信号量需要经过请求和释放阶段。

【程序代码】

```java
//Data.java
package book.ch8.semaphore2;
import java.util.concurrent.Semaphore;
public class Data {
    //定义属性 a、b 和 semaphore,并在构造方法中对属性 semaphore 进行初始化
    int a = 0;
    int b = 0;
    Semaphore semaphore;
    Data(Semaphore semaphore){
        this.semaphore = semaphore;
    }
    //首先使用信号量的 acquire 获取信号量,然后完成 a 和 b 的增 1,最后释放信号量
    public void increase() {
        try {
            semaphore.acquire();
            a++;
            b++;
        } catch (InterruptedException e) {
            e.printStackTrace();
        }
        semaphore.release();
    }
    //首先使用信号量的 acquire 获取信号量,然后输出 a 和 b 的值,最后释放信号量
    public void isEqual() {
        try {
            semaphore.acquire();
            System.out.println("a=" + a + "\tb=" + b + "\t" + (a == b));
        } catch (InterruptedException e) {
            e.printStackTrace();
        }
        semaphore.release();
    }
```

```java
}
//Worker.java
package book.ch8.semaphore2;
public class Worker implements Runnable {
    private Data data;
    Worker(Data data){
        this.data = data;
    }
    //使用一个永真的循环不断调用类 data 实例的方法 increase()
    public void run() {
        while(true){
            data.increase();
        }
    }
}
//Index.java
package book.ch8.semaphore2;
import java.util.concurrent.Semaphore;
public class Index {
    public static void main(String[] args){
        //定义信号量,只有一个信号量,故只允许一个线程进入信号量控制的区域
        Semaphore semaphore = new Semaphore(1);
        Data data = new Data(semaphore);
        //定义两个线程并启动
        Worker worker1 = new Worker(data);
        Worker worker2 = new Worker(data);
        Thread t1 = new Thread(worker1);
        Thread t2 = new Thread(worker2);
        t1.start();
        t2.start();
        //在循环中调用 data 的方法 isEqual(),并在调用一次后休息 1s
        while(true){
            data.isEqual();
            try{
                Thread.sleep(1000);
            }catch(InterruptedException e){
                e.printStackTrace();
            }
        }
    }
}
```

【运行结果】

程序运行结果如图 8-6 所示。

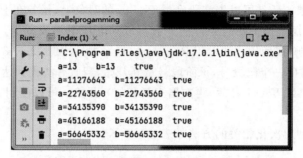

图 8-6　运行结果

【相关讨论】

从运行结果可以看出,拥有一个许可的信号量可以用作同步锁,可以确保数据访问的正确性。

8.5　阶段

在日常生活中,人们习惯把某件事分为若干阶段,然后规定每个阶段的具体工作和完成时间,从而实现阶段化的控制和管理,这种阶段化处理方式在完成复杂工作时往往很高效。JDK 7.0 版本开始引入类 Phaser,它可以完成阶段任务处理。

1. 定义

类 Phaser 的定义如下:

```
public class Phaser extends Object
```

它直接从类 Object 继承,是一个可复用的同步障栅。与前面讲的 CyclicBarrier 和 CountDownLatch 功能类似,但使用上更加灵活。

2. 构造方法

类 Phaser 有以下 4 种形式的构造方法:

```
//无参数,对一个 Phaser 类的实例进行初始化
• Phaser()
//创建一个 Phaser 对象的同时指明参与当前 Phaser 的线程数
• Phaser(int parties)
//为当前 Phaser 指明一个父 Phaser
• Phaser(Phaser parent)
//为当前 Phaser 指明一个父 Phaser;parties 指明了参与当前 Phaser 的线程数
• Phaser(Phaser parent, int parties)
```

从构造方法的参数可知,类 Phaser 使用并行任务数 parties 进行初始化,表明有多少个线程需要在 Phaser 对象上等待。

一个 Phaser 对象可以指明它的父 Phaser 对象,从而形成一种树状结构,通过树状结构可以实现分层,一个 Phaser 对象可能会有若干子 Phaser 对象。可以通过方法 getParent() 获取当前结点的父结点,也可以直接通过方法 getRoot() 获得根结点。

使用 Phaser 作为障栅的任务可以先注册到类 Phaser 的对象上,任务在 Phaser 对象实例上可以随时注册,因此与 Phaser 对象实例关联的并行任务数可以动态地增加或减少。可以在任何时候使用方法 register() 进行单独注册,或使用方法 bulkRegister() 进行批量注册,如表 8-5 所示。

Phaser 的每个阶段对应一个阶段号,该阶段号从 0 开始,当所有线程到达障栅点后,阶段号增 1,当阶段号增加到 Integer.MAX_VALUE 后,再次增 1 又会从 0 开始。可以使用方法 getPhase() 获取当前阶段号。

类 Phaser 中与注册和层次化相关的方法如表 8-5 所示。

表 8-5 类 Phaser 中与注册和层次化相关的方法

方法	说明
int getPhase()	返回当前阶段号
Phaser getRoot()	返回当前 Phaser 的根结点,如果当前 Phaser 没有根结点,则返回当前 Phaser 的值
Phaser getParent()	获取当前 Phaser 的父结点,如果没有父结点,则返回 null
int register()	加入一个新建的、未到达的线程到该 Phaser
int bulkRegister(int parties)	增加给定数量的、未到达的线程到当前 Phaser

3. 动作

类 Phaser 有两个典型的动作:到达(arrival)动作和等待(waiting)动作。

到达动作可以通过方法 arrive() 和 arriveAndDeregister() 进行记录,这两个方法不会阻塞,都会返回到达的阶段号。

等待动作与类 CyclicBarrier 中的等待动作类似,可以在 Phaser 对象上重复等待,类 Phaser 的方法 arriveAndAwaitAdvance() 与类 CyclicBarrier 的方法 await() 的功能类似,可以用来实现等待。

当到达某一阶段后,可以执行一个自定义的动作,通过重写方法 onAdvance() 可以实现这个自定义的动作,该动作和 CyclicBarrier 的障栅动作很像,但更灵活。

在一个层次化的 Phaser 树中,已经注册的任务也可以在到达障栅后通过方法 arriveAndDeregister() 取消注册,而当调用方法 arriveAndDeregister() 导致注册到子 Phaser 的线程数变为 0 时,该子 Phaser 将从父 Phaser 中取消注册。

类 Phaser 中与动作有关的方法如表 8-6 所示。

表 8-6 类 Phaser 中与动作有关的方法

方法	说明
int arrive()	到达当前 Phaser,不用等待其他线程到达
int arriveAndAwaitAdvance()	到达当前 Phaser 并等待其他线程到达
int arriveAndDeregister()	到达当前 Phaser 并从当前 Phaser 上取消注册,不用等待其他线程到达
protected boolean onAdvance(int phase, int registeredParties)	重写该方法以实现即将到来的阶段转换时的动作,并且可以用于控制该 Phaser 是否终止

4. 状态

类 Phaser 有两种状态,一种是活动状态,另一种是终止状态,分别描述如下。

- 在任何时刻都可以监控 Phaser 的活动状态，可以通过方法 getRegisteredParties() 获得已注册的线程数；可以通过方法 getArrivedParties() 获得到达当前阶段的线程数；可以通过方法 getUnarrivedParties() 获得已经注册但还未到达的线程数。除此之外，也可以通过方法 toString() 获得该 Phaser 的状态。
- 通过方法 isTerminated() 可以检查当前 Phaser 是否处于终止状态。当一个 Phaser 对象上注册的线程数变为 0 时，也会触发终止状态，方法 forceTermination() 也可强制当前 Phaser 进入终止状态。

类 Phaser 中与状态有关的方法如表 8-7 所示。

表 8-7 类 Phaser 中与状态有关的方法

方法	说明
int getRegisteredParties()	获取注册到当前 Phaser 的线程数
int getArrivedParties()	获取已经注册且已经到达当前 Phaser 阶段的线程数
int getUnarrivedParties()	获取已经注册但还没有到达当前 Phaser 阶段的线程数
String toString()	返回当前 Phaser 的字符串标识和状态信息
void forceTermination()	强制当前 Phaser 进入终止状态
boolean isTerminated()	如果当前 Phaser 已经处于终止状态，则返回 true

5. 举例

当把并行任务分为若干阶段之后，使用类 Phaser 处理会非常方便，下面通过例子说明类 Phaser 的使用。

【例 8-5】 搜索所有值为 20 的数组元素，将值增 1 并输出结果。

【解题分析】

此例分为三个阶段：

（1）搜索值为 20 的数组元素，并记录下标；

（2）修改为 21；

（3）输出结果。

【程序代码】

```
//Searcher.java
package book.ch8.phaser;
import java.util.ArrayList;
import java.util.List;
import java.util.concurrent.Phaser;
public class Searcher extends Thread {
    //数组
    int[] array;
    //当前线程操作数组的起始下标
    int begin;
    //当前线程操作数组的终止下标
```

```java
        int end;
        //阶段处理类对象
        Phaser phaser;
        //需要查找的值
        int findValue;
        //将结果放置在一个列表中
        List<Integer> results;
        //在构造方法中对属性进行赋值
        Searcher(int[] array, int begin, int end, int findValue, Phaser phaser){
            this.array = array;
            this.begin = begin;
            this.end = end;
            this.findValue = findValue;
            this.phaser = phaser;
            results = new ArrayList<Integer>();
        }
        public void run() {
            //等待所有线程都到达后,一起向下执行
            phaser.arriveAndAwaitAdvance();
            //开始寻找目标值
            for(int i=begin; i<end; i++){
                if(array[i] == findValue){
                    results.add(i);
                }
            }
            System.out.println(getName()+"已经完成了第"+phaser.getPhase()+"阶段的任务。");
            //等待所有线程都到达后,一起向下执行
            phaser.arriveAndAwaitAdvance();
            //所有搜索到的结果值增1
            for(Integer result : results){
                array[result]++;
            }
            System.out.println(getName()+"已经完成了第"+phaser.getPhase()+"阶段的任务。");
            //等待所有线程都到达后,一起向下执行
            phaser.arriveAndAwaitAdvance();
            System.out.println(getName()+"开始第"+phaser.getPhase()
                    +"个阶段。共改变了"+results.size()+"个。");
            //所有线程都到达后,从 phaser 上注销
            phaser.arriveAndDeregister();
        }
    }
}
//Index.java
package book.ch8.phaser;
import java.util.concurrent.Phaser;
```

```java
public class Index {
    public static void main(String[] args){
        //数据规模,即数组大小
        int dataSize = 4000000;
        //线程个数
        int nthread = 4;
        //需要查找的值
        int findValue = 20;
        //数组定义
        int[] bigData = new int[dataSize];
        //向数组中填充随机数
        for(int i=0; i<dataSize; i++){
            bigData[i] = (int) (Math.random() * 100);
        }
        //定义每个线程要操作的数据段,将每个数据段的起止下标放在数组中
        int[] range = new int[nthread+1];
        //每个数据段的大小
        int slice = dataSize / nthread;
        //填充数据段的起止下标,如果超过最后一个元素下标,则等于该下标值
        for(int i=0; i<=nthread; i++){
            range[i] = slice * i;
            if(range[i] > dataSize)
                range[i] = dataSize;
        }
        //定义阶段对象 phaser
        Phaser phaser = new Phaser(nthread);
        //线程数组
        Thread[] threads = new Thread[nthread];
        //使用循环生成每个线程对象并启动
        for(int i=0; i<nthread; i++){
            threads[i] = new Searcher(bigData, range[i],
                            range[i+1], findValue, phaser);
            threads[i].start();
        }
        //等待这些线程执行结束
        for(int i=0; i<nthread; i++){
            try {
                threads[i].join();
            } catch (InterruptedException e) {
                e.printStackTrace();
            }
        }
        System.out.println("程序结束,phaser 的终止状态为:"
                            + phaser.isTerminated());
    }
}
```

【运行结果】

程序运行结果如图 8-7 所示。

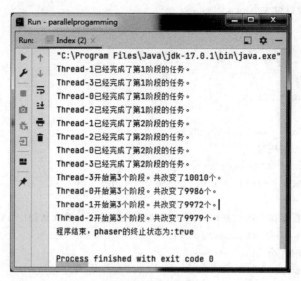

图 8-7　运行结果

【结果分析】

从运行结果可以看出，每个阶段都是在所有线程都到达后才开始下一阶段，当所有线程从 Phaser 取消注册后，就会进入终止状态。

【例 8-6】　在参加大学英语四六级考试时，通常要求考生在开考之前必须到场，考试开始后，考生先做选择题部分，到某一时间时，一部分考试结束，教师要收取答题卡，然后考生做作文部分，考试结束后，教师宣布考试结束并收取作文部分考卷。用多线程程序模拟这一过程。

【解题分析】

此例中，英语四六级考试分阶段进行，因此在用多线程程序模拟这一过程时可以采用类 Phaser 实现。阶段的划分如下：

(1) 考生到考场

(2) 发试卷

(3) 答题

(4) 收答题一部分

(5) 答题

(6) 收答题二部分

(7) 考试结束

【程序代码】

```
//CustomizedPhaser.java
package book.ch5.phaser2;
import java.util.concurrent.Phaser;
//通过继承类 Phaser 创建一个自定义的类 CustomizedPhaser
public class CustomizedPhaser extends Phaser {
```

```java
//重写类 Phaser 的方法 onAdvance(),当阶段号不同时,执行相应的方法
@Override
protected boolean onAdvance(int phase, int registeredPaties){
    if(phase == 0){
        return prepare();
    }else if(phase == 1){
        return dispatch();
    }else if(phase == 2){
        return collection_test1();
    }else if(phase == 3){
        return collection_test2();
    }else if(phase == 4){
        return over();
    }else {
        return true;
    }
}
//定义各个阶段执行的方法
private boolean prepare(){
    System.out.println("第"+this.getPhase()+"阶段,"
        + this.getRegisteredParties() + "个学生都已经准备好了,");
    return false;
}
private boolean dispatch(){
    System.out.println("第"+this.getPhase()+"阶段, 开始发卷, "
            +this.getRegisteredParties()+"个学生都已经拿到了试卷,");
    return false;
}
private boolean collection_test1(){
    System.out.println("第"+this.getPhase()+"阶段, 测试一部分结束,收取了"
            +this.getRegisteredParties()+"个学生科目一答题卡,");
    return false;
}
private boolean collection_test2(){
    System.out.println("第"+this.getPhase()+"阶段, 测试二部分结束,
            收取了"+this.getRegisteredParties()+"个学生科目二作文试卷,");
    return false;
}
private boolean over(){
    System.out.println("第"+this.getPhase()+"阶段, 考试结束.");
    return true;
}
}
//Tester.java
```

```java
package book.ch5.phaser2;
import java.util.concurrent.Phaser;
public class Tester extends Thread{
    Phaser phaser;
    Tester(Phaser phaser){
        this.phaser = phaser;
    }
    @Override
    public void run(){
        //使用方法 arriveAndAwaitAdvance()分割各个阶段,在每个阶段前输出相应信息,并在执行结束后在 phaser 上取消线程注册
        System.out.println(this.getName()+"已经到达考场。");
        phaser.arriveAndAwaitAdvance();
        System.out.println(this.getName()+"等待老师发卷...");
        phaser.arriveAndAwaitAdvance();
        System.out.println(this.getName()+"正在答试卷一...");
        phaser.arriveAndAwaitAdvance();
        System.out.println(this.getName()+"正在答试卷二...");
        phaser.arriveAndAwaitAdvance();
        System.out.println(this.getName()+"正在等待宣布考试结束...");
        phaser.arriveAndDeregister();
    }
}
//Index.java
package book.ch5.phaser2;
import java.util.concurrent.Phaser;
public class Index {
    public static void main(String[] args) {
        //参加考试的学生数
        int tester_num = 3;
        //定义 Phaser 实例 phaser
        Phaser phaser = new CustomizedPhaser();
        //定义线程并注册到 phaser
        Thread[] testers = new Thread[tester_num];
        for(int i=0; i<tester_num; i++){
            testers[i] = new Tester(phaser);
            phaser.register();
            testers[i].start();
        }
        //等待执行结束
        for(int i=0; i<tester_num; i++){
            try {
                testers[i].join();
            } catch (InterruptedException e) {
```

```
                    e.printStackTrace();
                }
            }
        }
    }
```

【运行结果】

程序运行结果如图 8-8 所示。

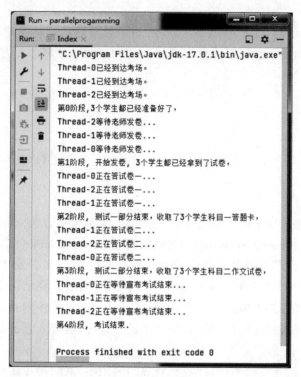

图 8-8　运行结果

【结果分析】

从运行结果可以看出，3 个学生按照阶段进行考试，完成了题目要求的内容。虽然 3 个线程按照不同的执行顺序执行，但在每个阶段的障栅点上都会等待其他未完成的线程，然后一起向下执行下一阶段。

习题

1. 障栅和倒计时门闩有什么不同之处？
2. 类 Phaser 的方法 onAdvance() 和类 CyclicBarrier 的障栅动作有什么区别？
3. 甲、乙两个公司协作完成产品生产和运输的工作，其中，甲公司有 100 个工人负责产品生产，乙公司有 5 辆车负责产品运输，生产产品的原材料运送到之后，甲公司才能生产，甲公司生产产品后，乙公司才能运输。试使用线程模拟这一过程。

第9章 线程池管理

程序员在编写并行程序时，除了要创建线程外，还需要对线程的运行进行控制。为了减轻负担，Java 提供了线程池，用于对线程的运行进行管理，程序员可以将主要精力放在核心业务逻辑上，有效提升了并行编程的效率。

9.1 线程池

本节将首先介绍为什么要使用线程池，然后对相关的接口和类进行详细讲解。

9.1.1 为什么使用线程池

在多线程程序中，程序员通常需要创建一个线程对象，然后通过方法 start() 启动线程，并在线程运行过程中通过方法 join()、sleep()、interrupt() 等控制线程的运行。如果创建的线程数过多，像这种线程的创建、运行、休眠等操作都由程序员完成，必将浪费很多精力，导致开发效率降低。

前面创建的线程都不具备复用性，JVM 在一个线程从开始运行到结束会创建和销毁线程。创建一个新线程的代价很高，尤其是当创建多个生命期较短的线程时，程序的执行时间有可能浪费在线程的创建和销毁上，这对于提高程序的性能没有任何帮助。有时，创建大量的线程反而会降低程序的性能，严重的会使 JVM 崩溃。

为了提高多线程程序的开发效率，提高线程资源的利用率，人们提出了线程池的概念。线程池包含若干准备运行的空闲线程，线程在程序运行的一开始创建，可以把创建的 Runnable 对象交给线程池中的线程运行，运行完成后，如果没有其他任务，则线程转入休眠状态，等有任务时再唤醒，大大减少了重复创建和销毁线程的开销。

线程池机制分离了任务的创建和执行。使用线程池，程序员仅需要创建任务并将任务提交，多个任务会使用线程池中的线程执行，避免额外创建线程的开销，大大节省了线程管理的任务量和时间，线程池起到了维护和管理线程的作用，将程序员从繁重的线程管理任务中解放出来。

9.1.2 相关接口和类

从 JDK 5.0 开始，Java 并发库引入了线程池创建和管理框架，该框架包含接口 Executor、接口 ExecutorService、类 ThreadPoolExecutor。

1. 接口 Executor

接口 Executor 的对象可以接收提交到线程池的 Runnable 任务，该接口实现了任务创建和执行的分离。

该接口定义了一个方法 execute()，形式如下：

```
void execute(Runnable command)
```

该方法用于异步执行给定的 Runnable 对象。
使用方式如下：

```
Executor executor = ...;
executor.execute(new Runnable(){//…});
```

可以看出，使用 executor 不需要使用线程类 Thread 对 Runnable 对象进行封装，也不用显式地调用线程的方法 start()，只需要将 Runnable 对象提交到线程池。

可以通过实现这个接口创建个性化的线程池执行器，通过定制方法 execute() 让 Executor 立即执行提交的任务，例如：

```
class MyExecutor implements Executor {
    public void execute(Runnable r) {
        r.run();   //直接调用 run 方法
    }
}
```

可以通过实现该接口实现自定义线程池执行器，请看下面的例子，可以自动开始调度下一个任务。

```
class SerialExecutor implements Executor {
    //任务队列
    final Queue<Runnable> tasks = new ArrayDeque<Runnable>();
    //执行器
    final Executor executor;
    //被执行的任务
    Runnable active;
    //构造方法
    SerialExecutor(Executor executor) {
        this.executor = executor;
    }
    //重写 execute()方法
    public synchronized void execute(final Runnable r) {
        tasks.offer(new Runnable() {
            public void run() {
                try {
                    r.run();
                } finally {
                    //确保执行下一个任务
                    scheduleNext();
                }
            }
```

```
        });
        if (active == null) {
            scheduleNext();
        }
    }
    //调度执行下一个任务
    protected synchronized void scheduleNext() {
        if ((active = tasks.poll()) != null) {
            executor.execute(active);
        }
    }
}
```

2. 接口 ExecutorService

接口 ExecutorService 从接口 Executor 继承,定义形式如下:

```
public interface ExecutorService extends Executor
```

接口 ExecutorService 实现了线程池定义的一个接口,提供了向线程池提交任务的方法 invokeAll()和 submit(),也提供了关闭线程池的方法 shutdown(),关闭后的线程池将不再接收新的任务,如表 9-1 所示。

表 9-1 接口 ExecutorService 的常用方法

方 法	含 义
`<T> List<Future<T>> invokeAll(Collection<? extends Callable<T>> tasks)`	执行给定的任务列表 tasks,返回一个 Future 对象列表
`<T> Future<T> submit(Callable<T> task)`	提交一个有返回值的任务 task
`Future<?> submit(Runnable task)`	提交一个 Runnable 任务 task,返回一个 Future 对象
`<T> Future<T> submit(Runnable task, T result)`	提交一个 Runnable 任务 task,返回一个 Future 对象,以 result 作为结果
`void shutdown()`	关闭线程池

线程使用完毕后,一般需要使用方法 shutdown()关闭。

下面通过一个例子演示接口 ExecutorService 的用法。

```java
class NetworkService implements Runnable {
    private final ServerSocket serverSocket;
    private final ExecutorService pool;
    //在构造方法中对域属性进行初始化
    public NetworkService(int port, int poolSize) throws IOException {
        serverSocket = new ServerSocket(port);
        pool = Executors.newFixedThreadPool(poolSize);
    }
```

```
    //处理服务请求,直至线程池关闭
    public void run() {
        try {
            while(true) {
                pool.execute(new Handler(serverSocket.accept()));
            }
        } catch (IOException ex) {
            //发生异常时关闭线程池
            pool.shutdown();
        }
    }
}
class Handler implements Runnable {
    private final Socket socket;
    Handler(Socket socket) { this.socket = socket; }
    public void run() {
        //读取 socket 中的服务请求
    }
}
```

3. 类 ThreadPoolExecutor

类 ThreadPoolExecutor 可以用来创建一个线程池,定义形式如下:

```
public class ThreadPoolExecutor extends AbstractExecutorService
```

从定义可以看出,它从类 AbstractExecutorService 继承,而类 AbstractExecutorService 实现了接口 ExecutorService,相当于该类间接实现了接口 ExecutorService 和 Executor。

类 ThreadPoolExecutor 有以下 4 个构造方法。

//创建一个线程池执行器对象,其中,corePoolSize 为线程池中的线程数;maximumPoolSize 为线程池中允许的最大线程数;keepAliveTime 设定了当线程数超过处理核数时多余的空闲线程等待新任务的最长等待时间;unit 是 keepAliveTime 参数的等待时间;workQueue 为任务队列,此队列为提交的 Runnable 任务队列

- `ThreadPoolExecutor(int corePoolSize, int maximumPoolSize, long keepAliveTime, TimeUnit unit, BlockingQueue<Runnable> workQueue)`

//创建一个线程池执行器对象,其中,前 5 个参数与上面的含义相同,handler 表示超出线程队列容量时或线程池拒绝执行的处理程序

- `ThreadPoolExecutor(int corePoolSize, int maximumPoolSize, long keepAliveTime, TimeUnit unit, BlockingQueue<Runnable> workQueue,  RejectedExecutionHandler handler)`

//创建一个线程池执行器对象,其中,前 5 个参数与第一个构造方法的参数含义相同,threadFactory 为创建新线程时使用的工厂

- `ThreadPoolExecutor(int corePoolSize, int maximumPoolSize, long keepAliveTime, TimeUnit unit, BlockingQueue<Runnable> workQueue, ThreadFactory threadFactory)`

> //前 5 个参数与第一个构造方法的参数含义相同，threadFactory 为线程工厂，handler 为超出队列容量时或线程池拒绝执行的处理程序
> - ThreadPoolExecutor(int corePoolSize, int maximumPoolSize, long keepAliveTime, TimeUnit unit, BlockingQueue < Runnable > workQueue, ThreadFactory threadFactory, RejectedExecutionHandler handler)

当创建了 ThreadPoolExecutor 对象后，就可以将 Runnable 和 Callable 对象交给该线程池运行。每个 ThreadPoolExecutor 对象都维护了一些基本的统计信息，例如已完成的线程数、活动线程数等。

类 ThreadPoolExecutor 的常用方法如表 9-2 所示。

表 9-2　类 ThreadPoolExecutor 的常用方法

方　法	含　义
protected void afterExecute（Runnable r，Throwable t）	在执行给定的 Runnable 对象 r 之后调用的方法
protected void beforeExecute(Thread t，Runnable r)	在执行给定的 Runnable 对象 r 之前调用的方法
void execute(Runnable command)	执行给定的 Runnable 对象
int getActiveCount()	获得处于活动状态的线程数
int getMaximumPoolSize()	获得线程池的最大容量
BlockingQueue<Runnable> getQueue()	获得阻塞队列
boolean isShutdown()	判断线程池是否关闭
void shutdown()	关闭线程池
List<Runnable> shutdownNow()	尝试停止所有处于活动状态的线程，返回等待执行的任务列表

4. 工厂类 Executors

类 ThreadPoolExecutor 的实例可以通过它的构造方法创建，也可以通过工厂类 Executors 的相关方法创建。

类 Executors 提供了线程池创建的工厂方法，如表 9-3 所示。

表 9-3　类 Executors 的常用方法

方　法	含　义
newFixedThreadPool	创建固定大小的线程池
newSingleThreadExecutor	创建只有一个线程的线程池，该线程池将顺序执行每个提交的任务
newCachedThreadPool	创建线程池，该线程池在需要时创建新的线程，而且会重复利用已经创建的线程，该线程池对于执行那些生命周期较短的异步任务的程序有利于提高性能
newSingleThreadScheduledExecutor	创建只有一个线程的线程池，可以在指定的时间后延迟执行或周期性执行
newScheduledThreadPool	创建线程池，可以在经过指定的时间间隔后执行或周期性执行

上面列出的方法均为静态方法，可以直接调用。例如，使用类 Executors 创建一个线程池。

```
ThreadPoolExecutor executor
        = (ThreadPoolExecutor)Executors.newCachedThreadPool();
```

9.1.3 应用举例

下面通过一个例子演示线程池的使用方法,本例使用线程池处理没有返回值的线程。

【例 9-1】 使用线程池执行器模拟雇主派遣工人的任务。

【解题分析】

派遣工人的任务可以在线程中模拟,然后创建线程池执行器,并将任务提交给线程池执行器。

【程序代码】

```java
//Worker.java
package book.ch9.threadpoolexecutor;
//通过实现 Runnable 接口创建线程类 Worker
public class Worker implements Runnable{
    //在构造方法中指明线程的名字
    Worker(String name){
        Thread.currentThread().setName(name);
    }
    //在 run()方法中输出相关信息,并让线程休息 1s
    @Override
    public void run() {
        System.out.println(Thread.currentThread().getName() +
                "正在努力完成自己的工作.");
        try {
            Thread.sleep(1000);
        } catch (InterruptedException e) {
            e.printStackTrace();
        }
    }
}
//Employer.java
package book.ch9.threadpoolexecutor;
import java.util.concurrent.Executors;
import java.util.concurrent.ThreadPoolExecutor;
//定义类 Employer
public class Employer {
    //创建线程池执行器
    ThreadPoolExecutor executor=
            (ThreadPoolExecutor) Executors.newCachedThreadPool();
    //雇主给工人分配任务的功能,并将工人实例 worker 送到线程池执行
    public void dispatch(Worker worker){
        System.out.println("雇主正在派遣工人到工作岗位上。");
        executor.execute(worker);
```

```java
            System.out.println("活动的线程数为:"+executor.getActiveCount());
            System.out.println("线程池大小为"+executor.getPoolSize());
        }
        //关闭执行器
        public void endWork(){
            executor.shutdown();
        }
    }
    //Index.java
    package book.ch9.threadpoolexecutor;
    public class Index {
        //创建 5 个线程,并将线程交给 employer 的方法 dispatch()执行
        public static void main(String[] args) {
            int workerNum = 5;
            Employer employer = new Employer();
            for(int i=0; i<workerNum; i++){
                Worker worker = new Worker("工人"+(i+1));
                employer.dispatch(worker);
            }
            employer.endWork();
        }
    }
```

【运行结果】

程序运行结果如图 9-1 所示。

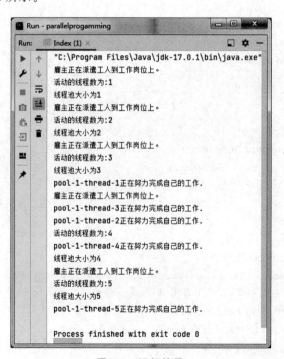

图 9-1 运行结果

【相关讨论】

在本例中,只需要将线程类交给执行器,不需要关心线程的启动等操作。

该例使用 newCachedThreadPool 创建线程池,该线程池会根据 Runnable 对象的数量创建相应的线程,并执行 Runnable 对象。

9.2 固定数目的线程池

使用类 Executors 的方法 newFixedThreadPool()可以创建固定数目的线程池执行器,线程的数目可以由用户指定,也可以不指定,在没有指定线程数的情况下,线程数默认为当前处理器可以处理的最大线程数,例如:

```
ExecutorService executor=Executors.newFixedThreadPool(4);
```

当提交的 Runnable 对象数大于线程池可以处理的线程数时,将有部分 Runnable 对象等待。

【例 9-2】 教室中有 4 台计算机用于考试,有 10 个学生要进行考试,模拟考试过程。

【解题分析】

可以将教室看作一个线程池,4 台计算机看作可以同时执行任务的线程,10 个学生看作线程要执行的对象,因此使用 newFixedThreadPool 即可完成。

【程序代码】

```java
//TestRoom.java
package book.ch9.fixedthreadpool;
import java.util.concurrent.ExecutorService;
import java.util.concurrent.Executors;
//定义类 TestRoom
public class TestRoom {
    //线程池,模拟考试用的计算机
    ExecutorService testPool = Executors.newFixedThreadPool(4);
    //执行提交到线程池的线程对象
    public void test(Student student){
        testPool.execute(student);
    }
    //关闭线程池
    public void endTest(){
        if(!testPool.isShutdown())
            testPool.shutdown();
    }
}
//Student.java
package book.ch9.fixedthreadpool;
public class Student implements Runnable {
    //类的属性,并在构造方法中对 name 赋初值
    String name;
```

```java
        Student(String name){
            this.name = name;
        }
        @Override
        public void run() {
            //记录开始考试的时间 start
            System.out.println(name +"开始考试.");
            long start = System.nanoTime();
            //随机生成一个整数
            int num =  (int)(Math.random() * Integer.MAX_VALUE);
            //循环若干次,用于模拟考生的答题过程
            for(int i=0; i<num; i++);
            //记录结束时间 end
            long end = System.nanoTime();
            //输出考试时间
            System.out.println(name+"考试完毕,答题用时:"+(end-start)+"纳秒");
        }
    }
//Index.java
package book.ch9.fixedthreadpool;
public class Index {
    public static void main(String[] args) {
        //创建 10 个线程,并将这些线程交给执行器执行,执行完毕后关闭线程池
        int stuNum = 10;
        TestRoom testRoom = new TestRoom();
        for(int i=0; i<stuNum; i++){
            Student student = new Student("考生"+(i+1));
            testRoom.test(student);
        }
        testRoom.endTest();
    }
}
```

【运行结果】

程序运行结果如图 9-2 所示。

除了让线程池处理没有返回值的线程外,还可以让线程池处理有返回值的线程。有返回值的线程定义需要继承接口 Callable,然后将线程交给执行器执行,提交线程需要使用 submit()方法。下面通过例子演示具体的使用方法。

【例 9-3】 某驾校有 4 辆考试用车,有 8 个考生要进行考试,要求分别获得考生的考试时间。

【解题分析】

在本例中,可以将驾校看作一个线程池,4 辆车看作可以同时执行任务的线程,8 个考生看作线程要执行的对象,使用 newFixedThreadPool 即可完成。

本例要求获得考生的考试时间,因此在线程执行完毕后要将执行时间返回。有返回值的线程可以

图 9-2 运行结果

通过 Callable 接口实现，对于这类线程，需要使用执行器的方法 submit()提交。

【程序代码】

```
//Student.java
package book.ch9.future;
import java.util.concurrent.Callable;
//定义类 Student,该类实现了 Callable 接口,并指明返回值类型为 Long
public class Student implements Callable<Long> {
    //属性 name 在构造方法中进行了初始化
    String name;
    Student(String name){
        this.name = name;
    }
    @Override
    public Long call() {
        System.out.println(name +"开始考试.");
        //记录考试的开始时间
        long start = System.nanoTime ();
        int num =   (int)(Math.random() * Integer.MAX_VALUE);
        //通过一定次数的循环模拟考试过程
        for(int i=0; i<num; i++);
        //记录考试的结束时间
```

```java
            long end = System.nanoTime ();
            System.out.println(name +"考试完毕");
            Long time = end - start;
            //将考试的时间返回
            return time;
        }
        public String getName(){
            return name;
        }
}
//TestRoom.java
package book.ch9.future;
import java.util.HashMap;
import java.util.Map;
import java.util.concurrent.ExecutionException;
import java.util.concurrent.ExecutorService;
import java.util.concurrent.Executors;
import java.util.concurrent.Future;
//定义类 TestRoom
public class TestRoom {
    //线程池执行器
    ExecutorService testPool;
    //stuToTimeMap 是一个映射,用于记录每个考生的考试时间
    Map<Student, Future<Long>> stuToTimeMap;
    TestRoom(){
        testPool = Executors.newFixedThreadPool(4);
        stuToTimeMap = new HashMap<Student, Future<Long>>();
    }
    //执行提交到执行器的线程,并记录返回值结果
    public void test(Student student){
        Future<Long> result = testPool.submit(student);
        stuToTimeMap.put(student, result);
    }
    //获得指定考生的考试时间
    public Long getTime(Student student){
        Future<Long> result = stuToTimeMap.get(student);
        try {
            return result.get();
        } catch (InterruptedException | ExecutionException e) {
            e.printStackTrace();
            return null;
        }
    }
    //关闭执行器
    public void endTest(){
        if(!testPool.isShutdown())
```

```java
            testPool.shutdown();
        }
    }
}
//Index.java
package book.ch9.future;
import java.util.ArrayList;
import java.util.List;
public class Index {
    public static void main(String[] args) {
        //定义8个线程,并将其交给执行器执行,执行完毕后输出时间
        int stuNum = 8;
        List<Student> stuList = new ArrayList<Student>();
        TestRoom testRoom = new TestRoom();
        for(int i=0; i<stuNum; i++){
            Student student = new Student("考生"+(i+1));
            testRoom.test(student);
            stuList.add(student);
        }
        for(Student stu: stuList){
            System.out.println(stu.getName()+"考试用时为:"
                    + testRoom.getTime(stu) +"纳秒");
        }
        testRoom.endTest();
    }
}
```

【运行结果】

程序运行结果如图 9-3 所示。

图 9-3 运行结果

【相关讨论】

带有返回值的线程定义需要实现接口 Callable,带返回值的线程对象提交到线程池时需要使用 submit()方法,不带返回值的线程对象提交到线程池时需要使用 execute()方法。

9.3 延迟执行、周期性执行的执行器

如果想在某一段时间之后再执行线程操作或者周期性地重复执行某一线程操作,则可以使用工厂类 Executors 的方法 newScheduledThreadPool()或方法 newSingleThreadScheduledExecutor()。方法 newScheduledThreadPool()使用给定数目的线程调度执行任务,而方法 newSingleThreadScheduledExecutor() 在一个单独的线程中调度执行任务。这两个方法都将返回一个 ScheduledExecutorService 线程池对象。

1. 接口 ScheduledExecutorService

接口 ScheduledExecutorService 从接口 ExecutorService 继承而来,可用于在给定的延迟后执行某个任务或周期性地执行某个任务。

该接口的常用方法如表 9-4 所示。

表 9-4 接口 ScheduledExecutorService 的常用方法

方 法	含 义
\<V\> ScheduledFuture\<V\> schedule (Callable\<V\> callable, long delay, TimeUnit unit)	创建一个 ScheduledFuture 对象,该对象将在给定的延迟后调用 callable
ScheduledFuture\<?\> schedule (Runnable command, long delay, TimeUnit unit)	创建一个一次性的执行动作,该执行将在给定的时间延迟后启动
ScheduledFuture\<?\> scheduleAtFixedRate (Runnable command, long initialDelay, long period, TimeUnit unit)	创建并执行一个周期性执行的动作 command,首次运行在一个给定的时间延迟 initialDelay 后启用,随后操作将随着周期 period 周期性地执行
ScheduledFuture\<?\> scheduleWithFixedDelay (Runnable command, long initialDelay, long delay, TimeUnit unit)	创建并执行一个周期性执行的动作 command,首次运行在一个给定的时间延迟 initialDelay 后启用,随后的操作将在该次结束和下次开始之间有一个固定的延迟 delay

方法 schedule()用于创建并执行给定延迟的任务,返回的 ScheduledFuture 对象可以取消执行或检查执行状态。方法 scheduleAtFixedRate()和 scheduleWithFixedDelay()用于创建并执行一个周期性或固定延迟的任务,直到任务取消。

在方法 schedule()中,延迟时间一般取值为大于 0 的数,但也允许取值为 0 或负数(非周期性执行),在这种情况下将立即执行。

TimeUnit 用于指明时间单位,时间都是相对时间,而不是绝对时间。例如,在某个日期之后运行,则可以使用下面的语句:

```
schedule(command, date.getTime() - System.currentTimeMillis, TimeUnit.MILLISECONDS)
```

2. 接口 ScheduledFuture

在表 9-4 中,接口 ScheduledExecutorService 的 4 个方法都将返回 ScheduledFuture 对象, ScheduledFuture 也是一个接口,它从接口 Delay 和 Future 继承而来,表示一个延迟的、结果可接受的

操作。

该接口的方法 getDelay()用于获得延迟时间,方法 get()用于获得操作结果,方法 cancel()用于取消一个任务。

3. 应用举例

下面通过几个例子演示类和接口的使用方法。

【例 9-4】 监控某一个设备的工作温度,当温度超过 10℃后,每隔 1s 发出一次报警提示,如果连续发出 10 次报警仍没有处理,则停止设备的运行。

【解题分析】

通过线程模拟实际问题。设置两个线程,一个线程表示设备,设备在运行过程中温度将不断升高;另一个线程表示监视系统,用于监控设备的运行情况。在主程序中,采用方法 scheduleAtFixedRate()调度这两个线程,当设备温度超过 10℃时发出警告,当警告超过 10 次时,采用方法 cancel()或者 shutdown()关闭设备。

【程序代码】

```java
//Machine.java
package book.ch9.scheduledPeriod;
//定义类 Machine,用于表示设备,该类实现了 Runnable 接口
public class Machine implements Runnable {
    //温度
    int temperature;
    Machine(int temperature) {
        this.temperature = temperature;
    }
    //用于模拟设备的运行,随着设备的运行,温度将不断升高
    @Override
    public void run() {
        perform();
        temperature++;
        System.out.println("机器的工作温度在升高,当前温度:" + temperature);
    }
    //用于模拟设备所做的某些工作
    private void perform() {
        int temp = (int) (Math.random() * Integer.MAX_VALUE);
        int sum = 0;
        for (int i = 0; i < temp; i++)
            sum += i;
    }
    //用于获取温度
    public int getTemperature() {
        return temperature;
    }
}
//Monitor.java
```

```java
package book.ch9.scheduledPeriod;
import java.util.concurrent.ScheduledExecutorService;
//定义类 Monitor,用于表示监视器,该类实现了 Runnable 接口
public class Monitor implements Runnable {
    //机器
    Machine machine;
    //调度器
    ScheduledExecutorService scheduler;
    //计数
    static int n = 0;
    Monitor(Machine machine, ScheduledExecutorService scheduler){
        this.machine = machine;
        this.scheduler = scheduler;
    }
    //当温度值超过 10℃时发出警告,当警告次数超过 10 次时关闭调度器,模拟设备关闭
    @Override
    public void run(){
        if(machine.getTemperature() >= 10){
            System.out.println("警告:机器温度过高.");
            n++;
        }
        if(n>10){
            System.out.println("提醒次数限制已到,终止任务");
            scheduler.shutdown();
        }
    }
}
//Index.java
package book.ch9.scheduledPeriod;
import java.util.concurrent.Executors;
import java.util.concurrent.ScheduledExecutorService;
import java.util.concurrent.TimeUnit;
public class Index {
    public static void main(String[] args) {
        //定义调度器 scheduler
        ScheduledExecutorService scheduler =
                    Executors.newScheduledThreadPool(2);
        Machine machine = new Machine(0);
        Monitor monitor = new Monitor(machine, scheduler);
        //使用该调度器的方法 scheduleAtFixedRate()周期性地调度线程 machine 和 monitor 执行
        scheduler.scheduleAtFixedRate(machine, 1, 2, TimeUnit.SECONDS);
        scheduler.scheduleAtFixedRate(monitor, 0, 1, TimeUnit.SECONDS);
    }
}
```

【运行结果】
程序运行结果如图 9-4 所示。

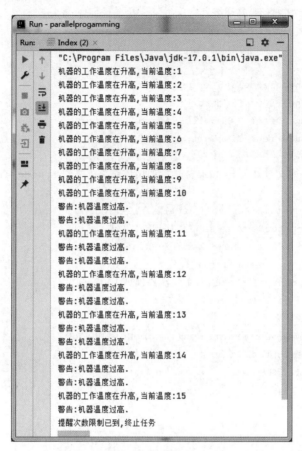

图 9-4　运行结果

【结果分析】
从运行结果可以看到，两个线程可以周期性地运行，直到调度器 scheduler 关闭。

【例 9-5】　有些打印机在启动之前要经过预热。在执行打印任务之前，给打印机 10s 的时间预热，请模拟这一过程。

【解题分析】
打印机 10s 的预热过程相当于打印工作在 10s 之后启动，可以使用方法 schedule() 实现。

【程序代码】

```
//Printer.java
package book.ch9.scheduleddelay;
//定义类 Printer,该类实现了接口 Runnable
public class Printer implements Runnable{
    @Override
    public void run() {
        //只是输出打印信息,没有指定具体的打印任务,读者可以自行添加
```

```
        System.out.println("开始打印");
        … //这里可以添加一些打印任务
        System.out.println("打印结束");
    }
}
//Index.java
package book.ch9.scheduleddelay;
import java.util.concurrent.Executors;
import java.util.concurrent.ScheduledExecutorService;
import java.util.concurrent.TimeUnit;
public class Index {
    //在方法main()中定义对象scheduler,然后调用该对象的方法schedule(),该方法在10s之后调用
printer实例
    public static void main(String[] args){
        ScheduledExecutorService scheduler =
                    Executors.newScheduledThreadPool(1);
        Printer printer = new Printer();
        System.out.println("打印之前,首先需要预热10秒钟。");
        scheduler.schedule(printer, 10, TimeUnit.SECONDS);
        try {
            scheduler.awaitTermination(1, TimeUnit.HOURS);
        } catch (InterruptedException e) {
            e.printStackTrace();
        }
        scheduler.shutdown();
    }
}
```

【运行结果】

程序运行结果如图9-5所示。

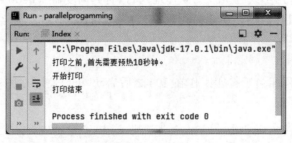

图9-5　运行结果

【相关讨论】

由于本例只有一个线程,故使用类Executors的方法newSingleThreadScheduledExecutor()。

9.4 取消任务的执行

在现实生活中,人们经常遇到各种各样的任务,而这些任务又有可能因为各种各样的原因取消执行。例如,自驾去周边旅游景区游玩,如果车在半路上坏掉,则不得不取消行程;原计划的出行计划因为天气原因航班取消,出行计划也不得不取消。

线程在执行过程中也可能因为各种各样的原因取消执行,考虑到这种情况,JDK 在接口 Future 中提供了方法 cancel(),该方法可以取消线程的执行,可以通过方法 isCancelled() 判断线程是否取消执行。

【例 9-6】 有一批工人正在工作,现在由于工作调整,需要将正在工作的工人的任务取消。

【解题分析】

使用线程模拟工人的工作,然后取消该线程的执行。

【程序代码】

```java
//Worker.java
package book.ch9.cancelledtask;
import java.util.concurrent.Callable;
//通过实现接口 Callable 创建线程类 Worker
public class Worker implements Callable<String>{
    //在 call()方法中每隔 1s 输出工人工作信息
    @Override
    public String call() throws Exception {
        while(true){
            System.out.println("工人正在工作...");
            Thread.sleep(1000);
        }
    }
}
//Index.java
package book.ch9.cancelledtask;
import java.util.concurrent.ExecutorService;
import java.util.concurrent.Executors;
import java.util.concurrent.Future;
public class Index {
    public static void main(String[] args){
        //创建执行器 executor,并使用执行器执行线程类的对象 worker
        ExecutorService executor = Executors.newCachedThreadPool();
        Worker worker = new Worker();
        Future<String> future = executor.submit(worker);
        //等待 5s
        try {
            Thread.sleep(5000);
        } catch (InterruptedException e) {
```

```
            e.printStackTrace();
        }
        System.out.println("工人的工作即将被终止");
        //开始取消线程的执行
        future.cancel(true);
        System.out.println("终止情况:"+future.isCancelled());
        executor.shutdown();
    }
}
```

【运行结果】

程序运行结果如图 9-6 所示。

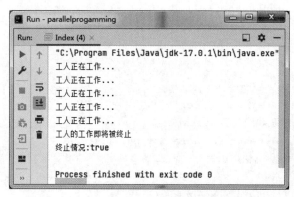

图 9-6　运行结果

【结果分析】

从运行结果可以看出,当调用了 Future 对象的 cancel()方法后,线程的执行终止。

9.5　任务装载和结果处理的分离

当使用 ExecutorSevice 处理多个 Callable 异步任务时,每个 Callable 异步任务都会返回一个 Future 对象,然后通过类 FutureTask 的 get()方法获得它们的结果。如果某个异步任务的结果还没有计算出来,则线程将会阻塞在此处等待,即使后面的某些异步任务的结果计算出来了也不能处理,显然,这会导致性能下降。

为了解决上述问题,JDK 提供了接口 CompletionService 和类 ExecutorCompletionService。

1. 接口 CompletionService

接口 CompletionService 整合了 Executor 和阻塞队列的功能,它的定义形式如下:

```
public interface CompletionService<V>
```

该接口提供了一种服务,可以分离异步任务的产生和已完成任务的结果。

可以通过方法 submit()提交异步任务,在接口 CompletionService 中将会按照完成的顺序记录异步任务的结果,可以通过方法 take() 按完成的先后顺序取得任务的结果。

在内部实现上,CompletionService 维护了一个保存 Future 对象结果的完成队列,当某个 Future 对象的状态是完成时,才会加入这个队列。

接口 CompletionService 依靠 Executor 执行任务,在这种情况下,CompletionService 只管理内部的完成队列。

2. 类 ExecutorCompletionService

类 ExecutorCompletionService 实现了接口 CompletionService,通过 Executor 计算任务,定义形式如下:

```
public class ExecutorCompletionService<V> extends Object
                            implements CompletionService<V>
```

该类有两个构造方法:

```
//创建对象实例,并使用定义的线程池执行器 executor
• ExecutorCompletionService(Executor executor)
//创建对象实例,并使用定义的线程池执行器 executor 和阻塞队列 completionQueue
• ExecutorCompletionService(Executor executor, BlockingQueue<Future<V>> completionQueue)
```

类 ExecutorCompletionService 的常用方法如表 9-5 所示,其中,方法 poll() 和 take() 的主要区别在于方法 poll() 是一个非阻塞的方法,不会等待结果,如果调用方法 poll() 时没有结果可以获取,则返回一个 null 值,然后继续向下进行;方法 take() 是一个阻塞的方法,会一直等待结果,哪个任务先完成就返回其结果。

表 9-5 类 ExecutorCompletionService 的常用方法

方 法	含 义
Future<V> poll()	获取并移除下一个已经完成的任务,如果不存在则返回 null
Future<V> poll(long timeout,TimeUnit unit)	在指定的时间范围内获取并移除下一个已经完成的任务
Future<V> submit(Callable<V> task)	提交一个有返回值的 Callable 任务,返回一个 Future 对象
Future<V> submit(Runnable task,V result)	提交一个 Runnable 任务执行,以 result 值作为将来的返回值
Future<V> take()	获取并移除下一个已完成的任务

【例 9-7】 获取每个线程的运行时间,并输出各个线程运行的总时间。

【解题分析】

使用接口 CompletionService 完成,通过调用它的方法 take() 获得线程的 Future 对象。

【程序代码】

```
//Worker.java
package book.ch9.completionservice;
import java.util.concurrent.Callable;
```

```java
//通过实现 Callable 接口创建线程类 Worker,在方法 call()中生成一个随机数 rand,然后循环 rand 次,最
后返回运行时间
public class Worker implements Callable<Long>{
    @Override
    public Long call() throws Exception {
        long start = System.currentTimeMillis();
        int rand = (int) (Math.random() * Integer.MAX_VALUE);
        for(int i = 0, sum =0; i<rand; i++)
            sum += 1;
        long end = System.currentTimeMillis();
        return (end - start);
    }
}
//Index.java
package book.ch9.completionservice;
import java.util.concurrent.CompletionService;
import java.util.concurrent.ExecutionException;
import java.util.concurrent.ExecutorCompletionService;
import java.util.concurrent.ExecutorService;
import java.util.concurrent.Executors;
import java.util.concurrent.Future;
public class Index {
    public static void main(String[] args) {
        //提交的任务数
        int taskNum = 8;
        //定义执行器 executor
        ExecutorService executor = Executors.newCachedThreadPool();
        //定义 CompletionService 实例 service
        CompletionService<Long> service =
                new ExecutorCompletionService<Long>(executor);
        //通过 service 的方法 submit()提交 8 个线程到执行器
        for (int i = 0; i < taskNum; i++) {
            service.submit(new Worker());
        }
        //获取每个线程的运行时间并求和输出
        Long timeTotal = 0L;
        for(int i = 0; i < taskNum; i++){
            try {
                timeTotal += service.take().get();
            } catch (InterruptedException | ExecutionException e) {
                e.printStackTrace();
            }
        }
        System.out.println(taskNum+"个任务执行的总时间为:"+timeTotal+"毫秒");
```

```
        executor.shutdown();
    }
}
```

【运行结果】

程序的运行结果如图 9-7 所示。

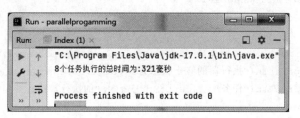

图 9-7 运行结果

9.6 管理被拒绝的任务

使用线程池时,可以通过方法 shutdown() 关闭线程池,在调用该方法后,系统中会有一个关闭申请,线程池将等待那些正在运行的任务完成,然后才能真正地关闭线程池,关闭后的线程池将不再接收新的任务。由于关闭线程池有一定的时间延迟,很可能在提交了关闭申请但还没有真正关闭线程池之前,新的任务又被提交到该线程池,对于这样的任务,可以通过接口 RejectedExecutionHandler 处理。

接口 RejectedExecutionHandler 在 JDK 5.0 版本开始引入,主要用于处理那些不能被 ThreadPoolExecutor 处理的任务。

该接口包含一个方法 rejectedExecution(),当任务不能由线程池处理时,将调用该方法,它的定义形式如下:

```
void rejectedExecution(Runnable r, ThreadPoolExecutor executor)
```

其中,参数 r 表示要拒绝执行的任务,executor 表示线程池执行器。

当实现该接口时,可以对该方法进行重写,定义需要的动作。例如:

```
public class RejectedHandler implements RejectedExecutionHandler{
    @Override
    public void rejectedExecution(Runnable arg0, ThreadPoolExecutor arg1) {
        //...
    }
}
```

【例 9-8】 在调用线程池的 shutdown() 方法后,向线程池提交一个新的任务,使用接口 RejectedExecutionHandler 进行处理。

【解题分析】

重写接口 RejectedExecutionHandler 的方法 rejectedExecution(),实现新任务的处理。

【程序代码】

```java
//RejectedHandler.java
package book.ch9.rejectedhandler;
import java.util.concurrent.RejectedExecutionHandler;
import java.util.concurrent.ThreadPoolExecutor;
//实现接口 RejectedExecutionHandler
public class RejectedHandler implements RejectedExecutionHandler{
    @Override
    public void rejectedExecution(Runnable arg0, ThreadPoolExecutor arg1) {
        System.out.println("执行器的终止状态为:"+arg1.isTerminated());
        System.out.println("任务"+arg0.toString()+"的执行被执行器拒绝.");
    }
}
//Task.java
package book.ch9.rejectedhandler;
//实现接口 Runnable
public class Task implements Runnable{
    String name;
    Task(String name){
        this.name = name;
    }
    //随机生成一个数,并让线程休眠一段时间,休眠时间在 10s 以内
    @Override
    public void run() {
        System.out.println("工作"+name+"开始运行");
        try {
            int time = (int) (Math.random() * 10000);
            Thread.sleep(time);
        } catch (InterruptedException e) {
            e.printStackTrace();
        }
        System.out.println("当前工作"+name+"执行结束");
    }
    public String toString(){
        return name;
    }
}
//Index.java
package book.ch9.rejectedhandler;
import java.util.concurrent.Executors;
import java.util.concurrent.ThreadPoolExecutor;
public class Index {
    public static void main(String[] args) {
        int taskNum = 4;
```

```
        //定义 RejectedHandler 实例
        RejectedHandler rejectedHandler = new RejectedHandler();
        ThreadPoolExecutor executor =
                 (ThreadPoolExecutor) Executors.newCachedThreadPool();
        //指定执行器的拒绝任务处理程序
        executor.setRejectedExecutionHandler(rejectedHandler);
        //将 4 个任务提交给执行器,并在调用执行器的方法 shutdown()之后再次提交一个任务
        System.out.println("当前执行器将要处理"+taskNum+"个任务");
        for(int i=0; i<taskNum; i++){
             executor.submit(new Task("任务"+i));
        }
        System.out.println("即将关闭执行器");
        executor.shutdown();
        System.out.println("一个新的任务即将被提交到执行器");
        executor.submit(new Task("新任务"));
    }
}
```

【运行结果】

程序运行结果如图 9-8 所示。

图 9-8　运行结果

习题

1. 为什么要使用线程池？使用线程池的好处是什么？
2. 如何取消任务的执行？
3. ExecutorService 的主要功能是什么？
4. 线程池中,取消任务的执行和拒绝任务的执行有什么区别？

第 10 章 并行模式 Fork/Join

JDK 7.0 版本开始引入并行模式 Fork/Join,这是一个并行编程的轻量级框架(用纯 Java 语言实现,大约 800 行代码),可以更好地利用多核处理器的处理能力,适应多核时代并行编程的要求。

10.1 基本概念

并行模式 Fork/Join 通常用于解决可以递归地分解任务的问题,它与任务划分、负载均衡和工作窃取算法有紧密联系。

10.1.1 任务划分

正如 Fork/Join 的名称所示,该框架主要由 Fork 和 Join 两个操作构成。Fork 操作主要用于对任务和数据进行划分,一般会将一个大问题划分为若干小问题,以期望能够方便地对简化后的问题进行处理;Join 操作用于对各个部分的运行结果进行合并处理,相当于程序中的一个障栅,这两个操作与 MapReduce 中的 map/reduce 操作类似。总的来说,Fork/Join 是一种并行模式,是一种思想,在其他编程语言中也同样适用。

Fork/Join 并行框架强调任务的划分与合并,如图 10-1 所示,将任务 1 分解为子任务 1-1 和 1-2,每个子任务又可以继续划分,这些任务可以并行执行。任务的划分需要程序员认真权衡考虑,并不是划

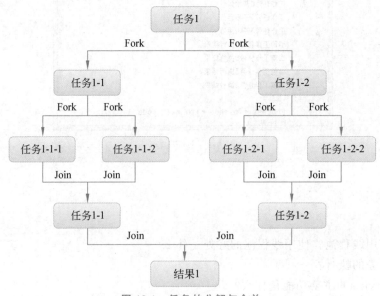

图 10-1 任务的分解与合并

分的任务越多越好,如果任务过多,则会导致每个任务太小,任务的划分和合并操作可能会给程序带来额外的开销;反之,如果任务划分得过大,则解决起来可能不够简便。一般情况下,在对任务和数据进行划分时,要根据具体情况一直划分到任务的大小合适为止,这通常取决于程序员的经验和某些特定的标准。

Fork/Join 并行模式支持任务定义和任务处理功能的分离,程序员只需要关注如何对任务进行定义,然后把任务提交到 Fork/Join 中执行,具体的处理由 Fork/Join 的内部机制完成,这使程序员在实现并行编程的同时,可以更集中精力地处理与业务逻辑相关的功能实现,不仅简化了程序员的工作,而且大大降低了并行程序的设计难度。

10.1.2 负载均衡

负载均衡是指在 CPU 处理核上运行的线程以同等的繁忙程度工作,理想情况下,所有线程都完成同样大小的工作量。负载均衡有利于加快程序的执行,减少资源的浪费,因此在设计并行程序时应保证负载均衡,有些情况下,负载均衡处理任务是由操作系统或 Java 虚拟机完成的。

负载不均衡是指分配到 CPU 上的任务大小不一,在处理任务时,任务大的需要的处理时间会长一些,任务小的会短一些,这会导致一些线程空闲,从而造成资源浪费。常见的负载不均衡的原因是分配给某个线程的任务过多,而分配给其他线程的任务过少,其他线程都执行完毕后,该线程仍然在继续执行。

10.1.3 工作窃取

工作窃取(work-stealing)是提高程序性能、保证负载均衡的一种方法,该方法的基本思想是当某些线程做完自身的工作后查看其他线程是否还有未处理完的工作,如果有,则窃取一部分工作执行,从而帮助那些未完成工作的线程尽快完成工作。

程序在使用工作窃取算法后,一方面可以保证线程始终处于忙碌状态,提高资源的利用率;另一方面可以减少其他繁忙线程的处理时间,这对于提高程序的性能和吞吐量是有帮助的。

从本质上来说,工作窃取算法是一种任务的调度方法,即尽量使每个线程都能一直处于忙碌状态。生活中的"窃取"是一个贬义词,但在这里却表示积极的意义。

Fork/Join 框架与 Executor 框架的不同之处在于 Fork/Join 框架采用了工作窃取算法,该算法是 Fork/Join 框架的核心。在线程池 ForkJoinPool 中,有一些线程执行任务较快,在做完自己的工作后,这些线程将尝试发现那些未执行的任务,如果找到,则执行这些任务。

在使用 Fork/Join 框架的过程中,首先对任务 ForkJoinTask 进行划分,任务的划分数目可以根据问题的特征以及 CPU 可同时处理的线程数设定,然后将划分的任务交给 ForkJoinPool 处理,最后对处理结果进行收集。

Fork/Join 框架采用双端队列(deque)作为任务的存储结构,该队列支持数据后进先出(last in first out,LIFO)的 push 和 pop 操作,并且支持先进先出(first in first out,FIFO)的 take 操作。

每个工作线程都有一个自己的任务调度队列,提交到该工作线程的任务将放入该队列,工作线程每次都是从队列的头部取出任务执行的。

在分解任务时,该工作线程创建的子任务仍然会放入该线程的队列,由于这些子任务需要先完成,故一般采用 push 操作,当使用 fork 操作产生新任务时,会把新的任务加到队列的头部,而不像其他线程池那样加到队列的尾部,这样可以保证 fork 出来的新任务可以尽快得到执行。

工作线程从自己的双端队列中取出任务执行,一般采用 pop 操作从头部取出任务执行,遵循

Youngest-First 原则,即最近放入的任务先执行。

当某个工作线程执行完自己的任务,没有其他任务可处理时,则从其他工作线程队列的尾部窃取一个任务执行,一般采用 take 操作,该操作遵循 Oldest-First 原则,即在任务队列中时间最久的任务先执行。

Fork/Join 框架的任务队列和操作图示如图 10-2 所示。线程 1 和 3 分别通过 take 操作从线程 2 的尾部窃取任务以帮助其执行;线程 2 通过 push 操作将新的任务压入栈中,待以后取出执行;线程 3 通过 pop 操作正在取出一个任务执行。

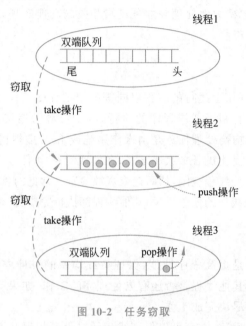

图 10-2　任务窃取

10.2　Fork/Join 框架的编程模式

Fork/Join 框架比较适合于解决具有递归特性的程序,该框架需要对任务进行分解和合并操作,在分解前,首先查看问题的规模是否超过了预设的阈值(threshold),阈值通常是人为设定的,通常情况下,不同应用程序应设置的阈值是不同的,有时会依赖于程序员的经验。当问题规模小于阈值时,说明没有必要采用并行的解决方式,因此更倾向于采用串行执行方式或者其他更优化的算法解决;当问题规模大于阈值时,采用 Fork/Join 框架求解。使用 Fork/Join 框架的编程模式如图 10-3 所示。

```
if(问题规模<阈值){
    //使用串行模式解决或选择其他算法解决
}else{
    //对任务 Task 进行分解,分解为若干小任务 Task1,Task2,…
    //将任务 Task1,Task2,…提交给线程池执行
    //如果任务有返回结果,则收集结果
}
```

图 10-3　Fork/Join 框架的编程模式

在使用 Fork/Join 框架编写程序时，程序员不需要考虑线程操作中的一些问题，如线程同步和通信等。Fork/Join 框架中的类 ForkJoinPool 会自动完成线程池的管理，程序员仅须关注于任务的划分和执行结果的收集。

Fork/Join 框架的编程模式主要通过 ForkJoinPool 和 ForkJoinTask 两个类实现，下面分别对这两个类进行介绍。

10.3 线程池 ForkJoinPool

Fork/Join 线程池是由类 ForkJoinPool 实现的，它是 Fork/Join 框架的核心，也是 Fork/Join 框架执行的入口点。类 ForkJoinPool 的作用是管理线程，并提供线程执行状态和任务处理的相关信息。

10.3.1 创建 ForkJoinPool 对象

类 ForkJoinPool 从类 AbstractExecutorService 继承而来，主要用于处理 ForkJoinTask 中的任务，它的定义形式如下：

```
public class ForkJoinPool extends AbstractExecutorService
```

类 AbstractExecutorService 实现了 ExecutorService 接口，与任何一个 ExecutorService 接口功能相同的是，Fork/Join 并行框架会自动将任务分配给线程池中的线程，并负责线程管理等相关工作。与 ExecutorService 接口功能不同的是，Fork/Join 并行框架使用了工作窃取算法，已经完成自身任务的线程可以从其他工作繁忙的线程中窃取任务执行，从而保持并行处理过程中的负载均衡。

类 ForkJoinPool 的构造方法有以下几种形式。

```
//该构造方法将默认生成一个线程池，线程池中可同时运行的线程数和 CPU 能够同时运行的最大线程数相同
```
- ForkJoinPool()

```
//用户可以指定线程池中线程的数目
```
- ForkJoinPool(int parallelism)

```
//用给定的参数创建一个线程池，其中，parallelism 指明并行运行的线程数，默认值为 CPU 最大运行线程数；
factory 是线程工厂，用于创建新的线程；handler 用于处理内部线程在运行时出现的异常；asyncMode 用于
指定 ForkJoinPool 工作的模式，当取值为 true 时，将工作于本地的先入先出模式，对于某些应用来讲，该模式
比默认的栈式模式更加合适
```
- ForkJoinPool(int parallelism, ForkJoinWorkerThreadFactory factory, Thread.UncaughtExceptionHandler handler, boolean asyncMode)

【例 10-1】 创建两个 ForkJoinPool 对象，另一个线程池 pool1 包含默认线程数，一个线程池 pool2 包含 8 个线程。

```
ForkJoinPool pool1 = new ForkJoinPool();
ForkJoinPool pool2 = new ForkJoinPool(8);
```

需要说明的是，默认线程数等同于调用方法 Runtime.getRuntime().availableProcessors()获取的

线程数，ForkJoinPool 中可运行的最大线程数为 32767，如果超过该线程数，则可能导致抛出 IllegalArgumentException 异常。

10.3.2 使用 ForkJoinPool

当线程池 ForkJoinPool 定义好后，可以向线程池提交任务，任务需要在线程池创建好以后且没有关闭之前提交。

向线程池 ForkJoinPool 提交任务可以使用方法 invoke()、execute()和 submit()，这三个方法的定义形式如表 10-1 所示。

表 10-1　向线程池 ForkJoinPool 提交任务的常用方法

方　　法	说　　明
<T> T invoke(ForkJoinTask<T> task)	同步调用方法，用于处理给定的任务 task，并在处理完毕后返回处理的结果，返回结果的类型由 T 指定
<T> List<Future<T>> invokeAll(Collection<? extends Callable<T>> tasks)	同步调用方法，可以将若干任务提交给 ForkJoinPool 执行，任务在继续运行之前会等待子任务处理结束，该方法返回处理任务的结果，结果的类型由 T 指定
void execute(ForkJoinTask<?> task)	异步调用方法，用于执行给定的任务，一般没有返回结果
void execute(Runnable task)	异步调用方法，把一个 Runnable 对象代表的任务送到 ForkJoinPool 中
<T> ForkJoinTask<T> submit (ForkJoinTask<T> task)	异步调用方法，把一个任务提交给 ForkJoinPool 执行，返回 ForkJoinTask<T>的结果
ForkJoinTask<T> submit(Runnable task)	异步调用方法，提交一个 Runnable 任务到线程池，返回一个 Future 对象
<T> ForkJoinTask<T> submit(Runnable task, T result)	异步调用方法，提交一个 Runnable 任务到线程池，返回一个 Future 对象，结果通过 result 返回

在向线程池 ForkJoinPool 提交任务时，在处理任务时使用的处理方式是不同的，主要有同步和异步两种方式。如果选择同步处理方式，则可以使用方法 invoke()和 invokeAll()，方法 invokeAll()是 Executor 和 Fork/Join 框架的主要不同之处。如果选择异步处理方式，则可以使用方法 execute()或 submit()，这两个方法的不同之处在于方法 execute()没有返回值，而方法 submit()有返回值。

需要指出的是，使用方法 execute()时，ForkJoinPool 不会对 Runnable 对象使用工作窃取算法，该算法只会应用到 ForkJoinTask 对象。

向线程池 ForkJoinPool 提交任务的方法有多种，表 10-2 对多种方法的具体使用进行了归纳总结，其中，第 2 列方法是类 ForkJoinPool 提供的方法，括号内的 ForkJoinTask 为参数类型；第 3 列中方法为类 ForkJoinTask 提供的方法，可以在 Fork/Join 任务上调用相应的方法 fork()和 invoke()。

表 10-2　向线程池提交任务的不同方式

	在线程池对象上提交任务	在 Fork/Join 任务上向线程池提交
异步执行	execute(ForkJoinTask)	ForkJoinTask.fork()
同步执行(等待子任务完成)	invoke(ForkJoinTask)	ForkJoinTask.invoke()
异步执行并获得 Future 结果	submit(ForkJoinTask)	ForkJoinTask.fork()

从表 10-2 中可以看出，在任务提交时也可以使用方法 fork()，该方法为异步处理方法，用于提交 ForkJoinTask 任务，对应的收集结果的方法为 join()，二者都是类 ForkJoinTask 提供的方法。

在 Fork/Join 框架的执行过程中，线程池中的线程总是尝试发现其他可运行的任务，可以通过相关方法获得工作窃取的执行情况，监视其在执行过程中的相关情况，如表 10-3 所示。

表 10-3 用于监视 Fork/Join 框架的方法

方　　法	含　　义
int getParallelism()	返回给定的 ForkJoinPool 的并行度
long getStealCount()	返回从线程队列中窃取任务的总数
long getQueuedTaskCount()	返回线程工作队列中任务的总数
int getActiveThreadCount()	返回正在窃取或执行任务的线程数
int getQueuedSubmissionCount()	返回提交到该线程池但还没有开始执行的任务数
int getRunningThreadCount()	返回正在运行的工作线程的数目，是一个估计值
boolean getAsyncMode()	ForkJoinPool 对于已划分且不会 Join 的任务而言，如果使用了先入先出的模式，则返回 true
int getPoolSize()	返回已经启动但还没有终止的线程总数
void shutdown()	Fork/Join 线程池执行完后使用该方法关闭，关闭后的 ForkJoinPool 不再接受新的任务，但是已经提交的任务可以继续执行
List<Runnable> shutdownNow()	立即关闭 Fork/Join 线程池
boolean awaitTermination()	阻塞当前线程，直到 ForkJoinPool 中的所有任务都执行完毕

从表 10-3 可以看出，这些方法可以获取运行过程中的一些实时情况，为了解 ForkJoinPool 提供了方便。

10.4　任务 ForkJoinTask

类 ForkJoinTask 是 Fork/Join 框架中执行的所有任务的基类，它提供了一系列机制以实现 Fork 和 Join 操作。类 ForkJoinTask 是一个抽象类，它的定义如下：

```
public abstract class ForkJoinTask<V> extends Object implements Future<V>, Serializable
```

类 ForkJoinTask 实现了接口 Future，所以该类会以异步方式获得返回值，同时它实现了接口 Serializable，所以一般要在子类中加入 serialVersionUID 变量的定义。例如：

```
private static final long serialVersionUID = 1L;
```

每个 ForkJoinTask 的对象实例都是一个类似于线程的实体，相对于线程而言更加轻量。

类 ForkJoinTask 的常用方法如表 10-4 所示。

表 10-4 类 ForkJoinTask 的常用方法

方　法	含　义
ForkJoinTask<V> fork()	异步执行任务
V join()	执行完毕后返回结果
V get()	等待计算完成，然后获取结果
V complete(V value)	以给定值 value 完成任务的执行

该类有两个子类，分别是 RecursiveAction 和 RecursiveTask，从类 RecursiveAction 继承的子类方法一般没有返回值，从类 RecursiveTask 继承的子类方法有返回值。

在创建任务时，最好不要从类 ForkJoinTask 直接继承，而是从该类的子类 RecursiveAction 或 RecursiveTask 继承。

10.4.1　从类 RecursiveAction 继承创建任务

类 RecursiveAction 的定义形式如下：

```
public abstract class RecursiveAction extends ForkJoinTask<Void>
```

从定义可以看出，该类从 ForkJoinTask 继承，泛型为 Void，不需要返回值，因此从类 RecursiveAction 继承的子类方法一般没有返回值。

继承后的新类需要重写该类的 compute()方法，该方法的定义形式如下：

```
@Override
protected void compute() {
    //方法体
}
```

创建好的任务可以提交到线程池 ForkJoinPool，之后将获得运行的机会，执行方法 compute()中的代码。

【例 10-2】　使用 Fork/Join 框架对班级人数进行更新。当需要更新的班级数超过 10 时，对更新任务进行细分。

【解题分析】

题中已经给出了阈值，直接使用即可。在递归划分过程中，根据线程数对班级进行划分，使每个线程更新一定数量的班级。

【程序代码】

```java
//文件 ClassInfo.java
package book.ch10.classes;
public class ClassInfo {
    //班级名
    private String name;
    //班级人数
```

```java
    private int number;
    //构造方法,用于对 name 和 number 进行赋值
    public ClassInfo(String name, int number){
        this.name = name;
        this.number = number;
    }
    //获取班级名
    public String getName(){
        return name;
    }
    //获取班级人数
    public int getNumber(){
        return number;
    }
    //设置班级人数
    public void setNumber(int number) {
        this.number = number;
    }
}
//文件 UpdateTask.java
package book.ch10.classes;
import java.util.List;
import java.util.concurrent.RecursiveAction;
//定义类 UpdateTask,从类 RecursiveAction 继承
public class UpdateTask extends RecursiveAction {
    private static final long serialVersionUID = 1L;
    private List<ClassInfo> classInfos;
    private int start;
    private int end;
    private int increment;
    private int nthreads;
    private int threshold;
    //在构造方法中,对域属性进行赋值
    public UpdateTask(List<ClassInfo> classInfos, int start, int end,
            int increment, int nthreads, int threshold) {
        this.classInfos = classInfos;
        this.start = start;
        this.end = end;
        this.increment = increment;
        this.nthreads = nthreads;
        this.threshold = threshold;
    }
    @Override
    protected void compute() {
```

```java
            //如果小于阈值或者只有一个线程,则直接计算
            if (end - start <= threshold || nthreads == 1) {
                updateSequential();
            } else {
                //对任务进行分解
                UpdateTask[] tasks = new UpdateTask[nthreads];
                int[] data = new int[nthreads + 1];
                int segment = (end - start) / nthreads;
                for (int i = 0; i <= nthreads; i++) {
                    data[i] = start + segment * i;
                    if (data[i] > end)
                        data[i] = end;
                }
                //生成每个任务对象
                for (int i = 0; i < nthreads; i++) {
                    tasks[i] = new UpdateTask(classInfos, data[i], data[i + 1],
                        increment, nthreads, threshold);
                }
                invokeAll(tasks);
            }
        }
        private void updateSequential() {
            for (int i = start; i < end; i++) {
                ClassInfo classInfo = classInfos.get(i);
                classInfo.setNumber(classInfo.getNumber() + increment);
            }
        }
    }
}
//Index.java
package book.ch10.classes;
import java.util.ArrayList;
import java.util.List;
import java.util.concurrent.ForkJoinPool;
import java.util.concurrent.TimeUnit;
public class Index {
    public static void main(String[] args) {
        //线程数
        int nthreads = Runtime.getRuntime().availableProcessors();
        //阈值
        int threshold = 10;
        //增量
        int increment = 5;
        //班级人数
        int baseNum = 50;
```

```java
        //班级数
        int size = 100000;
        //将班级信息记录在一个列表中,并生成班级对象
        List<ClassInfo> infos = new ArrayList<ClassInfo>();
        for (int i = 0; i < size; i++) {
            ClassInfo classInfo = new ClassInfo("班级" + i, baseNum);
            infos.add(classInfo);
        }
        //线程池
        ForkJoinPool pool = new ForkJoinPool();
        UpdateTask updateTask = new UpdateTask(infos,
                0, size, increment, nthreads, threshold);
        pool.execute(updateTask);
        //每隔1s对执行过程进行监控
        do{
            System.out.printf("类 Index:并行度:%d\n", pool.getParallelism());
            System.out.printf("类 Index:活动线程数:%d\n", pool.getActiveThreadCount());
            System.out.printf("类 Index:任务数:%d\n", pool.getQueuedTaskCount());
            System.out.printf("类 Index:窃取任务数:%d\n", pool.getStealCount());
            try{
                TimeUnit.SECONDS.sleep(1);
            }catch(InterruptedException e){
                e.printStackTrace();
            }
        }while(!updateTask.isDone());
        //对结果进行验证
        if(validate(infos, baseNum + increment)){
            System.out.println("所有班级更新完毕");
        }else{
            System.out.println("Something wrong happened.");
        }
        //关闭线程池
        pool.shutdown();
    }
    private static boolean validate(List<ClassInfo> infos, int total){
        boolean pass = true;
        for(ClassInfo info : infos){
            if(info.getNumber() != total)
                pass = false;
        }
        return pass;
    }
}
```

【运行结果】

程序运行结果如图10-4所示。

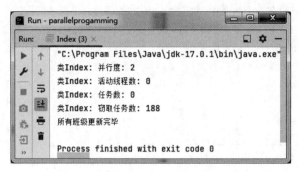

图10-4　运行结果

【相关讨论】

从上面的执行结果中可以看到程序执行的一些相关信息，读者可以自行向程序中添加相关内容，延长程序的执行时间，观察程序的运行状况。

【例10-3】　对给定的数据进行排序。

【解题分析】

以数组长度作为是否并行执行的依据，如果数组长度大于设定的阈值，则并行执行，否则串行执行。

【程序代码】

```java
//SortTask.java
package book.ch10.sort2;
import java.util.Arrays;
import java.util.concurrent.RecursiveAction;
//通过继承 RecursiveAction 实现类 SortTask
public class SortTask extends RecursiveAction {
    //阈值
    static final int THRESHOLD = 1000;
    //数组
    final long[] array;
    //上下界
    final int low, high;
    //构造方法
    SortTask(long[] array, int low, int high) {
        this.array = array;
        this.low = low;
        this.high = high;
    }
    SortTask(long[] array) {
        this(array, 0, array.length);
    }
```

```java
        //重写compute()方法
        protected void compute() {
            if (high - low < THRESHOLD)
                sortSequentially(low, high);
            else {
                int mid = (low + high) >>> 1;
                System.out.println("开始派生任务, low=" + low + ",high=" + high);
                invokeAll(new SortTask(array, low, mid), new SortTask(array, mid, high));
                merge(low, mid, high);
            }
        }
        void sortSequentially(int lo, int hi) {
            Arrays.sort(array, lo, hi);
        }
        //合并结果
        void merge(int lo, int mid, int hi) {
            long[] buf = Arrays.copyOfRange(array, lo, mid);
            for (int i = 0, j = lo, k = mid; i < buf.length; j++)
                array[j] = (k == hi || buf[i] < array[k]) ? buf[i++] : array[k++];
        }
}
//Index.java
package book.ch10.sort2;
import java.util.concurrent.ForkJoinPool;
public class Index {
    public static void main(String[] args){
        final int N = 2000;
        long[] array = new long[N];
        System.out.println("已经生成了"+N+"个数据");
        for(int i=0; i<N; i++){
            array[i] = (long) (Math.random() * N);
        }
        ForkJoinPool pool = new ForkJoinPool(2);
        System.out.println("线程池已经准备好,开始排序...");
        SortTask st = new SortTask(array);
        //将任务放入线程池
        pool.execute(st);
        //当st执行完毕后,返回结果
        st.join();
        System.out.println("排序完成,马上关闭线程池...");
        pool.shutdown();
    }
}
```

【运行结果】

程序运行结果如图 10-5 所示。

图 10-5 异步任务运行结果

10.4.2 从类 RecursiveTask 继承创建任务

类 RecursiveTask 的定义如下：

```
public abstract class RecursiveTask<V> extends ForkJoinTask<V>
```

从类 RecursiveTask 继承时通常要指明一个特定的数据类型，例如：

```
public class ExecTask exends RecursiveTask<Integer>
```

类 ExecTask 继承自 RecursiveTask，并对整型数据进行操作。

从类 RecursiveTask 继承的子类需要重写 protected ＜T＞ compute()方法，该方法有返回值，通过泛型 T 指明返回值的类型。

获取返回值可以使用方法 get()，该方法用于在任务结束后返回任务的计算结果，也可以使用方法 join()获取返回结果。

例如，利用类 RecursiveTask 求 Fibonacci 数列，代码如下：

```
class Fibonacci extends RecursiveTask<Integer> {
    final int n;
    Fibonacci(int n) {
        this.n = n;
    }
    Integer compute() {
        if (n <= 1)
            return n;
        Fibonacci f1 = new Fibonacci(n - 1);
        f1.fork();
        Fibonacci f2 = new Fibonacci(n - 2);
        return f2.compute() + f1.join();
    }
}
```

【例 10-4】 随机生成一组数据，找出其中的最大值。

【解题分析】

随机生成一组数据，然后根据线程数将数据分为若干组，针对每组求最大值，再通过比较求得最终的最大值，解题思路如图 10-6 所示。

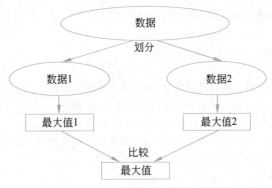

图 10-6　多线程求最大值解题示意图

【程序代码】

```java
//MaxTask.java
package book.ch10.maximum;
import java.util.ArrayList;
import java.util.List;
import java.util.concurrent.ExecutionException;
import java.util.concurrent.RecursiveTask;
//定义类 MaxTask,该类从类 RecursiveTask 继承,类型为 Integer
public class MaxTask extends RecursiveTask<Integer> {
    //序列化编号
    private static final long serialVersionUID = 1L;
    //操作的数据
    Integer[] bigData;
    //数组的起始下标
    int start;
    //数组的终止下标
    int end;
    //阈值
    int threshold;
    //线程数
    int nthreads;
    public MaxTask(Integer[] bigData, int start, int end, int nthreads, int threshold) {
        this.bigData = bigData;
        this.start = start;
        this.end = end;
        this.threshold = threshold;
        this.nthreads = nthreads;
```

```java
    }
    //重写方法 compute()
    @Override
    protected Integer compute() {
        Integer result;
        //当数据范围小于阈值时,直接采用串行执行方式
        if (end - start <= threshold) {
            result = computeSequential();
        } else {
            //根据线程数对数据继续进行划分,并生成新的线程任务
            System.out.println("类 MaxTask: 开始 fork 操作...");
            int scale = (end - start + nthreads - 1) / nthreads;
            System.out.println("类 MaxTask:每段数据的长度为 " + scale);
            int[] len = new int[nthreads + 1];
            for (int i = 0; i <= nthreads; i++) {
                len[i] = scale * i;
                if (len[i] > end)
                    len[i] = end;
            }
            MaxTask[] tasks = new MaxTask[nthreads];
            System.out.printf("类 MaxTask: %d个任务被创建\n", nthreads);
            for (int i = 0; i < nthreads; i++) {
                tasks[i] = new MaxTask(bigData, len[i], len[i + 1],nthreads, threshold);
            }
            invokeAll(tasks);
            //每个任务计算的结果放入一个列表,最终返回计算所得的最大值
            List<Integer> results = new ArrayList<Integer>();
            try {
                for (int i = 0; i < nthreads; i++){
                    Integer re = tasks[i].get();
                    System.out.printf("类 MaxTask: 任务%d的结果是%d\n", i, re);
                    results.add(re);
                }
            } catch (InterruptedException | ExecutionException e) {
                e.printStackTrace();
            }
            result = max(results);
        }
        return result;
    }
    //串行执行,该方法可以求得数组中的最大值
    private Integer computeSequential() {
        Integer max = bigData[start];
        for (int i = start + 1; i < end; i++) {
```

```java
            if (max < bigData[i])
                max = bigData[i];
        }
        return max;
    }
    //用于获取列表中的最大值
    private Integer max(List<Integer> results) {
        Integer m = 0;
        for (Integer result : results) {
            if (m < result)
                m = result;
        }
        return m;
    }
}
//BigData.java
package book.ch10.maximum;
import java.util.Random;
public class BigData {
    private Integer[] bigData;
    public BigData(int size){
        bigData = new Integer[size];
        generate(size);
    }
    public Integer[] getBigData(){
        return bigData;
    }
    private void generate(int size){
        Random random = new Random();
        for(int i=0; i<size; i++){
            bigData[i] = random.nextInt(size);
        }
    }
}
//Index.java
package book.ch10.maximum;
import java.util.concurrent.ExecutionException;
import java.util.concurrent.ForkJoinPool;
public class Index {
    public static void main(String[] args) {
        //阈值
        int threshold = 10000000;
        //CPU最大执行的线程数
        int nthreads = Runtime.getRuntime().availableProcessors();
```

```java
//数据大小
int size = threshold * nthreads;
BigData bd = new BigData(size);
System.out.printf("类 Index:%d个元素的数组被创建 \n", size);
Integer[] bigData = bd.getBigData();
//线程池实例pool,并生成线程任务task
ForkJoinPool pool = new ForkJoinPool();
MaxTask task = new MaxTask(bigData, 0, bigData.length, nthreads, threshold);
//通过invoke()方法调用任务,最后获取任务值并关闭线程池
pool.invoke(task);
try {
    System.out.println("类 Index:最大值为"+ task.get());
} catch (InterruptedException | ExecutionException e) {
    e.printStackTrace();
}
pool.shutdown();
    }
}
```

【运行结果】

程序运行结果如图10-7所示。

图10-7 运行结果

【结果分析】

从图10-7可以看出,程序在运行过程中分为两个任务,然后分别求出了每个任务的结果,最后求得最终的最大值。

10.4.3 任务的运行方式

Fork/Join 框架提供了一种有效的任务管理方式,当线程池 ForkJoinPool 执行 ForkJoinTask 任务时,可以采用同步或者异步的运行方式。

当采用同步运行方式时,把任务交给 ForkJoinPool 处理后不会立即返回,而是等待任务全部结束才能返回继续执行;当采用异步运行方式时,把任务发送到 ForkJoinPool 后会马上返回并继续执行。

采用不同的运行方式时,任务调用的方法是不同的。例如,例 10-4 中采用的方法 invokeAll() 会使任务被挂起等待,直到提交到 ForkJoinPool 的任务处理完毕后才继续执行,可见,invokeAll() 方法使任务运行在同步方式中。如果运行在异步方式中,则可以采用方法 fork(),处于该方式中的 ForkJoinPool 不会使用工作窃取算法提高程序的性能,在这种情况下,需要调用方法 join() 和 get() 等待任务的结束,这时 ForkJoinPool 才会使用工作窃取算法。

【例 10-5】 利用 Fork/Join 框架求 Fibonacci 数列中某一项的值。

【解题分析】

求 Fibonacci 数列的公式如下:

$$\text{fib}(n) = \begin{cases} 1, & n = 1 \\ 1, & n = 2 \\ \text{fib}(n-1) + \text{fib}(n-2), & n \geqslant 3 \end{cases}$$

在使用 Fork/Join 框架求解时,可以将 $\text{fib}(n-1)$ 和 $\text{fib}(n-2)$ 分别作为一个子任务进行处理。

【程序代码】

```java
//Fib.java
package book.ch10.fib;
import java.util.concurrent.RecursiveTask;
public class Fib extends RecursiveTask<Integer> {
    Integer num;
    public Fib(Integer num){
        this.num= num;
    }
    //重写 compute()方法
    @Override
    protected Integer compute() {
        Integer result;
        //当数值小于或等于10时,直接给出结果,否则生成两个任务分别执行,然后通过join()方法得到
        //  结果
        if(num <= 10){
            result = getValue(num);
        }else{
            Fib fibTask1 = new Fib(num-1);
            Fib fibTask2 = new Fib(num-2);
            fibTask1.fork();
            fibTask2.fork();
            result = fibTask1.join() + fibTask2.join();
        }
        return result;
    }
    private Integer getValue(Integer n){
        //定义数列前11项的值
        Integer[] fib = {1, 1, 2, 3, 5, 8, 13, 21, 34, 55, 89};
        return fib[n];
```

```java
        }
}
//Index.java
package book.ch10.fib;
import java.util.concurrent.ForkJoinPool;
import java.util.concurrent.ForkJoinTask;
public class Index {
    public static void main(String[] args) {
        //定义线程池对象 pool 和 ForkJoinTask 对象 fjtask,并使用线程池 pool 执行任务 fjtask
        ForkJoinPool pool = new ForkJoinPool();
        ForkJoinTask<Integer> fjtask = new FibTask(38);
        pool.execute(fjtask);
        //在线程池执行过程中输出相关信息,直到任务运行结束
        do{
            System.out.println("*****************************************");
            System.out.printf("类 Index: 并行度:%d\n", pool.getParallelism());
            System.out.printf("类 Index: 活动线程数:%d\n", pool.getActiveThreadCount());
            System.out.printf("类 Index: 任务数:%d\n", pool.getQueuedTaskCount());
            System.out.printf("类 Index: 窃取任务数:%d\n", pool.getStealCount());
            try{
                Thread.sleep(100);
            }catch(InterruptedException e){
                e.printStackTrace();
            }
        }while(!fjtask.isDone());
        System.out.println(fjtask.join());
        //输出结果并关闭线程池
        pool.shutdown();
    }
}
```

【运行结果】

程序运行结果如图 10-8 所示。

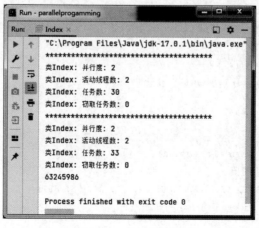

图 10-8　运行结果

【运行结果】

程序中会出现某个数值被计算两次的情况,例如 fib(36)在 fib(38)和 fib(37)的子任务中都会计算,显然,重复的计算会浪费很多的时间,可以考虑做进一步的优化。

10.4.4 任务的取消

类 ForkJoinTask 实现了接口 Future,进而提供了方法 cancel(),可以取消任务的执行,可以通过方法 isCancelled()查看任务是否已经取消。相关方法如表 10-5 所示。

表 10-5 与任务取消有关的方法

public boolean cancel(boolean mayInterruptIfRunning)	取消任务的执行
public boolean isCancelled()	任务是否已经被取消执行

【例 10-6】 在某一文件夹中搜索指定的文件,当搜索到指定文件后,尝试取消其他正在执行的任务。

【解题分析】

对某一文件夹的搜索作为一个 ForkJoinTask 任务,当在该文件夹中遇到某一子文件夹时,生成一个新的任务继续搜索。当搜索成功后,尝试取消其他还没有开始的任务。

【程序代码】

```
package ch10.file;
import java.util.ArrayList;
import java.util.List;
public class TaskCanceller {
    //定义存储 FileTask 的列表
    List<FileTask> list;
    public TaskCanceller() {
        //对 list 进行初始化
        list = new ArrayList<FileTask>();
    }
    //将任务加入列表
    public void addTaskToList(FileTask task) {
        list.add(task);
    }
    //获取列表
    public List<FileTask> getTaskList(){
        return list;
    }
    //取消任务的执行
    public void cancelTasks(FileTask task) {
        for(FileTask ft: list) {
            if(ft!=task) {
```

```java
                    ft.cancel(true);
                    System.out.println("搜索文件夹"+ft.path+"的任务正在尝试被取消.");
                }
            }
        }
    }
}
package ch10.file;
import java.io.File;
import java.util.concurrent.RecursiveTask;
public class FileTask extends RecursiveTask<String> {
    private static final long serialVersionUID = 1L;
    String path;
    String fileName;
    TaskCanceller tc;
    public FileTask(String path, String fileName) {
        this.path = path;
        this.fileName=fileName;
        tc = new TaskCanceller();
    }
    @Override
    protected String compute() {
        File dir = new File(path);
        File[] files = dir.listFiles();
        if(files!=null) {
            for(File file : files) {
                //如果是一个目录,则生成一个新的任务
                if(file.isDirectory()) {
                    FileTask task = new FileTask(file.getAbsolutePath(), fileName);
                    tc.addTaskToList(task);
                    task.fork();
                }else {
                    if(file.getName().equals(fileName)) {
                        System.out.println("文件'"+fileName+"'在"+path
                                        +"文件夹下被找到");
                        tc.cancelTasks(this);
                        return path;
                    }
                }
            }
            for(FileTask mytask : tc.getTaskList()) {
                mytask.join();
            }
        }

        return null;
    }
```

```
}
package ch10.file;
import java.util.concurrent.ForkJoinPool;
public class Index {
    public static void main(String[] args) {
        String dir = "c:\\Windows\\";
        ForkJoinPool pool = new ForkJoinPool();
        FileTask task = new FileTask(dir, "nrpsrv.dll");
        pool.submit(task);
        while (!task.isDone()) {    }
        pool.shutdown();
    }
}
```

【运行结果】

程序的运行结果的部分截图如图 10-9 所示。

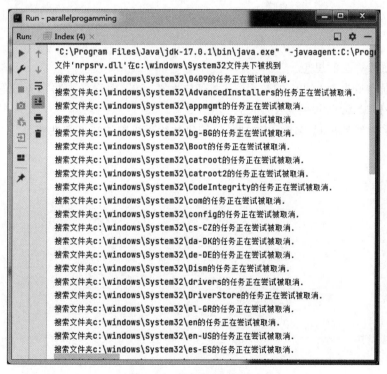

图 10-9　运行结果(部分)

10.5　本章小结

截至目前,本书已介绍了多种线程机制,如 Thread、Executors 和 Fork/Join,下面对这几种线程机制进行总结。

- Java 从诞生之初就支持类 Thread 和接口，它的特点是直观、易于理解和使用、适用范围广，程序员可以参与线程的详细管理，如线程的创建、启动、执行、结束等操作，但这些操作也增加了程序员编写并行程序的复杂性。
- Executors 从 JDK 5.0 版本开始支持，它在线程类 Thread 的基础上提供了自动管理线程的功能，提供了线程取消的操作，使用 Executors 时，用户无须关心线程的启动、结束等一些微观操作，程序员可以更好地关注于开发系统的核心功能，更有利于提高程序员的开发效率。Executors 的优点是适用范围广，缺点是缺乏面向多核处理器的相关优化。
- Fork/Join 框架从 JDK 1.7 开始提供支持，它在 Executors 的基础上提供了工作窃取算法，使得程序在多核处理器上执行时更加高效。

Fork/Join 框架有很多优势，但如果使用不当，也会带来很多性能瓶颈，Pinto 等[1]对 Fork/Join 框架的瓶颈问题进行了详细的演示，提出了 6 个瓶颈问题，并开发了重构工具以修复这些瓶颈，弥补了软件工程和工作窃取系统之间的鸿沟，有兴趣的读者可以参考。

很多情况下，Fork/Join 框架的编程模式决定了它更适合于具有递归操作的程序，而且通常需要程序员手动提供一个阈值，阈值的选取对程序的性能通常有较大影响，需要程序员认真选择。

习题

1. 阐述工作窃取算法的思想。
2. 有一个数据容量为 1000000 的数组，用来存放大写字母，编程将大写字母改写为小写字母。要求使用 Fork/Join 框架实现，阈值为 100000。
3. 尝试使用多种线程机制实现排序问题，比较每种线程机制的特点和性能。

---

[1] Pinto G., Canino A., Castor F., Xu G., Liu Y. D. Understanding and overcoming parallelism bottlenecks in ForkJoin applications. IEEE/ACM International Conference on Automated Software Engineering. 2017. Illinoi. USA. 765-775

第 11 章 线程安全的集合

在程序设计过程中,经常会用到各种各样的数据结构。Java 语言中,有的数据结构是线程安全的,有的数据结构则不是。对于线程安全的数据结构,在并行编程时可以直接使用,无须担心并发错误。对于线程不安全的数据结构,在读写操作时,需要使用线程同步机制进行控制,确保在多线程环境下不会访问出错。Java 并发库中有很多线程安全的集合(collections),这对于编写正确的并发程序是有帮助的。

11.1 线程安全的哈希表

哈希表(HashMap)是一种常用的数据结构,它可以快速完成数据的插入和查找工作。java.util 包中提供了 HashMap,但它不是线程安全的,使用时需要对其读写操作进行同步控制,以保证数据访问的正确性。

Java 语言中,线程安全的哈希表可以使用类 ConcurrentHashMap 或者类 HashTable 实现。

11.1.1 类 ConcurrentHashMap

JDK 5.0 版本开始引入了类 ConcurrentHashMap,它支持多个线程并发地对哈希表进行操作而不会产生数据冲突。该类的相关操作与 HashTable 相同,可以与 HashTable 进行互操作。

类 ConcurrentHashMap 的构造方法包括:

//创建一个哈希表
- ConcurrentHashMap()

//创建一个指定容量的哈希表
- ConcurrentHashMap(int initialCapacity)

类 ConcurrentHashMap 的常用方法如表 11-1 所示。

表 11-1 类 ConcurrentHashMap 的常用方法

方法	含义
void clear()	移除哈希表中的所有元素
boolean contains(Object value)	测试某个 key 映射到 value 值是否包含在哈希表中
boolean containsKey(Object key)	测试哈希表是否包含指定 key
boolean containsValue(Object value)	对于给定的 value,如果含有一个或多个 key,则返回 true

续表

方 法	含 义
Enumeration<V> elements()	返回当前哈希表的值的枚举
Set<Map.Entry<K,V>> entrySet()	返回所有<key,value>元素
V get(Object key)	返回指定 key 对应的值 value
boolean isEmpty()	判断当前哈希表是否为空
Enumeration<K> keys()	哈希表中所有 key 的枚举
Set<K> keySet()	返回哈希表中所有键的集合
V put(K key, V value)	放入指定的<key,value>
void putAll(Map<? extends K,? extends V> m)	从指定的映射中复制放入当前哈希表
V putIfAbsent(K key, V value)	如果指定的键 key 没有形成映射关系,则和指定的 value 形成映射关系
V remove(Object key)	从当前哈希表中移除指定的 key
boolean remove(Object key, Object value)	移除指定的<key,value>
V replace(K key, V value)	只有当映射到某一值时,才替换该键
boolean replace(K key, V oldValue, V newValue)	只有当映射到某一值时,才替换该键
int size()	获取哈希表的大小
Collection<V> values()	返回值 value 的集合

下面通过一个例子演示类 ConcurrentHashMap 的应用。

【例 11-1】 使用多个线程同时向线程安全类 ConcurrentHashMap 放入数据。

【解题分析】

哈希表中的数据通常以序对的形式出现,例如<key, value>,此题中的数据设定以<整型,字符串>的形式存放。

【程序代码】

```
//Worker.java
package book.ch11.map;
import java.util.concurrent.ConcurrentHashMap;
//定义类 Worker,该类从类 Thread 继承,用于向哈希表插入 100 个数据,数据定义为<编号,学号>
public class Worker extends Thread{
    int id;
    ConcurrentHashMap<Integer, String> hashMap;
    Worker(int id, ConcurrentHashMap<Integer, String> hashMap){
        this.id = id;
        this.hashMap = hashMap;
    }
    @Override
    public void run(){
```

```java
        for(int i= 0; i<100; i++){
            Integer temp = id * (i+1);
            hashMap.put(temp, "学号"+temp);
            System.out.println("向哈希表中放入了:<"+temp+", 学号"+temp+">");
        }
    }
}
//Index.java
package book.ch11.map;
import java.util.concurrent.ConcurrentHashMap;
//定义类 Index,在其 main()方法中生成若干线程(数目等于处理器能够处理的最大线程数),并对同一个哈希表进行操作
public class Index {
    public static void main(String[] args){
        int nthrd= Runtime.getRuntime().availableProcessors();
        ConcurrentHashMap<Integer, String> hashMap =
                    new ConcurrentHashMap<Integer, String>();
        Thread[] threads = new Thread[nthrd];
        for(int i=0; i<nthrd; i++){
            threads[i] = new Worker(i+1, hashMap);
            threads[i].start();
        }
    }
}
```

【运行结果】

程序运行结果的部分截图如图 11-1 所示。

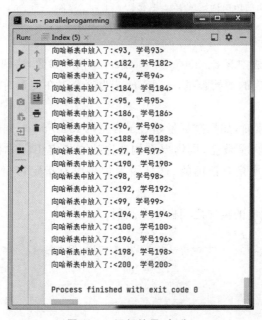

图 11-1　运行结果（部分）

11.1.2 类 HashTable

类 HashTable 是另一个线程安全的哈希表,之所以说它是线程安全的,是因为在内部实现上,该类的每个方法都使用关键字 synchronized 进行修饰。

与类 ConcurrentHashMap 不同,HashTable 使用同步锁确保线程安全,因此该类在并发访问时同一时刻只允许一个线程操作,而类 ConcurrentHashMap 采用分段加锁操作,如果对大量数据进行并发操作,则使用 HashTable 的性能会比使用类 ConcurrentHashMap 的差一些。

该类的定义如下:

```
public class Hashtable<K,V> extends Dictionary<K,V>
                 implements Map<K,V>, Cloneable, Serializable
```

该类实现了一个哈希映射,可以将 key 映射到对应的 value,任何非空对象都可以用作 key 或者 value。

该类的构造方法定义如下:

```
//创建一个新的空哈希表,默认初始容量(capacity)为 11,默认装载因子为 0.75
• Hashtable()

//创建一个新的空哈希表,默认初始容量(capacity)为 initialCapacity 指定,默认装载因子为 0.75
• Hashtable(int initialCapacity)

//创建一个新的空哈希表,默认初始容量(capacity)为 initialCapacity 指定,默认装载因子为 loadFactor 指定
• Hashtable(int initialCapacity, float loadFactor)

//创建一个新的哈希表,里面的值由指定的 Map 填充
• Hashtable(Map<? extends K,? extends V> t)
```

类 HashTable 的构造方法中有 capacity 和 loadFactor 两个参数,这两个参数也是决定其性能的重要参数,capacity 定义了哈希表的初始容量,loadFactor 为哈希表在搜索时间和存储空间两个维度上提供了折中。

当向哈希表不断添加元素时,如果数据量超过了容量的 loadFactor 比例,则会自动增加容量。

如果需要向哈希表插入大量数据,则需要在构造方法中指定相应的容量值,而不是使用默认值,这对于提高哈希表的使用效率是有帮助的,这是因为如果没有指定容量,则哈希表会不断进行扩充操作。

例如,可以在数字和其对应的英文之间做一个映射。

```
Hashtable<Integer, String> numbers = new Hashtable<Integer, String> ();
numbers.put(1,"one");
numbers.put(2, "two");
numbers.put(3,"three");
```

给定一个 key 值，想获取对应 value 值，可以通过 get() 方法获取，也可以通过 remove() 方法移除某个元素。

```
String name = numbers.get(1);
if (name!=null)
    System.out.println("value:"+name);
Numbers.remove(1);
```

类 HashTable 中还定义了很多关于 key 和 value 的操作，可以完成对哈希表的增、删、改操作。

11.1.3 方法 Collections.synchronizedMap

HashMap 不是线程安全的集合操作，但是可以通过方法 Collections.synchronizedMap() 进行封装，使其变为一个线程安全的集合操作。

该方法定义在类 java.util.Collections 中，其定义形式如下：

```
public static <K,V> Map<K,V> synchronizedMap(Map<K,V> m)
```

从定义可以看出，该方法可以对一个 Map 对象进行封装，并返回一个 Map 对象。

该方法在线程安全的实现机制上与 ConcurrentHashMap 不同，ConcurrentHashMap 只对部分数据进行加锁，如果一个线程持有该锁，则其他线程还可以对数据的其他部分进行操作，因此当数据量较大时，并发性更好。该方法是对 Map 对象全部数据进行加锁，因此只允许一个线程同时访问。

ConcurrentHashMap 不会保证封装后产生的新 Map 保持原来的顺序，而方法 Collections.synchronizedMap() 会保证原有的顺序。

11.2 线程安全的双端队列

队列是一种常用的数据集合，通常用于存储无限多个元素，可以对队列中的元素进行插入、删除和查找操作。

线程安全的队列允许多个线程同时进行访问，而不会产生数据不一致的现象。

JDK 7.0 版本开始引入了类 ConcurrentLinkedDeque，它是 Java 集合框架中的一员，表示一个无界的、基于链接节点的双端队列，可以实现无阻塞的、并发的队列操作。该类表示的队列中不允许放入 null 元素。

类 ConcurrentLinkedDeque 有两个构造方法，分别是：

```
//构造一个空的双端队列
• ConcurrentLinkedDeque()

//使用给定集合中的元素构造一个双端队列
• ConcurrentLinkedDeque(Collection<? extends E> c)
```

除了构造方法外，类 ConcurrentLinkedDeque 还有一些常用方法，如表 11-2 所示。

表 11-2　类 ConcurrentLinkedDeque 的常用方法

方　　法	含　　义
boolean add(E e)	在队尾插入指定的元素
boolean addAll(Collection<? extends E> c)	将指定集合中的元素添加到队尾
void addFirst(E e)	在队头插入指定元素
void addLast(E e)	在队尾插入指定元素
void clear()	清空队列
boolean contains(Object o)	查看队列是否包含某个元素
Iterator<E> descendingIterator()	降序迭代队列中的元素
E element()	获得(但不删除)队头元素
E getFirst()	获得队头元素
E getLast()	获得队尾元素
boolean isEmpty()	查看队列是否为空
Iterator<E> iterator()	迭代队列中元素
boolean offer(E e)	插入指定元素到队尾
boolean offerFirst(E e)	插入指定元素到队头
boolean offerLast(E e)	在队尾插入指定元素
E peek()	查看(但不删除)队头元素,当头元素为空时,返回 null
E peekFirst()	查看(但不删除)队列第一个元素,当头元素为空时,返回 null
E peekLast()	查看(但不删除)队列最后一个元素,当队尾元素为空时,返回 null
E poll()	查看并删除队头元素,当头元素为空时,返回 null
E pollFirst()	查看并删除队列第一个元素,当头元素为空时,返回 null
E pollLast()	查看并删除队列最后一个元素,当头元素为空时,返回 null
E pop()	从堆栈中弹出一个元素
void push(E e)	向堆栈中推入指定元素
E remove()	检索并移除队头元素
boolean remove(Object o)	移除队头元素
E removeFirst()	检索并移除队头元素
boolean removeFirstOccurrence(Object o)	移除队头元素
E removeLast()	检索并移除队尾元素
boolean removeLastOccurrence(Object o)	移除队尾元素
int size()	返回队列大小

由于多个线程在该双端队列上进行异步操作,而且在决定当前队列的大小时需要遍历所有元素,

故该类的方法 size()并不能获得准确的结果。

【例 11-2】 使用 ConcurrentLinkedDeque 队列实现生产者/消费者问题。

【解题分析】

生产者/消费者问题已在前面介绍过,并且给出了使用锁机制的生产者/消费者问题。使用类 ConcurrentLinkedDeque 解决生产者/消费者问题时,由于该类是线程安全的,故不需要使用锁机制。

【程序代码】

```java
//MyList.java
package book.ch11.list;
import java.util.concurrent.ConcurrentLinkedDeque;
//定义类 MyList,该类包含类 ConcurrentLinkedDeque 的实例属性 list,在 add()和 removeFirst()方法
中分别实现对于并发队列的插入和删除操作
public class MyList {
    private ConcurrentLinkedDeque<Integer> list =
                    new ConcurrentLinkedDeque<Integer>();
    public void add(Integer e){
        list.add(e);
        System.out.println("向列表中加入了"+e);
    }
    public void removeFirst(){
        System.out.println("从列表中移除了"+list.pollFirst());
    }
}
//Producer.java
package book.ch11.list;
//定义生产者线程类 Producer,用于向并发队列中插入 1000 个数据
public class Producer extends Thread{
    MyList list;
    Producer(MyList list){
        this.list = list;
    }
    @Override
    public void run(){
        for(int i=0; i<1000; i++){
            list.add(i);
        }
    }
}
//Consumer.java
package book.ch11.list;
//定义消费者线程类 Consumer,用于从并发队列中删除 1000 个数据
public class Consumer extends Thread{
    MyList list;
    Consumer(MyList list){
        this.list = list;
    }
    @Override
    public void run(){
```

```java
            for(int i=0; i<1000; i++){
                list.removeFirst();
            }
        }
    }
//Index.java
package book.ch11.list;
//定义类 Index,在其 main()方法中生成两个生产者线程和两个消费者线程,使它们对同一个队列进行操作
public class Index {
    public static void main(String[] args){
        MyList list = new MyList();
        Thread t1 = new Producer(list);
        Thread t2 = new Producer(list);
        t1.start();
        t2.start();
        try {
            Thread.sleep(100);
        } catch (InterruptedException e) {
            e.printStackTrace();
        }
        Thread t3 = new Consumer(list);
        Thread t4 = new Consumer(list);
        t3.start();
        t4.start();
    }
}
```

【运行结果】

程序运行结果的部分截图如图 11-2 所示。

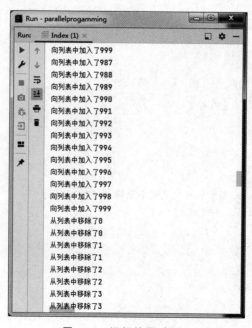

图 11-2 运行结果(部分)

【相关讨论】

由于篇幅有限,图 11-2 只给出了部分运行结果,读者可以通过查看整体运行结果观察程序的运行效果。使用并发队列时,不需要在程序中进行加锁和解锁操作。

11.3 线程安全的跳表

跳表(skiplist)是一种常用的数据结构,它在进行插入、删除、查找等操作时的时间复杂度为 $O(\log(n))$,在降低使用复杂度和提高效率方面都有明显的优势。

线程安全的跳表由类 ConcurrentSkipListMap 实现,它实现了 ConcurrentNavigableMap 接口,根据键值的自然顺序或类 Comparator 提供的跳表创建时间进行排序。该类实现了并发版本的跳表,多个线程同时对其进行操作不会产生数据冲突。

类 ConcurrentSkipListMap 的有两个构造方法:

```
//创建一个新的、空的并发跳表映射,根据键值的自然顺序进行排序
• ConcurrentSkipListMap()

//创建一个新的、空的并发跳表映射,根据 comparator 的比较结果进行排序
• ConcurrentSkipListMap(Comparator<? super K> comparator)
```

【例 11-3】 使用多线程对并发跳表进行读写操作。

【解题分析】

使用 4 个线程同时对并发跳表进行操作,每个线程分别执行 500 次插入操作和 500 次删除操作。

【程序代码】

```java
//Worker.java
package book.ch11.skiplist;
import java.util.concurrent.ConcurrentSkipListMap;
//定义类 Worker,该类从类 Thread 操作,属性 id 表明线程编号,属性 skiplist 表明操作的对象
在 run()方法中,首先向跳表中插入 500 个数据,然后从跳表中删除 500 个数据
public class Worker extends Thread{
    int id;
    ConcurrentSkipListMap<Integer, String> skiplist;
    Worker(int id, ConcurrentSkipListMap<Integer, String> skiplist){
        this.id = id;
        this.skiplist = skiplist;
    }
    @Override
    public void run(){
        System.out.println("id="+id+"线程开始运行");
        for(int i=0; i<1000; i++){
            int temp = id * 1000 + (i+1);
```

```java
            if(i<500){
                skiplist.put(temp, "零件"+temp);
                System.out.println("id="+id+"线程放入<"+temp+",零件"+temp+">");
            }else{
                int t = temp-500;
                skiplist.remove(t);
                System.out.println("id="+id+"线程移除<"+t+ ",零件"+t+">");
            }
        }
    }
}
//Index.java
package book.ch11.skiplist;
import java.util.concurrent.ConcurrentSkipListMap;
//定义类 Index
public class Index {
    public static void main(String[] args){
        //线程个数
        int N = 4;
        //多个线程同时对 skiplist 进行操作
        ConcurrentSkipListMap<Integer, String> skiplist =
                new ConcurrentSkipListMap<Integer, String>();
        Thread[] threads = new Thread[N];
        for(int i= 0; i<N; i++){
            threads[i] = new Worker(i, skiplist);
            threads[i].start();
        }
        //通过 join()方法让主线程等待 4 个线程执行结束
        for(int i= 0; i<N; i++){
            try {
                threads[i].join();
            } catch (InterruptedException e) {
                e.printStackTrace();
            }
        }
        System.out.println("skiplist.size="+skiplist.size());
    }
}
```

【运行结果】

程序运行结果的部分截图如图 11-3 所示。

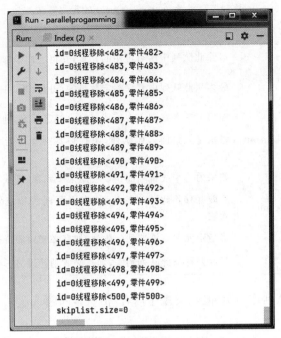

图 11-3　运行结果（部分）

11.4　同步队列

同步队列是一个没有数据缓冲的阻塞队列，同步队列上的插入操作必须等待相应的删除执行完成后才能执行，反之亦然。不能调用方法 peek() 查看队列中是否有数据元素，也不允许对整个队列进行迭代遍历。

类 SynchronousQueue 是 Java 集合框架中的一员，该类定义的形式如下：

```
public class SynchronousQueue<E> extends AbstractQueue<E>
            implements BlockingQueue<E>, Serializable
```

其中，E 为泛型，用于指明同步队列中元素的类型。

该类定义了两个构造方法：

```
//无参数的构造方法
• public SynchronousQueue()
```

```
//使用公平性策略创建同步队列
• public SynchronousQueue(boolean fair)
```

类 SynchronousQueue 的常用方法如表 11-3 所示。

表 11-3 类 SynchronousQueue 的常用方法

方　法	含　义
int drainTo(Collection<? super E> c)	移除此队列中所有可用的元素,并将它们添加到集合中
int drainTo(Collection<? super E> c, int maxElements)	最多从此队列中移除给定数量的可用元素,并将这些元素添加到集合中
boolean offer(E e)	如果另一个线程正在等待以接收指定元素,则将指定元素插入此队列
boolean offer(E o, long timeout, TimeUnit unit)	将指定元素插入此队列,如有必要则等待指定的时间,以便另一个线程接收它
E poll()	如果另一个线程当前正要使用某个元素,则获取并移除此队列的头
E poll(long timeout, TimeUnit unit)	获取并移除此队列的头,如有必要则等待指定的时间,以便另一个线程插入它
void put(E o)	将指定元素 o 添加到此队列,如有必要则等待另一个线程接收它
E take()	获取并移除此队列的头,如有必要则等待另一个线程插入它

【例 11-4】 使用同步队列作为缓冲区,实现生产者/消费者问题。

【解题分析】

生产者对缓冲区进行插入操作,消费者对缓冲区进行删除操作,同步队列上的插入操作必须等待相应的删除执行完成后才能执行,反之亦然。由于是在同步队列上进行操作,因此本例并没有在生产者和消费者之间添加线程通信操作。

【程序代码】

```java
//Producer.java
package book.ch11.synchronousqueue;
import java.util.concurrent.SynchronousQueue;
public class Producer extends Thread {
    SynchronousQueue<Integer> queue;
    Producer(SynchronousQueue<Integer> queue){
        this.queue = queue;
    }
    public void run(){
        for(int i=0; i<5; i++){
            int data = (int)( Math.random() * 100);
            System.out.println("生产者生产了一个数据:" +data);
            try {
                queue.put(data);
            } catch (InterruptedException e) {
                e.printStackTrace();
            }
        }
    }
}
```

```java
//Consumer.java
package book.ch11.synchronousqueue;
import java.util.concurrent.SynchronousQueue;
public class Consumer extends Thread{
    SynchronousQueue<Integer> queue;
    Consumer(SynchronousQueue<Integer> queue){
        this.queue = queue;
    }
    public void run(){
        for(int i=0; i<5; i++){
            try {
                System.out.println("消费者消费了一个数据:" +queue.take());
            } catch (InterruptedException e) {
                e.printStackTrace();
            }
        }
    }
}
//Index.java
package book.ch11.synchronousqueue;
import java.util.concurrent.SynchronousQueue;
public class Index {
    public static void main(String[] args){
        SynchronousQueue<Integer> queue
                        = new SynchronousQueue<Integer>();
        Thread producer = new Producer(queue);
        Thread consumer = new Consumer(queue);
        producer.start();
        consumer.start();
    }
}
```

【程序分析】

由于使用同步队列作为公共缓冲区,故生产者和消费者对公共缓冲区的操作不再需要添加额外的同步控制操作。

【运行结果】

程序运行结果如图 11-4 所示。

【相关讨论】

读者可以尝试将循环次数更改为 50 或者更多,观察程序的运行情况。需要注意的是,如果更改该数值,则需要在生产者类 Producer 和消费者类 Consumer 中同时进行更改。

图 11-4 运行结果

11.5 随机数产生

线程本地的随机数产生器由类 ThreadLocalRandom 实现，该类的定义形式如下：

```
public class ThreadLocalRandom extends Random
```

类 ThreadLocalRandom 的常用方法如表 11-4 所示。

表 11-4 类 ThreadLocalRandom 的常用方法

方 法	含 义
static ThreadLocalRandom current()	返回当前线程的 ThreadLocalRandom 对象实例
protected int next(int bits)	产生下一个随机数
double nextDouble(double n)	返回一个 Double 类型的、在 0 到指定值 n 之间的伪随机数
double nextDouble(double least, double bound)	返回一个 Double 类型的、在 least 值到指定 bount 值之间的伪随机数
int nextInt(int least, int bound)	返回一个 int 类型的、在 least 值到指定 bount 值之间的伪随机数
long nextLong(long n)	返回一个 long 类型的、在 0 到指定值 n 之间的伪随机数
long nextLong(long least, long bound)	返回一个 long 类型的、在 least 值到指定 bount 值之间的伪随机数
void setSeed(long seed)	设定随机数种子

【例 11-5】 利用线程本地随机数产生器产生随机数。

【解题分析】

可以借助类 ThreadLocalRandom 的相关方法生成随机数。

【程序代码】

```
//Generator.java
package book.ch11.random;
```

```java
import java.util.concurrent.ThreadLocalRandom;
//定义类 Generator,该类从类 Thread 继承,在 run()方法中使用类 ThreadLocalRandom 的 current 获取
当前线程的随机数产生器,并通过 nextInt 获取 100 以内的随机数
public class Generator extends Thread{
    Generator(){
        ThreadLocalRandom.current();
    }
    @Override
    public void run(){
        for(int i=0; i<10; i++){
            System.out.println(this.getName()+"产生了随机数"
                    +ThreadLocalRandom.current().nextInt(100));
        }
    }
}
//Index.java
package book.ch11.random;
//定义类 Index,在其 main()方法中定义 4 个线程,并在每个线程中产生随机数
public class Index {
    public static void main(String[] args){
        int N = 4;
        Thread[] threads = new Thread[N];
        for(int i=0; i<4; i++){
            threads[i] = new Generator();
            threads[i].start();
        }
    }
}
```

【运行结果】

程序运行结果的部分截图如图 11-5 所示。

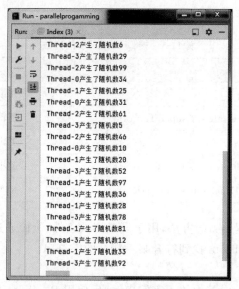

图 11-5 运行结果(部分)

11.6 并行流

集合是 Java API 中的重要组成部分,流(stream)是对集合(collection)功能的增强,它可以对集合对象进行高效的聚合操作。流位于 Java.util.stream 包中,它与 java.io 包中的输入/输出流 InputStream、OutputStream 的概念完全不同。在 Java.util.stream 包中,包含类 Stream、IntStream、LongStream 和 DoubleStream。

流可以和 Lambda 表达式配合使用,以有效提高编程效率和程序可读性。然而,流又不同于集合,主要表现在以下方面。

- 流中不做任何存储。流不是一个存储数据的数据结构,它是有关算法和计算的,它更像一个高级版本的迭代器,但是流又和迭代器不同,流可以进行并行化操作,迭代器只能进行串行化操作。
- 流上的操作会产生一个新的流,不会修改之前的流。
- 许多流的操作都是慵懒的操作方式,例如过滤、映射等。
- 集合通常是有限的,流可以操作无限的数据。
- 流中的元素在流的生命周期内只能被访问一次。

11.6.1 函数式接口 Predicate

除了在语言层面支持函数式编程风格,JDK 8.0 中还增加了一个包 java.util.function,它包含很多类,用来支持函数式编程。函数式接口 Predicate 是其中一个,使用该接口和 Lambda 表达式可以向 API 方法添加逻辑,以用更少的代码支持更多的动态行为。

接口 Predicate 的定义形式如下:

```
@FunctionalInterface
public interface Predicate<T>
```

该接口的方法如表 11-5 所示。

表 11-5 接口 Predicate 的方法

方法	说明
boolean test(T t)	在给定的参数 t 上进行测试
default Predicate<T> and(Predicate<? super T> other)	逻辑与
default Predicate<T> negate()	逻辑否
default Predicate<T> or(Predicate<? super T> other)	逻辑或
static <T> Predicate<T> isEqual(Object targetRef)	是否相等

在这些方法中,最常用的是 test()方法,用于设置测试条件,下面通过一个例子演示该接口的使用。

【例 11-6】 使用接口 Predicate 找到符合某一特征的字符串。

【解题分析】

首先创建一个数组或列表,向其中放入字符串,然后使用 Predicate 的 test()方法进行过滤。

【程序代码】

```java
//Index.java
package book.ch11.lambda;
import java.util.Arrays;
import java.util.List;
import java.util.function.Predicate;
public class Index {
    public static void main(String[] args) {
        List<String> list =
                Arrays.asList("zhao","qian","sun","li","zhang","wang");
        System.out.println("以 z 开头的字符串:");
        //对 find()方法进行调用,这里使用 Lambda 表达式作为参数。
        find(list, (String str)->str.startsWith("z"));
    }
    //find()方法的定义,其中第二个参数为 Predicate 类型,调用 test()方法进行过滤
    public static void find(List<String> list, Predicate<String> p){
        for(String name : list){
            if(p.test(name)){
                System.out.println(name);
            }
        }
    }
}
```

【运行结果】

程序的运行结果如图 11-6 所示。

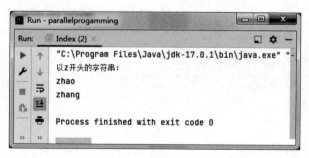

图 11-6　运行结果

11.6.2　流的创建

流的定义形式如下:

```
public interface Stream<T> extends BaseStream<T, Stream<T>>
```

流提供了串行和并行两种模式以进行聚合操作,其中,并行流能够充分利用多核处理器的优势,使

用 Fork/Join 的并行处理方式拆分任务和加速处理过程,它会把数据分成多个段,每一段都在不同的线程中进行处理,最后将结果汇总输出。

下面给出一个聚合操作的例子:

```
int sum = widgets.stream()
        .filter(w -> w.getColor() == RED)
        .mapToInt(w -> w.getWeight())
        .sum();
```

这个例子演示了集合 widgets 上的聚合操作,首先通过方法 stream()创建一个 widgets 对象的流,然后过滤颜色是红色的元素,接着根据每个元素的重量 w.getWeight()把该流转换成一个含有整型值的流,最后求和得到总重量。

怎样创建一个流呢?可以在集合、数组上创建流。

如果是一个集合 Collection,则可以通过方法 stream()和 parallelStream()创建流。例如:

```
List<String> list = new ArrayList<String>();
Stream stream = list.stream();
```

如果是一个数组,则可以通过 Arrays.stream(object[])方法创建流,例如:

```
String[] str = new String[]{"zhang", "sun", "yang"};
Stream stream = Stream.of(str); 或者 Stream stream = Arrays.stream(str);
```

也可以使用方法 java.io.BufferReader.lines()或者 java.io.file.Files.walk()构造流。

对于基本类型 int、long、double,可以使用 Stream<Integer>、Stream<Long>和 Stream<Double>,但是对数据类型的包装可能比较耗时,也可以使用相应类 IntStream、LongStream 和 DoubleStream 的方法 range()构造流。

下面构造一个整数流,然后输出,程序如下:

```
int[] intArray = new int[]{1, 2, 3, 4};
IntStream.of(intArray).forEach(System.out::println);
```

11.6.3 流的操作

流的典型操作类型分为以下两种。

- 中继操作(intermediate)。可以对一个流进行 0 个或多个中继操作,其主要用途是打开流,进行数据的映射/过滤,然后返回一个新的流,交给下一个操作使用。这些操作都采用慵懒(lazy)的处理方式,也就是说,这里仅仅是调用这类方法,并没有真正开始流的处理。
- 终止操作(terminal)。一个流只能有一个终止操作,当终止操作执行后,流就被处理完毕了,无法再被操作,所以这必定是流的最后一个操作。当终止操作执行时,才会真正开始流的处理,最终会得到一个结果或者一个负面效应(side effect)。

读者可能会产生这样一个疑问:在对于一个流进行多次中继操作时,是不是每次都要对流进行遍历操作?答案是否定的,由于中继操作都是慵懒的,故多个中继操作只会在进行终止操作时融合,一次循环就可以完成。

这里有必要对慵懒的操作进行解释：读者可以想象当一个懒人做事情的时候，总是喜欢拖拖拉拉，直到最后一刻才把事情做完，这里"慵懒"的意思与此类似，在遇到中继操作时，并不是马上执行它，而是等到执行到终止操作时，再一起执行所有操作。

中继操作包括 map、filter、distinct、sorted、skip、peek 等；终止操作包括 forEach、toArray、reduce、min、max、allMatch 等。

流还有一种短路(short-circuiting)操作，对于一个中继操作，如果短路操作接收的是一个无限大的流，则返回一个有限的新流；对于一个终止操作，如果短路操作接收的是一个无限大的流，则能在有限的时间内计算出结果。当操作一个无限大的流且希望在有限的时间内完成该操作时，使用短路操作是必要条件。

为了执行一个集合计算，流通常被组装成一个流水线管道，这个流水线管道通常包括三部分内容：
- 数据源，可以是数组、集合或者 I/O；
- 进行中继操作的数据转换，可以是 0 个或多个；
- 执行操作获得结果，终止操作。

大多数的流操作都可以接收参数，用来描述用户的特定行为。为了保证这些参数的正确性，这些参数必须无法修改要操作的源数据流。

一个源数据流必须只被操作一次，这是因为每个中继操作都会生成一个新的流，如果检测到一个流被重复使用，则会抛出 IllegalStateException 异常。

流与 I/O 流不同，I/O 流（如文件）一般在操作完成后必须关闭，这里的流不要求强制关闭的。当然，也可以通过 BaseStream.close()方法关闭一个流。

流可以分为串行流和并行流，在开始创建流时可以显式地进行声明，也可以通过 Collection.stream 创建串行流，通过 Collection.parallelStream 创建并行流。

【例 11-7】 流的使用。

【程序代码】

```
package book.ch11.stream;
import java.util.ArrayList;
import java.util.List;
import java.util.stream.IntStream;
public class ConvertToUppercase {
    public static void main(String[] args) {
        System.out.println("将字符串转换为大写");
        List<String> myList = new ArrayList();
        myList.add("zhang");
        myList.add("yang");
        myList.add("sun");
        myList.parallelStream().map(String::toUpperCase)
                .forEach(System.out::print);
        System.out.println("\n使用流过滤");
        int[] intArray = new int[10];
        for(int i=0; i<10; i++)
```

```
        intArray[i] = i;
    IntStream.of(intArray).filter(n -> n % 2 == 0)
        .forEach(System.out::print);
    System.out.println("\n限制流输出的个数:");
    IntStream.of(intArray).limit(10)
        .forEach(System.out::print);
    System.out.println("\n略过 3 个元素:");
    IntStream.of(intArray).limit(10).skip(3)
        .forEach(System.out::print);
    System.out.println("\n使用流对数据进行排序:");
    int[] unsortedAry = new int[]{5, 7, 3, 9, 1};
    IntStream.of(unsortedAry).sorted()
        .forEach(System.out::print);
    }
}
```

【运行结果】

程序的运行结果如图 11-7 所示。

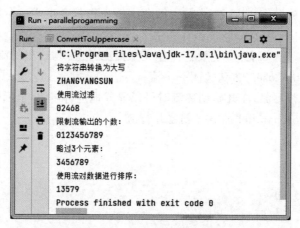

图 11-7　流处理的运行结果

习题

1. 什么是线程安全?
2. Java 语言中,线程安全的数据结构有哪些?
3. 尝试将一个非线程安全的类转换为线程安全的类。

第 12 章 定制并行类

Java 并发库提供了大量的类和接口，用于实现并发应用，从较低级的 Thread 类到较高级的 Executor 框架和 Fork/Join 框架，尽管 Java 已经提供了这么多的并发工具，但在开发并发程序时，有时还是会发现它们并不能完全满足你的要求，这时就需要定制相关的并发类。Java 提供了相关的类和接口，允许用户在这些已有类的基础上定义自己的并发工具。

12.1 定制同步类

本书前面曾经讲过线程同步的相关知识，在多个线程对共享数据进行操作时，需要进行同步控制，以确保数据访问不会出错。对共享数据进行访问之前，线程要尝试进行加锁，只有获得锁的线程才能进行操作，操作完毕后要进行解锁。

除了使用同步锁、可重入锁和读写锁之外，还可以自定义锁。本节将介绍如何自定义锁。

12.1.1 定制锁

可以通过类 AbstractQueuedSynchronizer 实现自定义锁，该类为实现锁和相关的同步机制提供了一个框架，它采用先入先出等待队列，定义形式如下：

```
public abstract class AbstractQueuedSynchronizer
                extends AbstractOwnableSynchronizer implements Serializable
```

使用一个原子整型变量代表锁的状态，通过操控该变量可以表示锁处于锁定状态还是解锁状态，从类 AbstractQueuedSynchronizer 继承的子类需要对该状态进行操作，除此之外，子类也可以定义其他状态，但对这些状态的操作必须具有原子性。

在基于类 AbstractQueuedSynchronizer 创建自定义锁时，需要重新实现以下方法：

- tryAcquire(int)
- tryRelease(int)
- tryAcquireShared(int)
- tryReleaseShared(int)
- isHeldExclusively()

在实现这些方法的过程中，需要使用锁的状态进行控制，这主要通过以下几个方法实现：

- getState()
- setState(int)
- compareAndSetState(int, int)

下面通过一个例子演示如何自定义锁。

【例 12-1】 自定义一个锁,并使用该锁对数组的操作进行同步控制。

【解题分析】

从类 AbstractQueuedSynchronizer 继承创建一个自定义类 CustomizedSynchronizer,然后在定义锁时用类 CustomizedSynchronizer 的相关方法定义锁的获取和释放操作。

【程序代码】

```java
//CustomizedSynchronizer.java
package book.ch12.mylock;
import java.util.concurrent.atomic.AtomicInteger;
import java.util.concurrent.locks.AbstractQueuedSynchronizer;
//定义类 CustomizedSynchronizer,该类从类 AbstractQueuedSynchronizer 继承
public class CustomizedSynchronizer extends AbstractQueuedSynchronizer{
    //属性 state,其类型为原子整型,初始值为 0
    private AtomicInteger state;
    public CustomizedSynchronizer() {
        state = new AtomicInteger(0);
    }
    //重写方法 tryAcquire() 和 tryRelease(),这两个方法都使用了 state 的原子操作方法 compareAndSet()
    @Override
    protected boolean tryAcquire(int val){
        return state.compareAndSet(0, 1);
    }
    @Override
    protected boolean tryRelease(int val){
        return state.compareAndSet(1, 0);
    }
}
//SimpleLock.java
package book.ch12.mylock;
import java.util.concurrent.TimeUnit;
import java.util.concurrent.locks.Condition;
import java.util.concurrent.locks.Lock;
//定义类 SimpleLock,该类实现了 Lock 接口
public class SimpleLock implements Lock {
    //属性 synchronizer
    private final CustomizedSynchronizer synchronizer =
                                new CustomizedSynchronizer();
    //重写方法 lock(),使用 synchronizer 的 acquire()方法获取锁
    @Override
    public void lock() {
        synchronizer.acquire(1);
    }
```

```java
    //锁的中断性
    @Override
    public void lockInterruptibly() throws InterruptedException {
        synchronizer.acquireInterruptibly(1);
    }
    //条件对象创建
    @Override
    public Condition newCondition() {
        return synchronizer.new ConditionObject();
    }
    //尝试获取锁
    @Override
    public boolean tryLock() {
        return synchronizer.tryAcquire(1);
    }
    //尝试在某个时间范围内获取锁
    @Override
    public boolean tryLock(long arg0, TimeUnit arg1) throws InterruptedException {
        return synchronizer.tryAcquireNanos(1, arg1.toNanos(arg0));
    }
    //解锁
    @Override
    public void unlock() {
        synchronizer.release(1);
    }
}
//Increaser.java
package book.ch12.mylock;
import java.util.concurrent.locks.Lock;
public class Increaser extends Thread{
    int[] array;
    Lock lock;
    Increaser(int[] array, Lock lock){
        this.array = array;
        this.lock = lock;
    }
    @Override
    public void run(){
        lock.lock();
        try{
            System.out.println(this.getName()+"开始对数组操作");
            for(int i=0; i<array.length; i++)
                array[i]++;
            System.out.println(this.getName()+"结束操作");
```

```java
        }finally{
            lock.unlock();
        }
    }
}
//Index.java
package book.ch12.mylock;
import java.util.concurrent.locks.Lock;
public class Index {
    public static void main(String[] args) {
    //使用自定义锁对数组的操作进行同步控制
        Lock lock = new SimpleLock();
        int arrayNum = 1000000;
        int[] array = new int[arrayNum];
        for(int i=0; i<arrayNum; i++){
            array[i] = 0;
        }
        Thread t1 = new Increaser(array, lock);
        Thread t2 = new Increaser(array, lock);
        t1.start();
        t2.start();
    }
}
```

【运行结果】

程序运行结果如图 12-1 所示。

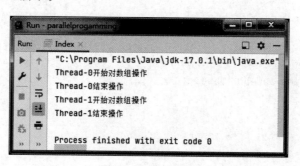

图 12-1　运行结果

12.1.2　定制原子操作

JDK 5.0 版本开始引入了原子类型操作,第 5 章对原子类型的相关操作进行了介绍。除了使用 JDK 提供的原子类型操作外,还可以定义自己的原子操作,这时需要从已有的原子操作类继承创建自己的原子操作。

【例 12-2】　自定义一个统计数量的原子类,用于统计随机数中数值大于或等于 50 的元素个数。
【解题分析】

在统计数量时,由于多个线程同时操作共享计数变量,有可能造成数据混乱,因此使用原子类型变量，而且由于题目要求对元素个数进行统计，故需要使用整型原子变量。在创建自定义的原子类型时，需要从类 AtomicInteger 继承。

【程序代码】

```java
//Counter.java
package book.ch12.atomic;
import java.util.concurrent.atomic.AtomicInteger;
//定义类 Counter,该类从类 AtomicInteger 继承,用于统计计数
public class Counter extends AtomicInteger {
    private static final long serialVersionUID = 1L;
    private int number;
    Counter(){
        super.set(0);
        number = 0;
    }
    //使用一个无限循环对 number 原子性地进行增 1
    public boolean add(){
        while(true){
            number = super.get();
            boolean hasAdd = super.compareAndSet(number, number+1);
            if(hasAdd){
                return true;
            }
        }
    }
}
//Selector.java
package book.ch12.atomic;
import java.util.concurrent.Callable;
//定义类 Selector,该类实现了接口 Callable<Integer>,表明该线程将会返回一个整型值
public class Selector implements Callable<Integer>{
    Counter counter;
    Selector(Counter counter){
        this.counter = counter;
    }
    //循环 1000 次,随机产生一个数,并判断该数是否大于或等于 50,如果条件成立,则原子性地增 1
    @Override
    public Integer call() throws Exception{
        int value;
        int sum = 0;
        for(int i=0; i<1000; i++){
            value = (int)(Math.random() * 100);
            if(value >= 50){
                counter.add();
```

```java
                sum++;
            }
        }
        return sum;
    }
}
//Index.java
package book.ch12.atomic;
import java.util.ArrayList;
import java.util.List;
import java.util.concurrent.ExecutionException;
import java.util.concurrent.FutureTask;
public class Index {
    public static void main(String[] args) {
        //线程数,并行执行数据的产生和统计操作
        int nthreads = 4;
        Counter counter = new Counter();
        //线程数组
        Selector[] selectors = new Selector[nthreads];
        //用一个列表记录线程返回值对象
        List<FutureTask<Integer>> taskList =
            new ArrayList<FutureTask<Integer>>();
        for(int i=0; i<nthreads; i++){
            selectors[i] = new Selector(counter);
            FutureTask<Integer> task =
                new FutureTask<Integer>(selectors[i]);
            taskList.add(task);
            Thread t = new Thread(task);
            t.start();
        }
        //求和
        int sum = 0;
        for(FutureTask<Integer> task : taskList){
            try {
                sum += task.get();
            } catch (InterruptedException | ExecutionException e) {
                e.printStackTrace();
            }
        }
        System.out.println(nthreads+"个任务的总数为:"+sum);
        System.out.println("counter.get()="+counter.get());
    }
}
```

【运行结果】

程序运行结果如图 12-2 所示。

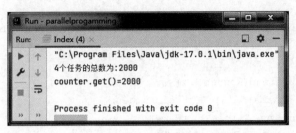

图 12-2 运行结果

12.2 定制线程工厂

工厂模式是在面向对象程序设计中常用的一种设计模式。Java 提供了一个接口 ThreadFactory，该接口可以实现线程工厂，创建线程对象。使用线程工厂时无须用户手动创建线程。

该接口只包含一个方法 newThread()，用于构造一个新的线程对象，返回值类型为 Thread，可以在该方法中初始化线程属性、名称、守护线程状态、所属线程组等操作。如果在创建线程的过程中请求被拒绝，则该方法返回 null。

例如，创建一个线程工厂，代码如下：

```java
class SimpleThreadFactory implements ThreadFactory {
    public Thread newThread(Runnable r) {
        return new Thread(r);
    }
}
```

【例 12-3】 创建一个自定义的线程工厂，使该线程工厂在创建线程时自动指明一个线程名。

【解题分析】

通过实现接口 ThreadFactory 创建自定义的线程工厂，需要重写 newThread()方法。通过实现 Runnable 接口创建线程对象，并将线程对象放入线程工厂中执行。

【程序代码】

```java
//MyThreadFactory.java
package book.ch12.factory;
import java.util.concurrent.ThreadFactory;
//定义类 MyThreadFactory,该类实现了接口 ThreadFactory
public class MyThreadFactory implements ThreadFactory{
    //线程名
    private String name;
    //线程编号
    private int threadNumber;
    MyThreadFactory(String name){
```

```java
        this.name = name;
        threadNumber = 0;
    }
    //重写 newThread()方法,变量 rName 表示该线程的名字,thread 为定义的线程对象,并输出线程创建
      信息
    @Override
    public Thread newThread(Runnable r) {
        String rName = name+"-线程"+threadNumber;
        Thread thread = new Thread(r, rName);
        System.out.println("新建了一个线程");
        threadNumber++;
        return thread;
    }
}
//Worker.java
package book.ch12.factory;
//定义类 Worker,该类实现了 Runnable 接口,并重写了 run()方法,在方法 run()中,使用方法 doSomething
  ()模拟做了某些事情,在方法 doSomething()执行前后分别输出相关信息
public class Worker implements Runnable{
    @Override
    public void run() {
        System.out.println(Thread.currentThread().getName()+"开始工作");
        doSomething();
        System.out.println(Thread.currentThread().getName()+"工作结束");
    }
    private void doSomething(){
        int number = (int) (Math.random() * 100);
        for(int i=1, fac =1; i<=number; i++ )
            fac = fac * i;
    }
}
//Index.java
package book.ch12.factory;
public class Index {
    public static void main(String[] args){
        //创建自定义的线程工厂,并通过线程工厂创建线程
        MyThreadFactory factory = new MyThreadFactory("线程工厂 1");
        Worker worker = new Worker();
        Thread thread = factory.newThread(worker);
        thread.start();
    }
}
```

【运行结果】

程序运行结果如图 12-3 所示。

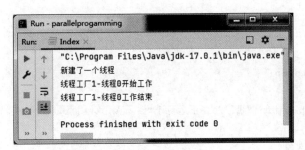

图 12-3　运行结果

【相关讨论】

本例使用线程工厂只创建了一个线程,并得到了运行结果,在实际应用中,可以使用线程工厂创建多个线程。

12.3　定制线程池

第 9 章介绍了 Executor 框架,该框架可以对线程的创建和执行进行分离,基于已有的接口 Executor、ExecutorService 和类 ThreadPoolExecutor,可以将 Runnable 和 Callable 对象放入线程池运行。在运行过程中,线程池会为它们创建一个线程,并决定在什么时候调用这些线程执行。

从类 ThreadPoolExecutor 继承可以创建新的线程池类,新创建的线程池类需要覆盖类 ThreadPoolExecutor 的相关方法。下面通过一个例子演示自定义的线程池。

【例 12-4】　自定义一个线程池,在自定义的线程池中,执行线程池和关闭线程池时输出相关信息。

【解题分析】

通过继承类 ThreadPoolExecutor 实现自定义的线程池,并在线程池的执行 execute() 和关闭方法 shutdown() 中输出相关信息。

【程序代码】

```java
//PrintInfoThreadPoolExecutor.java
package book.ch12.customizedexecutor;
import java.util.Date;
import java.util.concurrent.BlockingQueue;
import java.util.concurrent.ThreadPoolExecutor;
import java.util.concurrent.TimeUnit;
//定义类 PrintInfoThreadPoolExecutor,该类从类 ThreadPoolExecutor 继承
public class PrintInfoThreadPoolExecutor extends ThreadPoolExecutor {
    public PrintInfoThreadPoolExecutor(int corePoolSize,
        int maximumPoolSize,
        long keepAliveTime,
        TimeUnit unit,
        BlockingQueue<Runnable> workQueue) {
        //调用父类的构造方法,并输出线程池开始运行的时间
        super(corePoolSize, maximumPoolSize, keepAliveTime, unit, workQueue);
```

```java
        System.out.println("线程池运行开始于"+new Date().toString());
    }
    //线程池关闭
    public void shutdown(){
        super.shutdown();
        System.out.println("线程池终止运行于" + new Date().toString());
    }
    //执行 Runnable 对象
    public void execute(Runnable command) {
        super.execute(command);
        System.out.println("正在处理任务"+command);
    }
}
//Task.java
package book.ch12.customizedexecutor;
public class Task implements Runnable{
    @Override
    public void run() {
        int number = (int) (Math.random() * 100);
        for(int i=1, fac =1; i<=number; i++ )
            fac = fac * i;
    }
}
//Index.java
package book.ch12.customizedexecutor;
import java.util.concurrent.LinkedBlockingDeque;
import java.util.concurrent.TimeUnit;
public class Index {
    public static void main(String[] args) {
        //生成线程池对象 executor 和任务对象 task,然后将任务交给线程池对象进行处理,最后关闭线
          程池
        PrintInfoThreadPoolExecutor executor = new
        PrintInfoThreadPoolExecutor(2, 4, 1000, TimeUnit.MILLISECONDS,
                   new LinkedBlockingDeque<Runnable>());
        Task task = new Task();
        executor.execute(task);
        executor.shutdown();
    }
}
```

【运行结果】

程序运行结果如图 12-4 所示。

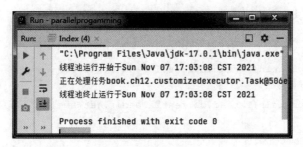

图 12-4　运行结果

12.4　定制线程执行器

执行器 Executor 一般使用默认的线程工厂,由线程工厂创建线程。Java 允许用户自定义执行器中的线程工厂,从而创建自定义的线程。

【例 12-5】　创建自定义线程工厂,并将其作为执行器的线程工厂,用于创建线程。

【解题分析】

创建线程工厂的方法如 12.2 节所示。线程工厂创建后交给执行器执行,执行器的创建可以使用 Executor 的相关方法。

【程序代码】

```java
//ChineseThreadFactory.java
package book.ch12.usingfactoryonexecutor;
import java.util.concurrent.ThreadFactory;
//定义类 ChineseThreadFactory,表示可以输出中文信息的线程工厂,该类实现了接口 ThreadFactory
public class ChineseThreadFactory implements ThreadFactory{
    private int totalNumber;
    ChineseThreadFactory(){
        totalNumber = 0;
    }
    //重写方法 newThread(),重新定义新生成的线程的名字,并使用 Thread 构造方法进行封装
    @Override
    public Thread newThread(Runnable r) {
        String rName = "线程工厂中的线程"+totalNumber;
        Thread thread = new Thread(r, rName);
        System.out.println("新建线程为:" + rName);
        totalNumber++;
        return thread;
    }
}
//Worker.java
package book.ch12.factory;
//定义类 Worker,该类实现了接口 Runnable
public class Worker implements Runnable{
```

```java
//重写 run()方法,模拟线程做了某项工作,并输出开始和结束工作的信息
@Override
public void run() {
    System.out.println(Thread.currentThread().getName()+"开始工作");
    doSomthing();
    System.out.println(Thread.currentThread().getName()+"工作结束");
}
private void doSomthing(){
    int number = (int) (Math.random() * 100);
    for(int i=1, fac =1; i<=number; i++ )
        fac = fac * i;
}
}
//Index.java
package book.ch12.usingfactoryonexecutor;
import java.util.concurrent.ExecutorService;
import java.util.concurrent.Executors;
public class Index {
    public static void main(String[] args){
        //生成自定义线程工厂对象 factory
        ChineseThreadFactory factory = new ChineseThreadFactory();
        //作为执行器 Executor 的线程工厂
        ExecutorService executor = Executors.newCachedThreadPool(factory);
        Worker worker = new Worker();
        //向该执行器提交一个线程任务执行
        executor.submit(worker);
        //关闭执行器
        executor.shutdown();
    }
}
```

【运行结果】

程序运行结果如图 12-5 所示。

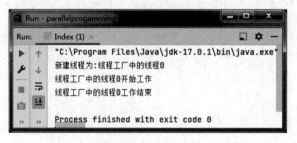

图 12-5　运行结果

12.5 定制周期性任务

本书曾介绍过类 ScheduledThreadPoolExecutor，它可以在某一段延迟时间后执行或者周期性地执行某个任务。可以直接使用类 ScheduledThreadPoolExecutor，也可以从该类继承定义自己的周期性执行器。

可以将 Runnable 对象和 Callable 对象提交给类 ScheduledThreadPoolExecutor 的对象延迟执行，但周期性执行只能使用 Runnable 对象。

所有交由周期性执行器 ScheduledThreadPoolExecutor 执行的任务都必须实现接口 RunnableScheduledFuture，该接口的定义形式如下：

```
public interface RunnableScheduledFuture<V> extends RunnableFuture<V>, ScheduledFuture<V>
```

从定义可知，该接口从接口 RunnableFuture 和 ScheduleFuture 继承而来，包含一个方法 isPeriodic()，用于判断任务是否为周期性执行的。此外，该接口还包括从其他接口继承的方法，如方法 run()、getDelay() 和 compareTo() 等。

接口 RunnableFuture 从接口 Runnable 和 Future 继承而来，定义形式如下：

```
public interface RunnableFuture<V> extends Runnable, Future<V>
```

该接口包含一个 run() 方法，当成功执行 run() 方法后，可以设置 Future 对象，并允许访问其结果。

接口 ScheduleFuture 从接口 Delayed 和 Future 继承而来，定义形式如下：

```
public interface ScheduledFuture<V> extends Delayed, Future<V>
```

表示一个延迟的、可以获得运行结果的操作，由于从 Future 继承，所以实现该接口的任务可以取消。

【例 12-6】 实现自定义的周期性执行的任务。

【解题分析】

当实现自定义的周期性执行的任务时，需要实现自定义的周期性执行器，而且需要重写相关的方法。

【程序代码】

```java
//CustomizedScheduleTask.java
package book.ch12.customizedschedule;
import java.util.Date;
import java.util.concurrent.Delayed;
import java.util.concurrent.FutureTask;
import java.util.concurrent.RunnableScheduledFuture;
import java.util.concurrent.TimeUnit;
public class CustomizedScheduleTask<V> extends FutureTask<V>
                    implements RunnableScheduledFuture<V> {
    //定义类的属性，并在构造方法中进行初始化
    private RunnableScheduledFuture<V> task;
```

```java
        private PrintInfoThreadPoolExecutor executor;
        private long period;
        private long startDate;
        public CustomizedScheduleTask(Runnable runnable, V result,
            RunnableScheduledFuture<V> task,  PrintInfoThreadPoolExecutor executor) {
            super(runnable, result);
            this.task = task;
            this.executor = executor;
        }
        //重写getDelay()方法,如果不是一个周期性执行的任务,则获得任务的延迟,如果是一个周期性执行的
        任务,则首先比较startDate是否为0,如果是则获取任务的延迟,如果不是,则计算startDate和当前时间的
        差值,并返回该值
        @Override
        public long getDelay(TimeUnit unit) {
            if(!isPeriodic()){
                return task.getDelay(unit);
            }else{
                if(startDate == 0){
                    return task.getDelay(unit);
                }else{
                    Date now = new Date();
                    long delay = startDate - now.getTime();
                    return unit.convert(delay, TimeUnit.MILLISECONDS);
                }
            }
        }
        @Override
        public int compareTo(Delayed delay) {
            return task.compareTo(delay);
        }
        @Override
        public boolean isPeriodic() {
            return task.isPeriodic();
        }
        @Override
        public void run(){
            if(isPeriodic()&&(!executor.isShutdown())){
                Date now = new Date();
                startDate = now.getTime() + period;
                executor.getQueue().add(this);
                System.out.println("任务已经被加入到队列中");
            }
            super.runAndReset();
        }
        public void setPeriod(long period){
            this.period = period;
```

```java
    }
}
//PrintInfoThreadPoolExecutor.java
package book.ch12.customizedschedule;
import java.util.Date;
import java.util.concurrent.ExecutionException;
import java.util.concurrent.RunnableScheduledFuture;
import java.util.concurrent.ScheduledFuture;
import java.util.concurrent.ScheduledThreadPoolExecutor;
import java.util.concurrent.TimeUnit;
//定义类 PrintInfoThreadPoolExecutor,该类为自定义的周期性执行器
public class PrintInfoThreadPoolExecutor extends ScheduledThreadPoolExecutor{
    public PrintInfoThreadPoolExecutor(int corePoolSize) {
        super(corePoolSize);
        System.out.println("线程池运行开始于"+new Date().toString());
    }
    //重写了方法 decorateTask(),用于执行 runnable 对象并返回任务
    @Override
    protected <V> RunnableScheduledFuture<V> decorateTask(Runnable runnable,
                            RunnableScheduledFuture<V> task){
        CustomizedScheduleTask<V> myTask = new
                        CustomizedScheduleTask<V>(runnable, null, task, this);
        return myTask;
    }
    //重写 shutdown()方法,用于关闭线程池
    @Override
    public void shutdown(){
        super.shutdown();
        System.out.println("线程池终止申请提交于" + new Date().toString());
    }
    //重写方法 scheduleAtFixedRate(),用于周期性执行任务
    @Override
    public ScheduledFuture<?> scheduleAtFixedRate(Runnable command,
            long initialDelay, long period, TimeUnit unit) {
        ScheduledFuture<?> task = super.scheduleAtFixedRate(
                command, initialDelay, period, unit);
        CustomizedScheduleTask<?> ctask = (CustomizedScheduleTask<?>) task;
        ctask.setPeriod(TimeUnit.MILLISECONDS.convert(period, unit));
        return task;
    }
}
//Worker.java
package book.ch12.customizedschedule;
public class Worker implements Runnable {
    @Override
    public void run() {
```

```java
            System.out.println(Thread.currentThread().getName()+"开始工作");
            doSomething();
            System.out.println(Thread.currentThread().getName()+"工作结束");
    }
    private void doSomething(){
        int number = (int) (Math.random() * 100);
        for(int i=1, fac =1; i<=number; i++ )
            fac = fac * i;
    }
}
//Index.java
package book.ch12.customizedschedule;
import java.util.concurrent.TimeUnit;
public class Index {
    public static void main(String[] args){
        //创建自定义的执行器实例executor,并将worker交给执行器周期性执行,最后关闭执行器
        PrintInfoThreadPoolExecutor executor = new PrintInfoThreadPoolExecutor(2);
        Worker worker = new Worker();
        executor.scheduleAtFixedRate(worker, 1, 1, TimeUnit.SECONDS);
        try {
            Thread.sleep(5000);
        } catch (InterruptedException e) {
            e.printStackTrace();
        }
        executor.shutdown();
    }
}
```

【运行结果】

程序运行结果如图12-6所示。

图12-6 运行结果

12.6 定制与 Fork/Join 框架相关的并发类

JDK 7.0 版本最吸引人的特性是 Fork/Join 框架,在 Fork/Join 框架中可以高效地执行任务。

12.6.1 类 ForkJoinWorkerThread

创建一个可以由 ForkJoinPool 管理的线程,用于执行 ForkJoinTask,定义形式如下:

```
public class ForkJoinWorkerThreadextends Thread
```

可以创建该类的子类,用于实现在 Fork/Join 框架中执行任务的线程,在子类中,可以向线程加入用户自己想要的功能。一般不能重写该类的执行和调度方法,但可以重写该类的构造方法和线程结束方法。

构造方法的定义为:

```
protected ForkJoinWorkerThread(ForkJoinPool pool)
```

类 ForkJoinWorkerThread 的常用方法如表 12-1 所示。

表 12-1 类 ForkJoinWorkerThread 的常用方法

方 法	说 明
ForkJoinPool getPool()	获取该线程所在的线程池
int getPoolIndex()	返回当前线程所在线程池的索引号
protected void onStart()	在线程已经创建但还未处理任务之前初始化内部状态
protected void onTermination(Throwable exception)	执行当前工作线程结束时的清理任务
void run()	运行

当创建该类的子类时,需要对接口 ForkJoinPool.ForkJoinWorkerThreadFactory 进行重新实现,用于在线程池中执行线程。

12.6.2 接口 ForkJoinPool.ForkJoinWorkerThreadFactory

接口 ForkJoinPool.ForkJoinWorkerThreadFactory 用于实现工作线程工厂,从该接口可以创建新的 ForkJoinWorkerThread 对象。当创建类 ForkJoinWorkerThread 的子类时,就必须实现接口 ForkJoinWorkerThreadFactory,用于执行新创建的 ForkJoinWorkerThread 子类对象。

该接口只包括一个方法 newThread(),定义形式如下:

```
ForkJoinWorkerThread newThread(ForkJoinPool pool)
```

该方法用于在指定的线程池 pool 中创建一个线程。

12.6.3 自定义 Fork/Join 框架中的线程

本节通过一个例子演示如何自定义 Fork/Join 框架中的线程。

【例 12-7】 在 Fork/Join 框架中自定义线程,使线程在启动和结束运行时输出相关信息。

【解题分析】

在 Fork/Join 框架中自定义线程需要从类 ForkJoinWorkerThread 继承,并重写方法 onStart()和 onTermination(),在重写的方法中添加相关信息。

【程序代码】

```java
//PrintInfoWorkerThread.java
package book.ch12.workthreadinforkjoinpool;
import java.util.concurrent.ForkJoinPool;
import java.util.concurrent.ForkJoinWorkerThread;
//从类 ForkJoinWorkerThread 继承
public class PrintInfoWorkerThread extends ForkJoinWorkerThread {
    protected PrintInfoWorkerThread(ForkJoinPool pool) {
        super(pool);
    }
    @Override
    protected void onStart(){
        System.out.println(super.getName()+"即将开始运行...");
        super.onStart();
    }
    @Override
    protected void onTermination(Throwable exception){
        System.out.println(super.getName()+"即将终止运行...");
        super.onTermination(exception);
    }
    @Override
    public void run(){
        System.out.println(super.getName()+"正在运行...");
        super.run();
    }
}
//PrintInfoThreadFactory.java
package book.ch12.workthreadinforkjoinpool;
import java.util.concurrent.ForkJoinPool;
import java.util.concurrent.ForkJoinPool.ForkJoinWorkerThreadFactory;
import java.util.concurrent.ForkJoinWorkerThread;
//实现接口 ForkJoinWorkerThreadFactory 创建线程工厂
public class PrintInfoThreadFactory implements ForkJoinWorkerThreadFactory{
    @Override
    public ForkJoinWorkerThread newThread(ForkJoinPool pool) {
        return new PrintInfoWorkerThread(pool);
    }
}
//WorkerTask.java
```

```java
package book.ch12.workthreadinforkjoinpool;
import java.util.concurrent.RecursiveTask;
public class WorkerTask extends RecursiveTask<Long>{
private static final long serialVersionUID = 1L;
    //域属性,代表要求的 Fibonacci 数列
    private int num;
    WorkerTask(int num){
        this.num = num;
    }
    @Override
    protected Long compute(){
        Long result;
        if(num <= 10){
            result = getValue(num);
        }else{
            //通过 fork 两个工作任务并行求解
            WorkerTask fibTask1 = new WorkerTask(num-1);
            WorkerTask fibTask2 = new WorkerTask(num-2);
            fibTask1.fork();
            fibTask2.fork();
            //结果汇总
            result = fibTask1.join() + fibTask2.join();
        }
        return result;
    }
    private Long getValue(Integer n){
        //顺序求解时自动获取该值
        Long[] fib = {1L, 1L, 2L, 3L, 5L, 8L, 13L, 21L, 34L, 55L, 89L};
        return fib[n];
    }
}
//Index.java
package book.ch12.workthreadinforkjoinpool;
import java.util.concurrent.ExecutionException;
import java.util.concurrent.ForkJoinPool;
public class Index {
    public static void main(String[] args){
        PrintInfoThreadFactory factory = new PrintInfoThreadFactory();
        ForkJoinPool pool = new ForkJoinPool(4, factory, null, false);
        WorkerTask worker = new WorkerTask(20);
        pool.execute(worker);
        worker.join();
        try {
            System.out.println("结果为:"+worker.get());
```

```
        } catch (InterruptedException | ExecutionException e) {
            e.printStackTrace();
        }
        pool.shutdown();
    }
}
```

【运行结果】

程序运行结果如图 12-7 所示。

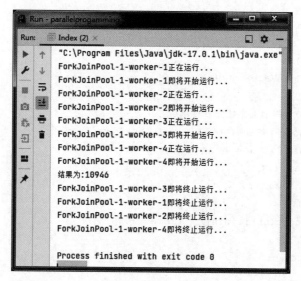

图 12-7　运行结果

12.6.4　自定义任务

Executor 框架分离了任务的创建和任务的执行,用户只需要创建 Runnable 对象,然后将该对象交给 Executor 框架,Executor 框架将负责线程的创建、运行和结束。JDK 7.0 版本开始在 Executor 框架的基础上实现了 Fork/Join 框架,该框架使用工作窃取算法,将任务分解为若干小的任务,递归地加以解决。

所有交由 Fork/Join 框架处理的任务都是类 ForkJoinTask 的子类,分别是无须返回值的类 RecursiveAction 和有返回值的类 RecursiveTask,也可以通过继承类 ForkJoinTask 实现自定义的任务类。

从 10.4 节中类 ForkJoinTask 的定义可知,类 ForkJoinTask 是一个抽象类,该类包含几个抽象方法,如表 12-2 所示,从该类继承时需要实现这几个方法。

表 12-2　类 ForkJoinTask 的抽象方法

方　法	含　义
protected abstract Booleanexec()	立即执行该任务的动作
abstract V getRawResult()	即使任务异常完成,也获得由 join() 方法得到的返回值
protected abstract voidsetRawResult(V value)	强制以给定的值作为结果返回

【例 12-8】 使用自定义类 ForkJoinTask 对数组中的每个元素进行增 1 操作。

【解题分析】

由于对数组元素增 1 后不需要返回值，故从类 ForkJoinTask 继承时的返回值可以为空。在从类 ForkJoinTask 继承时，需要重写方法 exec()。

在实现对数组元素的增 1 操作时，可以将数组分为若干部分，每个线程操作一部分，由于增 1 操作之间互不影响，故线程之间可以并行执行。

【程序代码】

```java
//CustomizedRecursiveAction.java
package book.ch12.customizedforkjointask;
import java.util.concurrent.ForkJoinTask;
public abstract class CustomizedRecursiveAction extends ForkJoinTask<Void> {
    @Override
    protected boolean exec() {
        //记录开始时间
        long start = System.nanoTime();
        compute();
        //记录结束时间
        long end = System.nanoTime();
        System.out.println("执行时间为:"+(end-start)+"纳秒");
        return true;
    }
    @Override
    public Void getRawResult() {
        return null;
    }
    @Override
    protected void setRawResult(Void result) {}
    protected abstract void compute();
}
//IncreaseTask.java
package book.ch12.customizedforkjointask;
public class IncreaseTask extends CustomizedRecursiveAction{
    private static final long serialVersionUID = 1L;
    //要操作的数组
    int[] array;
    //数组起始下标
    int start;
    //数组终止下标
    int end;
    IncreaseTask(int[] array, int start, int end){
        this.array = array;
        this.start = start;
        this.end = end;
```

```java
    }
    @Override
    protected void compute() {
        if(end - start <= 500000){
            sequentialCompute();
        }else{
            //生成两个子任务并行求解
            IncreaseTask task1 = new IncreaseTask(array, start, end/2);
            IncreaseTask task2 = new IncreaseTask(array, end/2, end);
            invokeAll(task1, task2);
        }
    }
    private void sequentialCompute(){
        for(int i=start; i<end; i++){
            array[i]++;
        }
    }
}
//Index.java
package book.ch12.customizedforkjointask;
import java.util.concurrent.ForkJoinPool;
public class Index {
    public static void main(String[] args){
        //数组大小
        int dataSize = 1000000;
        //数组定义
        int[] array = new int[dataSize];
        //数组初始化
        for(int i=0; i<dataSize; i++)
            array[i] = 0;
        System.out.println("已经对数组初始化完毕");
        //线程池对象
        ForkJoinPool pool = new ForkJoinPool();
        IncreaseTask task = new IncreaseTask(array, 0, dataSize);
        pool.invoke(task);
        //关闭线程池
        pool.shutdown();
    }
}
```

【运行结果】

程序运行结果如图 12-8 所示。

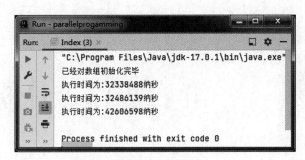

图 12-8 运行结果

习题

1. 自定义并发类的流程是怎样的？
2. 创建一个自定义的线程工厂，当创建线程时，输出线程 ID、线程名和线程优先级等信息。
3. 自定义 Fork/Join 框架中的线程，输出每个线程的运行时间。

第13章 并行程序设计实例

本章将通过实际应用程序演示并行程序的设计方法,通过这些实例让读者了解并发程序的设计和实现过程。在给出这些实例时,首先给出程序的串行执行版本,然后给出并行执行版本,读者可以通过对比两个版本理解并行编程的方法。

需要说明的是,本章中程序的执行结果是在 Dell Z820 工作站上运行得到的,该工作站配备 2 个 Intel Xeon E5-2650 处理器,主频为 2.60GHz,每个处理器有 8 个处理核,支持超线程,可以同时运行 32 个线程,内存为 128GB。

13.1 桶排序及其并行化

桶排序是众多排序算法中的一种,是基于分治思想的排序算法,效率很高。

13.1.1 桶排序过程

为了熟悉桶排序算法,首先通过一个例子说明桶排序的过程。例如,有一个数列{19,12,4,22,9,14,7,2,24,18},该数列有 10 个数据,现在要对其使用桶排序算法进行排序。

首先,设定桶的个数,对于 10 个数据,可以选择 2、3、4 或 5 个桶,桶的个数决定了分到桶内的数据个数,具体选择几个桶可以根据实际情况决定,这里为了演示效果而选择 5 个桶。

其次,需要确定如何将数据分配到桶内。如果有的桶分到的数据过多,则可能会导致任务量过大,有的桶分到的数据过少,可能导致任务量过小,任务量过大或过小都会导致负载不均衡问题。这里设定每个桶的区间,从已有数据来看,数据分布比较均衡,因此设定区间为[1, 5)、[5, 10)、[11, 15)、[16, 20)、[21, 25)。

最后,对每个桶内的数据分别进行排序,得到有序的数据。排序过程如图 13-1 所示。

13.1.2 并行化

在了解了桶排序的实现过程后,需要思考如何进行并行化,并行化的过程可以发生在两个地方:第一,可以在放入桶中时并行处理,让多个线程处理原始数据的不同部分,然后分别放入桶中,但这里涉及多个线程有可能同时操作同一个桶的情况,需要线程同步;第二,可以在分好桶中数据后在多个桶中并行进行排序,每个桶都是独立的数据,可以选择合适的排序算法分别进行排序。需要说明的是,在每个桶中进行数据排序时,可以选择冒泡排序、快速排序、堆排序等排序算法。

下面通过程序实现桶排序并行化。

【例 13-1】 对 1000 万个数据使用桶排序进行排序,要求桶之间并行化实现排序。

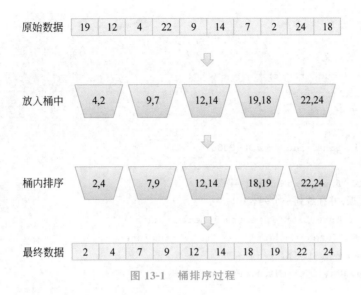

图 13-1 桶排序过程

【解题分析】

前面的讲解介绍了桶排序的过程,但在具体实现时,还要考虑几个问题。

采用什么数据结构进行存储数据?可以通过数组存储数据,数组的好处在于结构简单、易于处理,不足之处是数组的长度比较固定,由于数据是随机生成的,有可能不同的桶中数据个数不同,所以最好采用长度不固定的数据结构,这里选择列表。

如何对桶进行编号?这里采用从 0 编号的形式,根据桶的个数 n,分别编号为 $0,1,2,\cdots,n-1$。

怎样将数据放入相应的桶中?如何自动将数据放入不同的桶中?这里设定一个 range 变量,代表桶的数据范围。当遇到一个数据 num 时,让 num/range 得到一个整数,作为应放入桶的编号。

桶内排序选择什么排序算法?这个比较自由,可以选择系统提供的排序算法,也可以自行编写。由于在选择数据结构时选择了列表,为了方便,本例选择 Collections.sort() 进行排序。

【程序代码】

```java
//线程类 Worker 的定义
package book.ch13.bucketsort;
import java.util.ArrayList;
import java.util.Collections;
public class Worker implements Runnable {
    //线程要操作的桶
    ArrayList<Integer> bucket;
    //对桶进行赋值
    public Worker(ArrayList<Integer> bucket){
        this.bucket = bucket;
    }
    @Override
    public void run() {
        //排序
        Collections.sort(bucket);
```

```java
    }
}
//类 BucketSort 的定义
package book.ch13.bucketsort;
import java.util.ArrayList;
public class BucketSort {
    //数据总量
    public static final int N = 10000000;
    //桶个数
    public static final int BUCKET = 10;
    //生成 N 个数据,并存放到一个列表中
    public static ArrayList<Integer> generate_data() {
        ArrayList<Integer> data = new ArrayList<Integer>();
        for (int i = 0; i < N; i++) {
            data.add((int) (Math.random() * N));
        }
        return data;
    }
    public static void main(String[] args) {
        System.out.println("生成" + N + "个数据中...");
        ArrayList<Integer> data = generate_data();
        //记录开始时间
        long b_start = System.currentTimeMillis();
        System.out.println("生成" + BUCKET + "个桶...");
        //定义桶
        ArrayList[] buckets = new ArrayList[BUCKET];
        //对每个桶进行初始化
        for (int i = 0; i < BUCKET; i++)
            buckets[i] = new ArrayList<Integer>();
        //为了方便定义每个数据属于哪个桶,构建每个桶的范围 range
        int range = N / BUCKET;
        System.out.println("正在将数据放入每个桶中..");
        for (int i = 0; i < N; i++) {
            int temp = data.get(i);
            //计算当前数据应该放入哪个桶,Index 是桶的编号
            int index = temp / range;
            //放入 Index 编号的桶中
            buckets[index].add(temp);
        }
        System.out.println("正在将每个桶中的数据进行排序..");
        Thread[] workers = new Thread[BUCKET];
        for (int t = 0; t < BUCKET; t++) {
            workers[t] = new Thread(new Worker(buckets[t]));
            workers[t].start();
```

```java
        }
        //等待线程执行结束
        for (int t = 0; t < BUCKET; t++) {
            try {
                workers[t].join();
            } catch (InterruptedException e) {
                e.printStackTrace();
            }
        }
        System.out.println("正在将所有数据汇总..");
        ArrayList<Integer> sortedData = new ArrayList<Integer>();
        for (int t = 0; t < BUCKET; t++) {
            sortedData.addAll(buckets[t]);
        }
        System.out.println("桶排序并行处理完毕!");
        long b_end = System.currentTimeMillis();
        System.out.println("排序算法并行执行的时间为" + (b_end - b_start) + "毫秒");
        //对排序后的数据进行校验
        for (int i = 0; i < N - 1; i++)
            if ((Integer) sortedData.get(i) > (Integer) sortedData.get(i + 1))
                System.out.println("验证失败");
    }
}
```

【运行结果】

程序运行结果如图 13-2 所示。

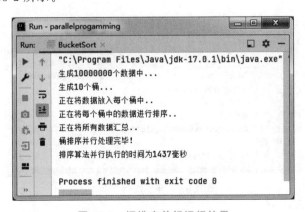

图 13-2　桶排序并行运行结果

【相关讨论】

从运行结果可以看出,本例用 10 个桶进行排序时,花费的时间为 1437 毫秒。如果读者运行该程序的时间比较长,则可以根据需要减少数据量和桶的个数。

有了并行运行的结果,我们很想知道 1000 万个数据在串行执行排序时的运行时间是多少。为此,我们编写了串行程序,如下所示:

```java
package book.ch13.bucketsort;
import java.util.ArrayList;
import java.util.Collections;
public class SortAsUsual {
    public static final int N = 10000000;
    public static final int BUCKET = 10;
    public static ArrayList<Integer> generate_data() {
        ArrayList<Integer> data = new ArrayList<Integer>();
        for (int i = 0; i < N; i++) {
            data.add((int) (Math.random() * N));
        }
        return data;
    }
    public static void main(String[] args) {
        System.out.println("生成" + N + "个数据中...");
        ArrayList<Integer> data = generate_data();
        System.out.println("开始排序...");
        long s_start = System.currentTimeMillis();
        Collections.sort(data);
        long s_end = System.currentTimeMillis();
        System.out.println("排序完成...");
        System.out.println("排序算法串行执行的时间为"+(s_end-s_start)+"毫秒");
    }
}
```

【运行结果】

程序运行结果如图 13-3 所示。

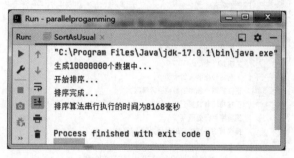

图 13-3 排序运行结果

【相关讨论】

从图 13-3 中可以看出,串行执行的时间为 8168ms,可以计算出加速比为

$$s=8168/1437\approx5.68$$

可以看出,并行执行的加速比为 5.68,加速了近 6 倍。

读者在不同的机器上可能会得到不同的加速比,也可能因设置的数据量的大小不同而导致加速比不同,有可能会出现数据量设置过小且加速比小于 1 的情况,读者可以自行尝试。

13.2 奇偶排序及其并行化

冒泡排序是经常使用的一种排序算法，它的基本思想是通过若干趟的比较，在每趟中让相邻的两个数进行比较，最终找到该趟中最大的数，等所有趟都完成后，数据即为有序数列。冒泡排序算法在每趟中是从开始位置依次进行比较的，后面的依赖于前面的结果，不适用于并行化。

奇偶排序是冒泡排序的一个变种，该算法相对于冒泡排序而言更适合并行化。

13.2.1 奇偶排序算法的过程

奇偶排序算法对数据的比较进行解耦，使数据的比较之间的依赖性减少，从而为程序并行化提供方便。

该算法重复进行两个阶段操作，这两个阶段分别为偶数阶段和奇数阶段。在偶数阶段对偶数对进行交换排序，在奇数阶段对奇数对进行交换排序，奇偶排序分组实例如图 13-4 所示。

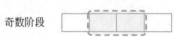

图 13-4 奇数阶段和偶数阶段示例

每个阶段都是以上一个阶段的结果作为输入，偶数阶段和奇数阶段交替进行，经过若干奇偶阶段后，数据即可完成排序。

下面通过一个例子详细演示奇偶排序的过程。例如，在开始阶段有 4 个数据 9,7,6,4。

（1）偶数阶段：分组为[9,7]和[6,4]，经过比较交换后得到 7,9,4,6。
（2）奇数阶段：分组为[9,4]，经过比较交换后得到 7,4,9,6。
（3）偶数阶段：分组为[7,4]和[9,6]，经过比较交换后得到 4,7,6,9。
（4）奇数阶段：分组为[7,6]，经过比较交换后得到 4,6,7,9。

上面 4 个数据经过 4 个阶段就完成了排序，读者可以尝试 5 个数据（例如 9,7,6,4,1）的情况，看看是不是需要 5 个阶段，以此类推，可知拥有 n 个数据的数组使用奇偶排序至多经过 n 个阶段就可以完成排序。

下面给出奇偶排序的串行执行代码。

【例 13-2】 串行执行的奇偶排序。
【程序代码】

```java
package book.ch13.oddevensort;
public class Serial {
    //数据量大小
    public static final int N = 100000;
    //生成数据
    public static int[] generate_data() {
        int[] data = new int[N];
        for (int i = 0; i < N; i++) {
            data[i] = (int) (Math.random() * N);
        }
        return data;
    }
```

```java
//奇偶排序算法
public static void sort(int[] data) {
    int temp;
    for (int phase = 0; phase < N; phase++) {
        if (phase % 2 == 0) {   //偶数阶段
            for (int i = 1; i < N; i += 2) {
                if (data[i - 1] > data[i]) {
                    temp = data[i];
                    data[i] = data[i - 1];
                    data[i - 1] = temp;
                }
            }
        } else {   //奇数阶段
            for (int i = 1; i < N - 1; i += 2) {
                if (data[i] > data[i + 1]) {
                    temp = data[i];
                    data[i] = data[i + 1];
                    data[i + 1] = temp;
                }
            }
        }
    }
}
public static void main(String[] args) {
    System.out.println("生成" + N + "个数据中...");
    int[] data = generate_data();
    long start = System.currentTimeMillis();
    sort(data);
    long end = System.currentTimeMillis();
    System.out.print(N + "个数据排序需要" + (end - start) + "毫秒");
    for (int i = 0; i < N - 1; i++)
        if (data[i] > data[i + 1])
            System.out.println("验证失败");
}
```

【运行结果】

程序运行结果如图 13-5 所示。

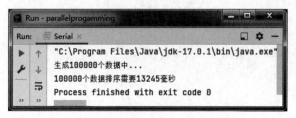

图 13-5　奇偶排序的串行执行结果

【相关讨论】

在代码中,注意到在偶数阶段是从 i=1 开始循环的,即让每个元素和它前面的一个元素进行比较,也可以从 i=0 开始,此时奇偶排序算法可以写成下面的形式。

```java
public static void sort(int[] data) {
    int temp;
    for (int phase = 0; phase < N; phase++) {
        if (phase % 2 == 0) {
            //偶数阶段
            for (int i = 0; i < N - 1; i += 2) {
                if (data[i] > data[i + 1]) {
                    temp = data[i];
                    data[i] = data[i + 1];
                    data[i + 1] = temp;
                }
            }
        }
        else {
            //奇数阶段
            for (int i = 1; i < N - 1; i += 2) {
                if (data[i] > data[i + 1]) {
                    temp = data[i];
                    data[i] = data[i + 1];
                    data[i + 1] = temp;
                }
            }
        }
    }
}
```

改成这种形式后可以发现,奇数阶段和偶数阶段的代码基本相同,唯一不同的地方在于 i 的起始位置。为了简化代码的编写,可以将代码写成下面这种形式。

```java
public static void sort(int[] data) {
    int temp, start_index;
    for (int phase = 0; phase < N; phase++) {
        start_index = phase % 2 == 0? 0 : 1;
        for (int i = start_index; i < N - 1; i += 2) {
            if (data[i] > data[i + 1]) {
                temp = data[i];
                data[i] = data[i + 1];
                data[i + 1] = temp;
            }
        }
    }
}
```

在上面的代码中,通过一个条件表达式确定起始索引 start_index 的位置,位置确定后,可以采用统一的循环代码进行奇偶排序。然而,上面的代码只是一个简化过程,对于执行时间没有影响,没有涉及并行化的部分,下面将该算法进行并行化处理。

13.2.2 并行化

在奇偶排序的过程中,读者可能已经发现偶排序和奇排序的过程是相互独立的,而且在奇偶排序的每个阶段内部,两两比较的任务也是相互独立的。有些读者会考虑在偶数阶段和奇数阶段内部分别进行并行化处理,然后在偶数阶段和奇数阶段之间增加障栅,以保证两个阶段互不干扰,如图 13-6 所示。

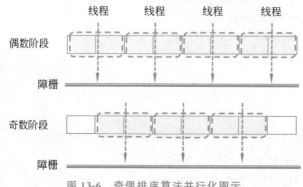

图 13-6 奇偶排序算法并行化图示

显然,这是一种可能的并行化处理方式,然而有些读者可能会发现在某一阶段(例如偶数阶段),如果数据量大,则可能需要创建大量线程,这些线程不仅在障栅处的同步需要花费时间,而且在到达障栅时也需要销毁,然后在另一个阶段(例如奇数阶段)又需要创建大量线程,这些线程的频繁创建和销毁需要占用大量的时间,对于并行化会产生不利的影响。

还有一个重要的问题,n 个数据进行排序需要经历 n 个阶段,在这些阶段频繁地创建线程和施加障栅会严重影响并行效率,因此,这种并行方式并不是一种较好的并行化方式。

在奇偶排序算法并行化的过程中,研究人员给出了另一种并行化的方式,需要说明的是,这种并行化方式借用了奇偶交换的思想,下面通过一个例子说明。

例如,有 12 个数据的数组 a=[12,6,11,3,10,8,9,4,1,5,2,7],如果现在有 4 个线程,在初始化过程中将数据分派到每个线程,则线程①中的数据为 12,6,11,线程②中的数据为 3,10,8,线程③中的数据为 9,4,1,线程④中的数据为 5,2,7。首先可以对每个线程拥有的数据进行排序,这个排序过程对排序算法没有特别严格的限制,可以使用堆排序、冒泡排序或者快速排序算法。

下面开始借鉴奇偶排序的思想,这里不再将数据进行奇偶分组,而是将线程进行奇偶分组。在偶数阶段,将线程①和②分在一组,线程③和④分在一组;在奇数阶段,将线程②和③分在一组。

在将两个线程分为一组后,需要两个线程进行数据通信(在分布式模式下),需要一个线程拿到另一个线程的数据。在相互配对的两个线程拿到对方的数据后,开始将 3 个小一点的数据放在线程标号小的线程中,将 3 个大一点的数据放在线程标号大的线程中。

例如,在第一个偶数阶段,线程①会拿到线程②的数据 3,8,10,线程②也会拿到线程①的数据 6,11,12,然后分别与自己拥有的数据进行比较,将 3 个小一点的数据 3,6,8 放入线程①,将 3 个大一点的数据 10,11,12 放入线程②。同理,线程③和④也会拿到对方拥有的数据,然后和自己拥有的数据进行比较,将 3 个小一点的数据 1,2,4 放入线程③,将 3 个大一点的数据 5,7,9 放入线程④。

接下来在奇数阶段,线程线程②和③分在一组,它们也会拿到对方拥有的数据,然后和自己拥有的数据进行比较,将 3 个小一点的数据 1,2,4 放入线程②,将 3 个大一点的数据 10,11,12 放入线程③。

以此类推,经过 4 个阶段就会得到有序的数据。并行奇偶排序算法的执行过程如图 13-7 所示。

	线程①	线程②	线程③	线程④
分派的数据	12, 6, 11	3, 10, 8	9, 4, 1	5, 2, 7
线程内排序	6, 11, 12	3, 8, 10	1, 4, 9	2, 5, 7
偶数阶段	3, 6, 8	10, 11, 12	1, 2, 4	5, 7, 9
奇数阶段	3, 6, 8	1, 2, 4	10, 11, 12	5, 7, 9
偶数阶段	1, 2, 3	4, 6, 8	5, 7, 9	10, 11, 12
奇数阶段	1, 2, 3	4, 5, 6	7, 8, 9	10, 11, 12

图 13-7 并行奇偶排序算法的执行过程

从上面的执行过程可知,并行化的排序过程主要发生在线程内的排序阶段,几个线程内的数据完全独立,可以以易并行的方式进行排序。后面的奇偶排序过程可以根据具体情况决定是否进行并行化实现。

研究表明:在并行奇偶排序算法中,使用 n 个线程进行排序只需要经过 n 个阶段即可使数据有序。

下面首先给出并行奇偶排序算法的实现,后面的奇偶排序阶段没有使用并行化,后面再讨论奇偶排序阶段的并行化实现。

【例 13-3】 并行奇偶排序算法实现。
【程序代码】

```java
//Worker.java
package book.ch13.oddevensort;
import java.util.Arrays;
public class Worker extends Thread{
    int[] data;
    public Worker(int[] data){
        this.data = data;
    }
    public void run(){
        Arrays.sort(data);
    }
}
//Parallel.java
package book.ch13.oddevensort;
import java.util.Arrays;
public class Parallel {
    //数据量大小
    public static final int N = 100000;
    //线程数
    public static final int THREADS = 4;
```

```java
//分段大小,根据线程数对数据进行分段
public static final int WIDTH = N / THREADS;
//生成N个随机数据
public static int[] generate_data() {
    int[] data = new int[N];
    for (int i = 0; i < N; i++) {
        data[i] = (int) (Math.random() * N);
    }
    return data;
}
//实现两个数组的数据交换,两个数组中小的数据存放到data1中,大的数据存放到data2中
public static void exchanger(int[] data1, int[] data2) {
    //定义data3,用于存放两个数组的合并
    int[] data3 = Arrays.copyOf(data1, WIDTH * 2);
    //将数组data2中的数据拷贝到data3中
    System.arraycopy(data2, 0, data3, WIDTH, WIDTH);
    //排序
    Arrays.sort(data3);
    //数据分发
    for (int i = 0; i < WIDTH; i++) {
        data1[i] = data3[i];
        data2[i] = data3[i + WIDTH];
    }
}
public static void main(String[] args) {
    System.out.println("生成" + N + "个数据中...");
    int[] data = generate_data();
    //开始时间
    long start = System.currentTimeMillis();
    //将data数组中的元素分别放入不同数组,以便线程处理
    int[][] subdata = new int[THREADS][WIDTH];
    for (int i = 0; i < THREADS; i++) {
        subdata[i] = Arrays.copyOfRange(data, i * WIDTH, (i+1) * WIDTH);
    }
    //定义线程数组
    Thread[] threads = new Thread[THREADS];
    for (int i = 0; i < THREADS; i++) {
        //线程初始化
        threads[i] = new Worker(subdata[i]);
        //启动线程
        threads[i].start();
        //等待线程执行结束
        try {
            threads[i].join();
```

```java
        } catch (InterruptedException e) {
            e.printStackTrace();
        }
    }
    //并行奇偶排序算法
    for (int phase = 0; phase < THREADS; phase++) {
        if (phase % 2 == 0) {
            for (int j = 0; j < THREADS - 1; j += 2) {
                exchanger(subdata[j], subdata[j + 1]);
            }
        } else {
            for (int k = 1; k < THREADS - 1; k += 2) {
                exchanger(subdata[k], subdata[k + 1]);
            }
        }
    }
    //结束时间
    long end = System.currentTimeMillis();
    System.out.println(N + "个数据并行排序需要" +  + (end - start) + "毫秒");
    //对排序后的结果进行验证,验证 subdata 中的数据是否有序
    for (int i = 0; i < THREADS; i++)
        for (int j = 0; j < WIDTH - 1; j++)
            if (subdata[i][j] > subdata[i][j + 1])
                System.out.println("验证失败");
    //验证相邻两个数组的相邻元素是否有序
    for (int i = 0; i < THREADS - 1; i++)
        if (subdata[i][WIDTH - 1] > subdata[i + 1][0]) {
            System.out.println("验证失败" +
                    subdata[i][WIDTH - 1] + " " + subdata[i + 1][0]);
        }
    }
}
```

【运行结果】

程序运行结果如图 13-8 所示。

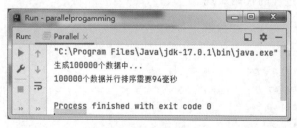

图 13-8　运行结果

【相关讨论】

从执行结果来看,并行奇偶排序算法比前面的串行执行算法的效率要高很多。并行化的设计是否还有进一步优化的空间?答案是肯定的,上面并没有对奇偶排序阶段进行并行化,而奇数阶段和偶数阶段明显在阶段内的数据之间没有依赖性,可以并行化实现。

上面介绍的并行排序方法比较适合分布式环境,使用 MPI 对上面的算法进行并行化实现。例如,使用消息的发送和接收在进程之间进行数据交换,将小的数据存放到一个进程中,将大的数据存放到另一个进程中。

在共享内存环境下,上面的并行化处理算法也同样适用,由于是共享内存,数据在物理上不是分布的,故可以在两个线程处理数据合并时要简单些,而且可以省略线程内的排序步骤,直接对两个线程的共享区域进行排序。由于不同的线程拥有不同的区域,故排序好的数据把大小数据都区分开了。例如,线程①中的数据为 12,6,11,线程②中的数据为 3,10,8,由于在共享内存区域,数据没有分布,故可以直接对其进行排序,得到 3,6,8,10,11,12,线程①和②拥有的内存区域不变,则 3,6,8 自动分属在线程①中,10,11,12 自动分属在线程②中,如图 13-9 所示。

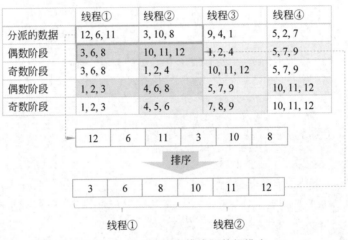

图 13-9　在共享内存模式下并行排序

以此类推,经过 4 个阶段后,数据即可完成排序。

在并行化的过程中,可以在阶段内进行并行排序,例如在图 13-9 中的第一个偶数阶段将线程①和②的数据排序、线程③和④的数据排序并行实现,在接下来的奇数阶段,也可以按照同样的方式进行并行化。需要注意的是,两个阶段间需要使用障栅进行控制,以确保前一个阶段的任务完成后再进行下一个阶段。下面给出上述过程的代码实现。

【程序代码】

```
package book.ch13.oddevensort;
import java.util.ArrayList;
import java.util.Arrays;
import java.util.List;
public class Parallel2 {
    //数据量大小
    public static final int N = 100000;
```

```java
//线程数
public static final int THREADS = 4;
//分段大小,根据线程数对数据进行分段
public static final int WIDTH = N / THREADS;
//生成N个随机数据
public static int[] generate_data() {
    int[] data = new int[N];
    for (int i = 0; i < N; i++) {
        data[i] = (int) (Math.random() * N);
    }
    return data;
}
public static void main(String[] args) throws InterruptedException {
    System.out.println("生成" + N + "个数据中...");
    int[] data = generate_data();
    //开始时间
    long start = System.currentTimeMillis();
    //表明奇数阶段或偶数阶段
    int start_index;
    //线程列表
    List<Thread> threads = new ArrayList<>();
    //并行奇偶排序
    for (int phrase = 0; phrase < THREADS; phrase++) {
        //表明当前是哪个阶段
        start_index = phrase % 2 == 0 ? 0 : 1;
        for (int j = start_index; j < THREADS - 1; j += 2) {
            //生成线程,共享内存模式排序
            int finalJ = j;
            Thread t = new Thread(new Runnable() {
                @Override
                public void run() {
                    Arrays.sort(data, finalJ * WIDTH, (finalJ + 2) * WIDTH);
                }
            });
            //放入线程列表
            threads.add(t);
            //线程开始执行
            t.start();
        }
        //等待所有线程结束
        for (Thread t: threads)
            t.join();
        //当前阶段完成后,线程列表清空,为下一阶段做准备
        threads.clear();
```

```
        }
        long end = System.currentTimeMillis();
        System.out.println(N + "个数据并行排序需要" + +(end - start) + "毫秒");
        //验证排序结果
        for (int i = 0; i < N - 1; i++)
            if (data[i] > data[i + 1])
                System.out.println("验证失败");
    }
}
```

【运行结果】

程序运行结果如图 13-10 所示。

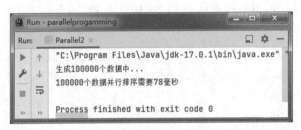

图 13-10　运行结果

【相关讨论】

上述程序使用了线程进行并行化,频繁地创建和销毁线程可能会对程序的性能产生负面影响,读者可以尝试使用线程池机制重新进行实现。

至此,本书已经对一般排序方法的并行化、桶排序并行化、奇偶排序的并行化方法进行了讲解,读者可以比较 3 种方法的不同之处,从而更深入地理解并行化思想。

13.3　加密/解密算法及其并行化

本节借鉴了 JGF(Java grande forum)基准测试程序套件[1],JGF 是面向 Java 应用的基准测试程序,包含三部分:Section1、Section2 和 Section3。其中,Section1 包含一些小型应用程序,主要包括一些循环、数值计算等程序;Section2 包含一些中等类型的应用程序,例如加密/解密程序 Crypt、超松弛迭代程序 SOR 和稀疏矩阵乘 Sparsematmult 等;Section3 部分包含一些大型应用程序,例如蒙特卡罗程序 Montecarlo、光线追踪程序 Raytracer、N 体模型程序 Moldyn 等。

13.3.1　加密/解密过程及相关代码

JGF 基准测试程序套件中的加密/解密测试程序 Crypt 使用了国际标准数据解密算法(international data encryption algorithm,IDEA),该算法是密码学中的一种对称密钥分组密码,由 James Massey 等人设计,在 1991 年首次提出。

---

[1] Smith L., Bull J., Obdrizalek J. A Parallel Java Grande Benchmark Suite[C]. ACM/IEEE Conference of Supercomputing. ACM, 2001.

加密和解密的过程有些复杂，需要一些数学功底，这里没有对加密/解密过程进行详细介绍。但我们清楚，对 N 个数据进行加密和解密操作，每个数据的加密和解密互不干扰，其中 N 表示数据规模，分别是 SizeA、SizeB 和 SizeC 三类，代表小、中、大规模的数据。数据存储在一个名为 plain1 的数组中，Crypt 程序首先对数组 plain1 中的 N 个数据执行加密操作，加密后的数据存储在数组 crypt1 中，然后对数组 crypt1 中的数据执行解密操作，解密后的数据存储在数组 plain2 中，在数据验证阶段判断数组 plain1 和 plain2 中的数据是否相同，如图 13-11 所示。

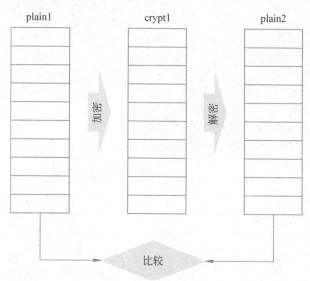

图 13-11　加密/解密过程图示

【例 13-4】　加密/解密程序 Crypt。
【程序代码】

```
//JGFCryptBench.java
package jgf.section2.crypt;
import jgf.util.JGFInstrumentor;
import jgf.util.JGFSection2;
//类 JGFCryptBench，IDEATest 是其父类，实现 JGFSection2 接口
public class JGFCryptBench extends IDEATest implements JGFSection2 {
    //选择 size 大小
    private int size;
    //数组 datasizes，其中元素代表数据大小
    private int datasizes[] = { 3000000, 20000000, 50000000 };
    //对 size 赋值
    public void JGFsetsize(int size) {
        this.size = size;
    }
    //JGF 程序初始化
    public void JGFinitialise() {
        //通过 size 获取数据量
```

```java
        array_rows = datasizes[size];
        //构建初始数据、加密和解密密钥
        buildTestData();
    }
    //JGF核心功能实现
    public void JGFkernel() {
        Do();
    }
    //用于验证结果是否正确
    public void JGFvalidate() {
        boolean error;
        error = false;
        for (int i = 0; i < array_rows; i++) {
            //查看对应的元素加密并解密后是否为同一值
            error = (plain1[i] != plain2[i]);
            if (error) {
                System.out.println("Validation failed");
                System.out.println("Original Byte " + i + " = " + plain1[i]);
                System.out.println("Encrypted Byte " + i + " = " + crypt1[i]);
                System.out.println("Decrypted Byte " + i + " = " + plain2[i]);
                break;
            }
        }
    }
    //数据清洗,释放数据空间
    public void JGFtidyup() {
        freeTestData();
    }
    public void JGFrun(int size) {
        //记录开始时间
        JGFInstrumentor.addTimer("Section2:Crypt:Kernel", "Kbyte", size);
        JGFsetsize(size);
        JGFinitialise();
        JGFkernel();
        JGFvalidate();
        JGFtidyup();
        JGFInstrumentor.addOpsToTimer("Section2:Crypt:Kernel",
                        (2 * array_rows) / 1000.);
        JGFInstrumentor.printTimer("Section2:Crypt:Kernel");
    }
}
//IDEATest.java
package jgf.section2.crypt;
import java.util.Random;
```

```java
import jgf.util.JGFInstrumentor;
class IDEATest {
    //数据量大小
    int array_rows;
    //原始数组
    byte[] plain1;
    //加密后的数组
    byte[] crypt1;
    //解密后的数组
    byte[] plain2;
    //用于存放加密/解密的密钥
    short[] userkey;
    //用于存放由userkey衍生出来的加密子密钥
    int[] Z;
    //用于存放解密的子密钥
    int[] DK;
    void Do() {
        //开始时间
        JGFInstrumentor.startTimer("Section2:Crypt:Kernel");
        //利用加密密钥Z对plain1进行加密,放入crypt1
        cipher_idea(plain1, crypt1, Z);
        //利用解密密钥DK对crypt1进行解密,放入plain2
        cipher_idea(crypt1, plain2, DK);
        //结束时间
        JGFInstrumentor.stopTimer("Section2:Crypt:Kernel");
    }
    //构建测试数据
    void buildTestData() {
        plain1 = new byte[array_rows];
        crypt1 = new byte[array_rows];
        plain2 = new byte[array_rows];
        Random rndnum = new Random(136506717L);
        userkey = new short[8];
        Z = new int[52];
        DK = new int[52];
        for (int i = 0; i < 8; i++) {
            userkey[i] = (short) rndnum.nextInt();
        }
        calcEncryptKey();
        calcDecryptKey();
        for (int i = 0; i < array_rows; i++) {
            plain1[i] = (byte) i;
        }
    }
}
```

```java
//计算加密密钥
private void calcEncryptKey() {
    int j;
    for (int i = 0; i < 52; i++)
        Z[i] = 0;
    for (int i = 0; i < 8; i++) {
        Z[i] = userkey[i] & 0xffff;
    }
    for (int i = 8; i < 52; i++) {
        j = i % 8;
        if (j < 6) {
            Z[i] = ((Z[i - 7] >>> 9) | (Z[i - 6] << 7)) & 0xFFFF;
            continue;
        }
        if (j == 6) {
            Z[i] = ((Z[i - 7] >>> 9) | (Z[i - 14] << 7)) & 0xFFFF;
            continue;
        }
        Z[i] = ((Z[i - 15] >>> 9) | (Z[i - 14] << 7)) & 0xFFFF;
    }
}
//计算解密密钥
private void calcDecryptKey() {
    int j, k;
    int t1, t2, t3;
    t1 = inv(Z[0]);
    t2 = -Z[1] & 0xffff;
    t3 = -Z[2] & 0xffff;
    DK[51] = inv(Z[3]);
    DK[50] = t3;
    DK[49] = t2;
    DK[48] = t1;
    j = 47;
    k = 4;
    for (int i = 0; i < 7; i++) {
        t1 = Z[k++];
        DK[j--] = Z[k++];
        DK[j--] = t1;
        t1 = inv(Z[k++]);
        t2 = -Z[k++] & 0xffff;
        t3 = -Z[k++] & 0xffff;
        DK[j--] = inv(Z[k++]);
        DK[j--] = t2;
        DK[j--] = t3;
```

```
            DK[j--] = t1;
    }
    t1 = Z[k++];
    DK[j--] = Z[k++];
    DK[j--] = t1;
    t1 = inv(Z[k++]);
    t2 = -Z[k++] & 0xffff;
    t3 = -Z[k++] & 0xffff;
    DK[j--] = inv(Z[k++]);
    DK[j--] = t3;
    DK[j--] = t2;
    DK[j--] = t1;
}
//根据 key 执行加密或解密变换,将 text1 中的内容进行加密或解密,放入 text2
private void cipher_idea(byte[] text1, byte[] text2, int[] key){
    int i1 = 0;
    int i2 = 0;
    int ik;
    int x1, x2, x3, x4, t1, t2;
    int r;
    for (int i = 0; i < text1.length; i += 8) {
        ik = 0;
        r = 8;
        x1 = text1[i1++] & 0xff;
        x1 |= (text1[i1++] & 0xff) << 8;
        x2 = text1[i1++] & 0xff;
        x2 |= (text1[i1++] & 0xff) << 8;
        x3 = text1[i1++] & 0xff;
        x3 |= (text1[i1++] & 0xff) << 8;
        x4 = text1[i1++] & 0xff;
        x4 |= (text1[i1++] & 0xff) << 8;
        do {
            x1 = (int) ((long) x1 * key[ik++] % 0x10001L & 0xffff);
            x2 = x2 + key[ik++] & 0xffff;
            x3 = x3 + key[ik++] & 0xffff;
            x4 = (int) ((long) x4 * key[ik++] % 0x10001L & 0xffff);
            t2 = x1 ^ x3;
            t2 = (int) ((long) t2 * key[ik++] % 0x10001L & 0xffff);
            t1 = t2 + (x2 ^ x4) & 0xffff;
            t1 = (int) ((long) t1 * key[ik++] % 0x10001L & 0xffff);
            t2 = t1 + t2 & 0xffff;
            x1 ^= t1;
            x4 ^= t2;
            t2 ^= x2;
```

```java
                x2 = x3 ^ t1;
                x3 = t2;
            } while (--r != 0);
            x1 = (int) ((long) x1 * key[ik++] % 0x10001L & 0xffff);
            x3 = x3 + key[ik++] & 0xffff;
            x2 = x2 + key[ik++] & 0xffff;
            x4 = (int) ((long) x4 * key[ik++] % 0x10001L & 0xffff);
            text2[i2++] = (byte) x1;
            text2[i2++] = (byte) (x1 >>> 8);
            text2[i2++] = (byte) x3;
            text2[i2++] = (byte) (x3 >>> 8);
            text2[i2++] = (byte) x2;
            text2[i2++] = (byte) (x2 >>> 8);
            text2[i2++] = (byte) x4;
            text2[i2++] = (byte) (x4 >>> 8);
        }
    }
    //实现乘操作
    private int mul(int a, int b) throws ArithmeticException {
        long p;
        if (a != 0) {
            if (b != 0) {
                p = (long) a * b;
                b = (int) p & 0xFFFF;
                a = (int) p >>> 16;
                return (b - a + (b < a ? 1 : 0) & 0xFFFF);
            } else
                return ((1 - a) & 0xFFFF);
        } else //如果 a 等于 0,则返回
            return ((1 - b) & 0xFFFF);
    }
    //实现反转操作
    private int inv(int x) {
        int t0, t1;
        int q, y;
        if (x <= 1)
            return (x);
        t1 = 0x10001 / x;
        y = 0x10001 % x;
        if (y == 1)
            return ((1 - t1) & 0xFFFF);
        t0 = 1;
        do {
            q = x / y;
```

```
            x = x % y;
            t0 += q * t1;
            if (x == 1)
                return (t0);
            q = y / x;
            y = y % x;
            t1 += q * t0;
        } while (y != 1);
        return ((1 - t1) & 0xFFFF);
    }
    //释放数据空间
    void freeTestData() {
        plain1 = null;
        crypt1 = null;
        plain2 = null;
        userkey = null;
        Z = null;
        DK = null;
        System.gc();
    }
}
//接口定义
package jgf.util;
public interface JGFSection2 {
    public void JGFsetsize(int size);
    public void JGFinitialise();
    public void JGFkernel();
    public void JGFvalidate();
    public void JGFtidyup();
    public void JGFrun(int size);
}
package jgf.section2;
import jgf.section2.crypt.JGFCryptBench;
import jgf.util.JGFInstrumentor;
public class JGFCryptBenchSizeA {
    //main()方法
    public static void main(String argv[]) {
        //打印一些输出信息
        JGFInstrumentor.printHeader(2, 0);
        //实例化
        JGFCryptBench cb = new JGFCryptBench();
        //开始执行
        cb.JGFrun(3);
    }
}
```

【执行结果】

程序执行结果如图 13-12 所示。

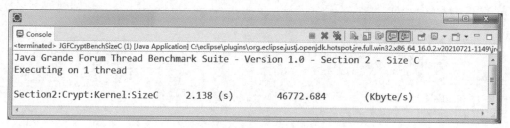

图 13-12 串行执行结果

13.3.2 并行化

在 Crypt 程序的并行化实现中，由于数据是存放在数组中的，故数组每个元素的加密和解密对其他元素没有影响，所以这是一种"易并行"的程序。只需要设定程序执行的线程数，然后根据线程数对数组进行划分，让每个线程执行一定长度的数组元素的加密和解密操作。并行化过程的图示如图 13-13 所示。

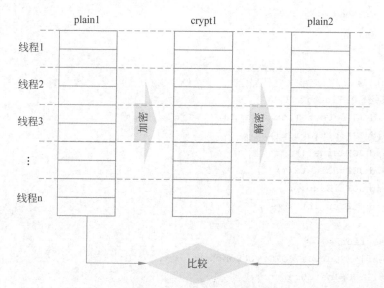

图 13-13 并行化过程图示

【并行程序代码】

```
//这段程序只给出了并行化部分的代码,其他代码与串行执行部分相同
class IDEATest {
    int array_rows;
    byte[] plain1;
    byte[] crypt1;
    byte[] plain2;
    short[] userkey;
```

```
    int[] Z;
    int[] DK;
    void Do() {
        //数组实例,数组元素的个数由类 JGFCryptBench 中的 nthreads 指定
        Runnable thobjects[] = new Runnable[JGFCryptBench.nthreads];
        //声明一个类 Thread 的数组实例,元素个数与第 10 行相同
        Thread th[] = new Thread[JGFCryptBench.nthreads];
        //记录开始时间
        JGFInstrumentor.startTimer("Section2:Crypt:Kernel");
        //初始化每个 theobjects[i],并使用 Thread 封装每个 theobjects[i],从而生成线程,并启动每
个线程。注意,这里的 theobjects[i]是使用 IDEARunner 初始化的
        for (int i = 0; i < JGFCryptBench.nthreads; i++) {
            thobjects[i] = new IDEARunner(i, plain1, crypt1, Z);
            th[i] = new Thread(thobjects[i]);
            th[i].start();
        }
        //使用循环对每个线程对象 th[i]使用 join()方法,作用在于使主线程 main 等待每个 th[i]线程执
行结束,使加密操作完成
        for (int i = 0; i < JGFCryptBench.nthreads; i++) {
            try {
                th[i].join();
            } catch (InterruptedException e) {}
        }
        //开始进行解密。初始化每个 theobjects[i],并使用 Thread 封装每个 theobjects[i],从而生成
线程,并启动每个线程
        for (int i = 0; i < JGFCryptBench.nthreads; i++) {
            thobjects[i] = new IDEARunner(i, crypt1, plain2, DK);
            th[i] = new Thread(thobjects[i]);
            th[i].start();
        }
        //使用循环对每个线程对象 th[i]使用 join()方法,作用在于使主线程 main 等待每个 th[i]线程执
行结束,使解密操作完成
        for (int i = 0; i < JGFCryptBench.nthreads; i++) {
            try {
                th[i].join();
            } catch (InterruptedException e) { }
        }
        JGFInstrumentor.stopTimer("Section2:Crypt:Kernel");
    }
}
//定义类 IDEARunner,实现 Runnable 接口
class IDEARunner implements Runnable {
    int id, key[];
    byte text1[], text2[];
```

```java
        public IDEARunner(int id, byte[] text1, byte[] text2, int[] key) {
            this.id = id;
            this.text1 = text1;
            this.text2 = text2;
            this.key = key;
        }
        //根据每个线程id生成该线程对应的处理块(对应数组的一部分),处理块的数组下界为ilow,上界为
iupper,其中,slice为每个处理块的大小
        public void run() {
            int ilow, iupper, slice, tslice, ttslice;
            tslice = text1.length / 8;
            ttslice = (tslice + JGFCryptBench.nthreads - 1) / JGFCryptBench.nthreads;
            slice = ttslice * 8;
            ilow = id * slice;
            iupper = (id + 1) * slice;
            if (iupper > text1.length)
                iupper = text1.length;
            int i1 = ilow;
            int i2 = ilow;
            int ik;
            int x1, x2, x3, x4, t1, t2;
            int r;
            for (int i = ilow; i < iupper; i += 8) {
                ik = 0;
                r = 8;
                1 = text1[i1++] & 0xff;
                x1 |= (text1[i1++] & 0xff) << 8;
                x2 = text1[i1++] & 0xff;
                x2 |= (text1[i1++] & 0xff) << 8;
                x3 = text1[i1++] & 0xff;
                x3 |= (text1[i1++] & 0xff) << 8;
                x4 = text1[i1++] & 0xff;
                x4 |= (text1[i1++] & 0xff) << 8;
                do {
                    x1 = (int) ((long) x1 * key[ik++] % 0x10001L & 0xffff);
                    x2 = x2 + key[ik++] & 0xffff;
                    x3 = x3 + key[ik++] & 0xffff;
                    x4 = (int) ((long) x4 * key[ik++] % 0x10001L & 0xffff);
                    t2 = x1 ^ x3;
                    t2 = (int) ((long) t2 * key[ik++] % 0x10001L & 0xffff);
                    t1 = t2 + (x2 ^ x4) & 0xffff;
                    t1 = (int) ((long) t1 * key[ik++] % 0x10001L & 0xffff);
                    t2 = t1 + t2 & 0xffff;
                    x1 ^= t1;
```

```
                    x4 ^= t2;
                    t2 ^= x2;
                    x2 = x3 ^ t1;
                    x3 = t2;
            } while (--r != 0);
            x1 = (int) ((long) x1 * key[ik++] % 0x10001L & 0xffff);
            x3 = x3 + key[ik++] & 0xffff;
            x2 = x2 + key[ik++] & 0xffff;
            x4 = (int) ((long) x4 * key[ik++] % 0x10001L & 0xffff);
            text2[i2++] = (byte) x1;
            text2[i2++] = (byte) (x1 >>> 8);
            text2[i2++] = (byte) x3;
            text2[i2++] = (byte) (x3 >>> 8);
            text2[i2++] = (byte) x2;
            text2[i2++] = (byte) (x2 >>> 8);
            text2[i2++] = (byte) x4;
            text2[i2++] = (byte) (x4 >>> 8);
        }
    }
}
```

【并行执行结果】

程序运行结果如图 13-14 所示。

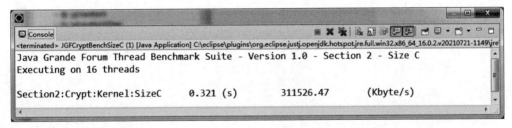

图 13-14　执行结果

【相关讨论】

从执行结果可以看出，当 16 个线程同时执行时，花费的总时间只有 0.321s，加速比为 6.66。